宝宝辅食喂养
全程指导

第三军医大学第一附属医院

妇产科教授

陈诚⊙编著

中国人口出版社
China Population Publishing House
全国百佳出版单位

图书在版编目（CIP）数据

宝宝辅食喂养全程指导 / 陈诚编著. —— 北京：中
国人口出版社, 2016.1
ISBN 978-7-5101-3693-1

Ⅰ.①宝… Ⅱ.①陈… Ⅲ.①婴幼儿 – 食谱 Ⅳ.
①TS972.162

中国版本图书馆CIP数据核字(2015)第231110号

宝宝辅食喂养全程指导

—————————— 陈诚　编著 ——————————

出版发行：中国人口出版社
印　　刷：北京柏玉景印刷制品有限公司
开　　本：710毫米×1000毫米　1 / 16
印　　张：20
字　　数：280千字
版　　次：2016年1月第1版
印　　次：2016年1月第1次印刷
书　　号：ISBN 978-7-5101-3693-1
定　　价：29.80元

社　　长：张晓林
网　　址：www.rkcbs.net
电子信箱：rkcbs@126.com
总编室电话：(010)83519392
发行部电话：(010)83514662
传　　真：(010)83515922
地　　址：北京市西城区广安门南街80号中加大厦
邮　　编：100054

妈妈宝宝之间的桥梁　前言

宝宝来到这个精彩的世界，一切从零开始。他们要学习的东西非常多，这其中就包括吃的技能与习惯。

0～3岁是宝宝一生中生长发育最快的时期，是智力启蒙和情商培养的关键时期，更是宝宝学习吃的技能、养成良好饮食习惯的黄金时期。营养是宝宝生长发育的物质基础，只有吃得好宝宝才能健康成长。

与其数着每一天，不如掌握每个时段！周到的常识储备，帮助您更好地养护您的宝宝。宝宝学习吃的学校是家庭，学习吃的老师是家长，家长要掌握一些辅食添加和科学喂养的知识，担当起科学养育的重任。

一般来说，从宝宝满4～6个月起，母乳的营养已经不能完全满足宝宝的生长发育需要，这时候就需要给宝宝逐渐添加辅食了。

到底该怎样给宝宝添加辅食？怎样制作宝宝的辅食？第一次该怎样喂辅食？宝宝不吃辅食怎么办？宝宝不会咀嚼又该怎么办呀？宝宝这么小怎么就挑食？……如果您正在被这些问题所困且不知所措，那么，不妨读读这本书吧！

本书针对宝宝从出生到断奶这一转折时期，按月龄介绍了宝宝身心发育特点、营养需求，详尽地讲述了妈妈必知的喂养常识，还为妈妈提供了辅食制作的全过程。尤其值得一提的是，本书特别设置了"制作、添加一点通"、"相关链接"两个小版块，针对辅食制作的原料选购、食材性质、烹调注意事项及食物搭配等细节进行了说明，更便于妈妈合理制作辅食与喂养。

良好的饮食习惯应从小培养。本书中，对一些应注意的进餐礼仪进行了介绍，让宝宝从小就养成良好的进餐习惯，为将来融入社会打下基础。

宝宝的健康成长离不开各种营养素的均衡摄取。本书不仅介绍了各种营养素的生理功能及缺乏症状，还提供了一些辅食制作方法，让宝宝有针对性地进补所需营养素。

妈妈还可通过巧做辅食，来缓解宝宝的不适症状。本书中提供了几种简单易行、对宝宝安全有效的辅食，帮助宝宝尽快康复。

能让宝宝吃得健康、快乐，妈妈做得省心、喂得放心，是编者的最大心愿。但由于水平所限，书中难免有不完善之处，请广大读者指正。

编 者

目录

CONTENTS

① 0~1岁宝宝哺养月月通

♥ 第一个月 ♥

身心发育特点 2

营养需求 3

喂养常识 4

为什么一定要给新生儿喂初乳 4

母乳——宝宝的最佳食物 4

哺乳时间——及早开奶、按需哺乳 5

细说哺乳方法 5

手工挤奶的操作要领 6

如何储存母乳 7

宝宝喝到足够的奶了吗 7

哪些情况不宜哺乳 7

哪些宝宝不宜母乳喂养 8

怎样判断母乳不足 8

催乳——让母乳更充足 9

混合喂养——妈妈的新选择 9

人工喂养——妈妈的无奈选择 10

配方奶粉的选购原则 10

选购配方奶粉的方法 11

怎样给奶具消毒 12

乳头凹陷者如何喂奶 12

怎样预防乳头皲裂 13

乳头皲裂者如何喂奶 13

宝宝打嗝是怎么回事 13

怎样预防宝宝吐奶 14

人工喂养宝宝的12点注意 15

宝宝食量小怎么办 15

♥ 第二个月 ♥

身心发育特点 16

营养需求 17

喂养常识 18

对牛奶过敏的宝宝怎样喂养 18

吃母乳的宝宝需要喂水吗 19

人工喂养的宝宝需要喂水吗 19

及时补充维生素D，预防佝偻病 20

如何服用鱼肝油 20

如何选择鱼肝油 20

宝宝需要补钙吗 21

早产儿要及时补铁 21

辅食是怎么回事 21

添加辅食前应做哪些准备 22

给宝宝制作辅食有哪些操作要点 22

♥ 第三个月 ♥

身心发育特点 23

营养需求 24

喂养常识 25

职业女性的喂养方法 25

上班族妈妈如何挤奶 26

宝宝不肯用奶嘴怎么办 26

宝宝偏爱牛奶时怎么办 27

♥ 第四个月 ♥

身心发育特点 28

营养需求 29

哺养常识 30

何时该给宝宝添加辅食 30

添加辅食的原则 31

怎么判断宝宝需要添加辅食了呢 31

给宝宝添加第一次辅食的操作技巧 32

宝宝不肯吃勺里的东西怎么办 32

母乳与辅食该如何搭配 33

为什么不能过早添加淀粉类的辅食 33

辅食自己做好还是买市售的好 34

怎样挑选经济实惠的辅食 34

给宝宝添加果汁和菜水有什么讲究 35

人工喂养宝宝满月需添辅食 35

水果的挑选及清洗 36

蔬菜的挑选及清洗 36

如何添加果泥、菜泥 37

添加辅食后宝宝腹泻怎么办 37

辅食制作与添加 38

♥ 第五个月 ♥

身心发育特点 41

营养需求 42

喂养常识 43

为什么不能给宝宝多吃糖粥 43

给宝宝吃什么样的面条，吃多少合适 43

给宝宝吃一些蜂蜜好吗 44

添加辅食如何把握宝宝的口味 44

给宝宝喝果汁的学问 45

宝宝不愿吃辅食怎么办 45

最好自己制作果汁、菜水给宝宝喝 46

汁水类食品添加技巧 47

如何给宝宝喂菜汁、果汁 47

宝宝的菜汁中不能加味精 48

辅食制作与添加 **49**

什么是食物过敏 54

食物过敏有哪些症状 54

怎样防治食物过敏 55

宝宝吃辅食总是噎住怎么办 55

大人可以嚼饭给宝宝吃吗 56

需要制止宝宝"手抓饭"吗 56

可以把各种辅食混在一起喂宝宝吗 ... 57

宝宝特别喜欢吃某种食物怎么办 58

宝宝吃剩下的东西，加热后能再吃吗 .. 58

宝宝可以吃冷饮吗 59

怎样断掉夜奶 59

辅食制作与添加 **60**

❤ 第六个月 ❤

身心发育特点 52

营养需求 53

喂养常识 54

❤ 第七个月 ❤

身心发育特点 63

营养需求 ……………………………… 64

喂养常识 ……………………………… 65

宝宝磨牙的食物有哪些 ………………… 65

宝宝用牙床咀嚼食物妨碍长牙吗 ……… 66

什么时候给宝宝添加固体辅食 ………… 66

食欲减退怎么办 ………………………… 67

宝宝厌食的常见原因及对策 …………… 67

可以给宝宝适当吃些零食 ……………… 68

宝宝可以只吃米粉不吃杂粮吗 ………… 68

怎样逐步添加米粉 ……………………… 69

可以把米粉调到奶里一起喂宝宝吗 … 70

宝宝什么时候可以吃咸食 ……………… 70

怎样添加蛋黄 …………………………… 70

为什么宝宝吃蛋白会过敏 ……………… 71

蛋黄可以用果汁调着吃吗 ……………… 71

如何给宝宝吃粗粮 ……………………… 72

宝宝7个月了还不愿吃辅食怎么办 …… 72

辅食制作与添加 ……………………… 74

宝宝偏食怎么办 ………………………… 94

断奶期如何喂养宝宝 …………………… 95

怎样让宝宝接受比较粗糙的颗粒状

食物 …………………………………… 95

8个月的宝宝能吃些什么调味品 ……… 96

宝宝一吃鸡蛋就长湿疹怎么办 ………… 96

大便很干是辅食吃得太多的缘故吗 …… 96

宝宝只喜欢吃辅食，不愿意喝奶

怎么办 ………………………………… 97

奶糕可以长期代替粥或稀饭吗 ………… 98

宝宝吃辅食大便干怎么办 ……………… 98

七八个月的宝宝可以吃普通饭菜吗 …… 99

宝宝辅食里能加香油吗 ………………… 99

吃红薯有益处 …………………………… 99

辅食制作与添加 ……………………… 101

❤ 第九个月 ❤

身心发育特点 ………………………… 118

营养需求 ……………………………… 119

喂养常识 ……………………………… 120

要让宝宝多食粗纤维食物 ……………… 120

八九个月的宝宝吃水果需注意什么 …… 120

宝宝可用水果代替蔬菜吗 ……………… 121

宝宝9个月了还不肯吃汤勺里的东西，

该怎么办 ……………………………… 121

宝宝爱自己用勺吃饭时怎么办 ………… 121

宝宝吃东西时不会嚼怎么办 …………… 122

酸奶适合宝宝吃吗 ……………………… 122

宝宝不爱吃粥怎么办 …………………… 123

❤ 第八个月 ❤

身心发育特点 ………………………… 89

营养需求 ……………………………… 90

喂养常识 ……………………………… 91

让宝宝有好牙齿需注意什么 …………… 91

宝宝腹痛与缺钙有关吗 ………………… 92

不宜给宝宝"汤泡饭" ………………… 92

教宝宝用杯子喝水 ……………………… 93

宝宝可以只喝汤不吃肉吗 ……………… 93

如何防治宝宝积食 ……………………… 94

为什么宝宝一吃鱼肉或鱼肉米粉
就会腹泻 123
宝宝为什么经常打嗝 123
辅食制作与添加 124

♥ **第十个月** ♥

身心发育特点 136
营养需求 137
喂养常识 138
怎样变化食物形态 138
要多给宝宝吃水果和蔬菜 139
如何使宝宝的食物多样化 139
如何为宝宝留住食物中的营养 140
怎样做到科学断奶 141
10个月的宝宝可以吃用水泡过的
绿豆饼吗 142
宝宝可以吃牡蛎吗 142
10个月的宝宝每天吃两个鸡蛋羹多吗 .. 142
10个月的宝宝可以吃含盐量和大人
一样多的食物吗 142
宝宝为什么吃饭总恶心、干呕 143
辅食制作与添加 144

♥ **第十一个月** ♥

身心发育特点 151
营养需求 152
喂养常识 153

辅食后期添加辅食有什么益处 153
11个月的宝宝可以随意添加辅食吗 153
怎样通过饮食防治宝宝腹泻 154
宝宝食用豆浆有哪些禁忌 154
宝宝秋季吃什么辅食可防燥 155
宝宝已经11个月了，能吃奶酪吗 156
宝宝能吃芋头吗 156
宝宝为什么不宜喝豆奶 156
能用葡萄糖代替白糖给宝宝增加甜味吗 . 157
宝宝吃粥的时候干呕是怎么回事 157
辅食制作与添加 158

♥ **第十二个月** ♥

身心发育特点 163
营养需求 164
喂养常识 165
何时适合断奶 165
如何烹调12个月大的宝宝的辅食 166
12个月大的宝宝怎么吃水果 166
如何根据宝宝的体质选用水果 166
断奶后如何科学安排宝宝的饮食 167
怎样给宝宝吃点心 167
宝宝能吃生葵花子吗 168
麦乳精可以代替奶粉喂养宝宝吗 168
宝宝快1周岁了喝奶怎么还会喝呛 169
给宝宝喝的牛奶该煮多长时间 169
宝宝能吃芒果吗 169
宝宝能"自我断奶"吗 170
辅食制作与添加 171

2 良好的进食习惯早培养

宝宝应有哪些良好的饮食习惯...........184

怎样养成宝宝良好的进餐习惯...........184

怎样训练宝宝自己用餐具吃饭...........185

要教宝宝细嚼慢咽...........186

餐前餐后不吃水果，要在两餐之间吃.186

宝宝不要偏食...........187

如何让宝宝爱上辅食...........187

纠正不良习惯，保护牙齿...........189

怎样改掉宝宝边吃边玩的毛病...........189

给宝宝多喂水...........190

给宝宝喝水有讲究...........191

培养宝宝自主进食的好习惯...........192

培养宝宝按时进餐习惯...........192

纠正宝宝挑食的5个妙招...........193

多吃鱼，宝宝会更加聪明...........193

正确引导宝宝的饮食口味...........194

改变"嗜肉宝宝"饮食有妙招...........195

怎样培养宝宝爱吃蔬菜的习惯...........196

3 养育健康宝宝把好"口"关

1~3岁饮食问题...........198

1~3岁宝宝的营养需求...........199

1~3岁宝宝饮食安排原则...........200

断奶前后如何喂食有利于长牙...........201

食"苦"味食品，对宝宝健康有利...........202

宝宝每天吃鸡蛋要注意什么...........202

宝宝吃胡萝卜要适量...........203

配方奶粉可以作为母乳替代食品...........205

宝宝为什么拒食...........205

宝宝吃奶睡着怎么办...........206

科学烹调，减少营养素的流失...........207

为宝宝正确选择零食...........208

断奶注意事项...........209

怎样冲调配方奶粉...........210

宝宝要适当吃些粗粮...........212

如何为宝宝创造良好的进餐氛围...........213

人工喂养需注意的事项 213
宝宝拒绝蔬菜和水果怎么办 215
怎样避免喂出肥胖儿 216

添加辅食三大原则及四忌 218
几种做宝宝辅食的方法 219
宝宝辅食添加技艺 220

4 合理摄取营养素让宝宝更健康

水 222

蛋白质 223

营养功能 223

主要食物来源 225

宝宝缺乏症状 226

辅食调养 226

碳水化合物 228

营养功能 228

主要食物来源 229

宝宝缺乏症状 229

辅食调养 230

脂 肪 233

营养功能 233

主要食物来源 234

宝宝缺乏症状 235

辅食调养 235

维生素 237

维生素A 238

营养功能 238

主要食物来源 238

宝宝缺乏症状 238

辅食调养 239

维生素C 241

营养功能 241

主要食物来源 241

宝宝缺乏症状 242

辅食调养 242

B族维生素 243

营养功能 243

主要食物来源 244

宝宝缺乏症状 244

辅食调养 245

维生素D 247

营养功能 247

主要食物来源 247

宝宝缺乏症状 247

辅食调理 248

维生素E 249

营养功能 249

主要食物来源 250

宝宝缺乏症状 250

辅食调养 250

维生素K 253

营养功能 253

主要食物来源 253

宝宝缺乏症状 253

辅食调养 254

钙 256

营养功能 256

主要食物来源 257

宝宝缺乏症状 259

辅食调养 261

铁 262

营养功能 262

主要食物来源 263

宝宝缺乏症状 264

辅食调养 264

锌 266

营养功能 266

主要食物来源 267

宝宝缺乏症状 268

辅食调养 269

碘 270

营养功能 270

主要食物来源 271

宝宝缺乏症状 272

辅食调养 272

卵磷脂 273

营养功能 273

主要食物来源 274

宝宝缺乏症状 274

辅食调养 275

牛磺酸和DHA 277
营养功能 277
主要食物来源 277

宝宝缺乏症状 278
辅食调养 278

5 巧做辅食应对宝宝常见不适

鹅口疮 280
感 冒 281
发 热 283
咳 嗽 284
便 秘 286
腹 泻 287
支气管炎 290
水 痘 292
湿 疹 293

百日咳 295
过敏性紫癜 297
消化不良 299
营养不良 301
肥 胖 303
积 食 304
失 眠 306
扁桃体炎 307
附录 人工喂养宝宝辅食添加表 308

1 0~1岁宝宝
喂养月月通

　　0~1岁的宝宝生长发育特别快，尤其是出生后前几个月，其体重可达出生时的2倍多。除坚持母乳喂养外，4个月后应逐渐添加辅食，如菜汁、米汤、蛋黄、鱼泥、肉泥、饼干等，为以后逐渐断奶打好基础。此时添加食物应遵循下列原则：由稀到稠、由少到多、由细到粗、由一种到多种，并且需要在宝宝身体健康、消化功能正常时添加。

第一个月

1 身心发育特点

	男宝宝	女宝宝
身高	平均56.9厘米（52.3～61.5厘米）	平均56.1厘米（51.7～60.5厘米）
体重	平均5.1千克（3.8～6.4千克）	平均4.8千克（3.6～5.9千克）
头围	平均38.1厘米（35.5～40.7厘米）	平均37.4厘米（35.0～39.8厘米）
胸围	平均37.3厘米（33.7～40.9厘米）	平均36.5厘米（32.9～40.1厘米）

生理特点	听到悦耳的声音可做出反应。 两只小眼睛的运动还不够协调。 有觅食、吞咽、握持、吸吮等原始反射。 开始看见模糊的东西，出生1个月后，会扭头看出现亮光的地方。 每天睡眠18～20小时。 皮肤敏感，过冷过热都会哭闹。

心理特点	喜欢听母亲的心跳声和说话声。 喜欢母乳及甜的味道。 对反复的视听刺激有初步的记忆能力。

发育特征

　　1个月的宝宝，皮肤感觉能力比成人要敏感得多，如有时家长不注意，把一丝头发或是其他东西弄到宝宝身上刺激了皮肤，宝宝就会全身左右乱动或者哭闹表示很不舒服。这时的宝宝对过冷过热也比较敏感，常以哭闹向大人表示自己的不满。两只眼睛对亮光与黑暗环境都有反应。1个月的宝宝很不喜欢苦味与酸味的食品，如果给宝宝吃，宝宝会表示拒绝。

2 营养需求

　　对于新生宝宝来说，最理想的营养来源莫过于母乳了。母乳中的各种营养无论是数量比例，还是结构形式，都最适合宝宝食用。如果母乳充足，只要按需哺喂就可以满足宝宝的生长需要。如果母乳不足或完全无乳，就要选择相应阶段的配方奶粉，定时定量地哺喂。配方奶粉中的营养成分与母乳十分接近，基本能满足宝宝的营养需要。

　　此时的宝宝主要是以母乳喂养为最佳，4~6个月后，也可以给宝宝喝一些维生素丰富的水果汁和菜汁等。取少许新鲜蔬菜，如菠菜、油菜、胡萝卜、白菜等，洗净切碎，放入小锅中，加少量水煮沸，再煮3~5分钟，胡萝卜和白菜可多煮一会儿。放置不烫手时，将汁倒出，加少量白糖，放入奶瓶中喂给孩子食用。

3 喂养常识

1 为什么一定要给新生儿喂初乳

初乳是指产后1周以内的母乳，呈黄色、黏稠、含糖少、含蛋白质较多，营养价值极高。它具有以下七大优点：

分娩后1~2天，初乳分泌量少且稀，脂肪和乳糖也较少，而蛋白质是成熟乳的数倍，适宜新生儿的消化吸收。

初乳中含抗体多，抗体中分泌型IgA（免疫球蛋白）在新生儿体内不会被消化、吸收和分解，它们覆盖在初生儿呼吸道和消化道黏膜上，以防止细菌和病毒入侵而造成的感染；同时可阻止异种蛋白作为抗原进入体内而引起过敏。

初乳具有轻微的通便作用，可帮助胎粪排出。

初乳有利于胆红素的清除，从而减轻婴儿黄疸。

初乳中维生素A含量较高，有利于减轻感染。

初乳中还含有防止细菌繁殖的乳酸，能预防多种细菌引起的疾病。

初乳中含有生长因子，可促进小肠的发育，有利于新生儿的生长发育。

2 母乳——宝宝的最佳食物

母乳是最佳的天然营养品，是任何婴儿奶粉都不能代替的。

初乳中含大量的免疫球蛋白，具有排菌、抑菌、杀菌作用，是宝宝上等的天然抗体。

母乳有利于让宝宝排清胎粪，让黄疸顺利消退。

母乳中含有使大脑生长更加健全的物质，一种叫做二十二碳六烯酸（DHA）的脂肪酸；还含有丰富的胆固醇，为大脑的发育和激素以及维生素D的生成提供最基本的成分；母乳中的乳糖可以经过分解产生半乳糖，对脑组织的发育极为有益。研究表明，母乳喂养的宝宝较配方奶粉喂养的宝宝智商平均高7～10分。

母乳可以建立母婴之间亲密的交流途径，增进母婴感情。更重要的是，能让宝宝降生后迅速寻找到这个世界中最值得信赖的依靠，这种安全感是宝宝日后心智发展的坚实基础。

母乳喂养可刺激妈妈的宫缩，促进其产后恢复；还有利于消耗妈妈身上多余的脂肪，重塑其孕前的苗条身材。

母乳喂养可大大降低妈妈发生乳腺癌和卵巢瘤的概率。

3 哺乳时间——及早开奶、按需哺乳

新生宝宝断脐后30分钟，便可裸身抱到妈妈胸前，进行母婴体肤的充分接触，以唤起宝宝的吮吸本能。按需哺乳在出生后的1周左右特别重要，此时宝宝的消化能力是惊人的，一般不到10分钟，便能将胃内的食物几乎全部消化。所以，这个阶段的哺乳时间是灵活的，要随时注意观察宝宝是否有饥饿迹象。当新妈妈有奶胀感觉时，哪怕宝宝在睡眠中，也可用蘸凉水的湿毛巾轻柔地将宝宝弄醒，及时哺乳。下奶后，通常每天哺乳8～12次，夜间也尽量不要停止哺乳。

4 细说哺乳方法

首先清洗双手，用温湿毛巾轻擦乳头、乳晕。用手指肚轻轻按摩乳头及整个乳房，只要几分钟，就可以使乳汁更充分涌流。

选择最适合的哺乳体位。一般是坐式：没有扶手的矮椅比较理想；舒适地坐直，背靠椅上；让宝宝的嘴和乳头在同一水平位置；偶尔前倾哺乳时，背不要弯曲；如有必要，垫一个枕头来抬高宝宝身体高度。

侧卧位哺乳也是常用的，特别是对于产后身体虚弱的妈妈，但一定要注意让宝宝的头高于他的身体，并防止妈妈睡着后乳房甚至身体压在宝宝脸上造成宝宝窒息。不管采取什么体位哺乳，都要尽量使宝宝的一只手可自由活动，如触摸乳房。

用手托起乳房（若乳汁过急，可用剪刀式手法控制），用乳头轻掠宝宝的上、下唇，或轻挤乳晕后面部位，挤出乳汁滴到宝宝唇上，等宝宝嘴张大、舌向下的一瞬，迅速将乳头和大部分乳晕送入宝宝口中。

宝宝最初并非用力吮吸，而是用两颌抵压乳晕底部的奶库来"挤奶"的（只吮吸乳头的话，宝宝根本吃不到奶，而妈妈也只会感到乳头疼痛），所以，当妈妈从自己的角度观察到宝宝两颌张得很大，整张嘴被乳房占满，颞部及耳朵有规律地蠕动时，说明小家伙已经在享受之中了。

宝宝在一侧乳房吃奶时，另一侧乳房可能会产生反射而渗出乳汁，可用奶套或乳垫接住乳汁。等宝宝吃完一侧的乳汁，再换另一侧。下次喂奶时从另一侧开始，轮流循环。

哺乳结束时，可用干净的小指放入宝宝的小嘴与乳房之间，以防宝宝离开乳房时拉伤乳头。并挤出少量乳汁涂在喂完奶的乳头上，令其自然干燥，以保护乳头皮肤。

哺乳完毕后，要将宝宝抱直，轻拍其背，帮宝宝打嗝，以防溢乳。若宝宝已入宝宝睡，应取右侧卧位，防止吐奶呛入气管，引起宝宝窒息。

每次哺乳后，应手工挤出或用器具吸出剩余的乳汁。

温馨提示

哺乳时，与宝宝的交流是必要的，爱抚的眼神或温言细语都有利于宝宝更安心进食，并令其乐在其中。

哺乳期间，妈妈最好每天给乳房做一次按摩，可以在睡前做，用手指肚轻轻捏住乳头，轻柔按摩整个乳头，使乳房放松即可；乳头凹陷的乳房则需要更多精心按摩，并用吸奶器将乳头轻轻拽出。妈妈的胸罩应型号合适，最好是纯棉的，以改善乳房血液循环。

5 手工挤奶的操作要领

第一步，准备好储奶杯和奶瓶、塑胶漏斗等，并进行消毒。

第二步，清洗双手，用温湿毛巾热敷乳房数分钟，并向乳头方向轻轻按摩，刺激乳汁流出。

第三步，身体前倾，两手拇指在上，其他手指在下配合托住乳房。然后拇指和食指一起有节奏地挤压，让乳汁流出。

第四步，挤压时双手要围绕乳晕四周不停调整位置，尽量不遗漏每根乳腺管内的乳汁。

第五步，一侧乳房连续挤压3分钟左右，换另一侧乳房，重复第一至第四步的步骤。

第六步，另一侧挤几分钟后，又回到最初的那侧乳房。乳房因受刺激而兴奋，通常此时会有更多乳汁分泌出来。

第七步，交替挤压两侧乳房，直至没有乳汁流出。

手工挤奶使妈妈的哺乳方式更加灵活。

6　如何储存母乳

首先，将装有母乳的储杯立即加盖，拧紧，浸入冷水中1~2分钟。

然后，将储奶杯放入4℃的冰箱冷藏，最好在24小时内给宝宝食用。

喂奶前，可在室温下4小时解冻，也可隔水加热。

7　宝宝喝到足够的奶了吗

体重增加是宝宝奶水充足的最明显标志。

对正常宝宝来说，哺乳期间体重平均每周应增加110~200克，或每月增加450克。需要特别提醒的是，宝宝出生后3~4天里，可能会有"生理性体重下降"，主要是因为其体内水分的自然丢失，妈妈们无须过虑。

吃奶时间是判断宝宝是否吃够奶的直接依据。

此时的宝宝一般连续吮吸10分钟以上就饱了（但要保证是有效吮吸，即可听到宝宝连续几次到十几次的吞咽奶水的声音）；也可以根据宝宝吮吸后安静入睡或自己放开乳头玩耍等现象来作出判断。

排泄状况也是一个重要指标。

吃奶足够的宝宝每天尿布起码会湿4~6次，每次排尿量相当于2汤匙水，浅色或水色尿液是正常的，尿液颜色较深或呈苹果汁颜色则说明奶水不足；大便反映乳汁的质量，刚出生几天时排青黑色胎便过后，正常的大便应是金黄色的，呈糊状。

8　哪些情况不宜哺乳

❶ 妈妈患有传染病时，从体力和安全角度考虑，都不宜哺乳。

❷ 妈妈患有精神疾病或癫痫时，不宜哺乳。

❸ 妈妈生气时，体内会产生一种毒素，影响乳汁质量。所以生气时或刚生完气，不宜哺乳。

④ 妈妈刚运动完，体内会产生乳酸，使乳汁变味，此时也不宜哺乳。

⑤ 妈妈酒后不宜哺乳。至少要2小时以后，乳汁中的乙醇（酒精）才能代谢完。

⑥ 妈妈化妆后，化妆品的气味会掩盖宝宝天生就熟悉的妈妈体味，导致宝宝情绪低落，妨碍进食，更可能因宝宝对化妆品过敏而产生不良反应，因此妈妈化妆后不宜哺乳。

9 哪些宝宝不宜母乳喂养

宝宝如有代谢性病症，如半乳糖血症等不宜母乳喂养。这种有先天性半乳糖血症缺陷的宝宝，在进食含有乳糖的母乳、牛奶后，可引起半乳糖代谢异常，致使1-磷酸半乳糖及半乳糖蓄积，引起婴儿神经系统疾病和智力低下，并伴有白内障和肝、肾功能损害等。所以在新生儿哺乳期间，凡是在喂奶后出现严重呕吐、腹泻、黄疸、肝大、脾大等，应高度怀疑本病的可能，并马上看医生确诊。经诊断后确定为先天性半乳糖血症缺陷后，应立即停止母乳及奶制品喂养，应给予特殊不含乳糖的代乳品喂养。

患严重唇腭裂而致使吮吸困难的宝宝也不宜母乳喂养。

10 怎样判断母乳不足

① 宝宝体重增加缓慢。

② 哺乳时很少听到宝宝连续的吞咽声，甚至宝宝会突然离开奶头啼哭不止。

③ 宝宝经常睡不香甜，或吃完奶不久就哭闹，试图寻找乳头。

④ 宝宝排泄次数少，量也少。

⑤ 妈妈常自己感觉乳房空。

11　催乳——让母乳更充足

🍴 小米红糖粥

小米50克，红糖适量。小米洗净，加水煮粥。粥成加入红糖即可食用。

🍴 猪蹄炖花生

猪蹄4只，用刀划长口。花生300克，盐、葱、姜、黄酒各适量。加水用大火煮沸，再用小火熬至熟烂。

🍴 枸杞子鲜虾汤

新鲜大虾100克，枸杞子20克，黄酒20毫升。大虾去足须，洗干净，放入锅内。加枸杞子和适量水共煮汤，待虾熟倒入黄酒，搅匀即可食用。

🍴 乌骨鸡汤

乌骨鸡1只，洗净切碎，用葱、姜、盐、黄酒拌匀，加黄芪20克、枸杞子15克、党参15克，隔水蒸20分钟即可。

🍴 丝瓜鲫鱼汤

新鲜鲫鱼1条，去内杂洗净。稍煎，入黄酒、水，加姜、葱调味。小火焖炖20分钟。丝瓜200克，切片，放入鱼汤中，大火煮汤至乳白色后加盐。几分钟后起锅食用。把丝瓜换成适量豆芽或者通草也可。

12　混合喂养——妈妈的新选择

如果采取了一切措施之后，妈妈的乳汁仍然不足，这时便需要混合喂养，即用其他乳类或代乳品作为补充哺喂。这里需要强调的是：其实只要能坚持并有正确的专业辅导，几乎所有的妈妈都是可以哺乳的，所以不到万不得已，别放弃母乳哺喂。

每天先哺喂母乳，原则上不得少于3次，然后用其他乳类或代乳品补充不足。

喂养时最好用小汤匙或滴管，避免用橡皮奶嘴。

一旦妈妈的奶量恢复正常，应立即转为母乳哺喂。

13 人工喂养——妈妈的无奈选择

少数妈妈在实在没有奶或患某些疾病不适合哺乳的情况下，需要人工喂养，即完全使用其他乳类或代乳品进行哺喂。配方奶是人工喂养的首选代乳品，根据体重，参考配方奶说明给量，就能保证宝宝营养和水的需要。除非宝宝不适应牛奶，否则不要改用其他食物。

配制：将鲜牛奶加水稀释，一般新生儿可按2：1的比例（即2份奶加1份水），另加糖5%（每100毫升加5克左右的葡萄糖）。把牛奶装入奶瓶隔水煮沸5分钟（牛奶倒入锅中煮容易出奶皮，还可能溢锅），既可杀菌，又便于宝宝吸收。配制好的牛奶如果未及时哺喂，可放在冰箱中冷藏，但不能超过24小时。

哺喂：最好选用直式奶瓶，奶嘴软硬应适宜，乳孔大小按宝宝吸吮能力而定，以奶液能连续滴出为宜。一般在奶嘴上扎两个孔，最好扎在侧面，不易呛奶。哺喂前注意乳汁温度。可将奶滴于手腕内侧，以不烫手为宜。哺喂时将奶瓶倾斜45°，使乳头中充满乳汁，避免宝宝吸入空气或乳汁冲力太大。新生儿一般每天要喂6～8次，每次间隔时间为3～3.5小时。2周内新生儿每次喂奶量50～100毫升，2周后每次喂奶量70～120毫升。

14 配方奶粉的选购原则

根据喂食效果来选择，食后无便秘、无腹泻，体重和身高等指标正常增长，睡得香，食欲也正常，食后无口气、眼屎少、无皮疹的奶粉就是好奶粉。

根据奶粉的成分来选择，越接近母乳成分的奶粉越好。配方奶粉成分大都接近母乳成分，只是在个别成分和数量上有所不同。α－乳清蛋白能提供最接近母乳的氨基酸组合，提高蛋白质的生物利用度，降低氮质总量，从而有效减轻肾脏负担。α－乳清蛋白还能促进大脑发育。因此，在选择配方奶粉时，应选择α－乳清蛋白接近母乳的配方奶粉。

根据婴幼儿的月龄和健康状况来选择。市售的奶粉，说明书上一般都会介绍适合多少月龄或年龄的婴幼儿，可按此进行选择。新生儿体质差别很大，早产儿的消化系统发育较顺产儿差，因此早产儿可选早产儿奶粉，待体重发育至正常（大于2 500克）才更换成普通婴儿奶粉；对缺乏乳糖酶的婴幼儿、患有慢性腹泻导致肠黏膜表层乳糖酶流失的婴幼儿、有哮喘和皮肤疾病的婴幼儿，可选择脱敏奶粉，又称为黄豆配方奶粉；急性或长期慢性腹泻的婴幼儿，由于肠道黏膜受损，多种消化酶缺乏，可用水解蛋白配方奶粉；缺铁的婴幼儿，可补充高铁奶粉。如果不能确定选用何种奶粉，最好还是在临床医生的指导下进行选购。

15 选购配方奶粉的方法

成分。无论是罐装还是袋装奶粉，其包装上都会有其配方、性能、适用对象、食用方法等文字说明。除考虑营养均衡外，还要看营养成分是不是能够满足宝宝的需要，对于奶粉中所添加的特殊配方，也应有临床实验证明或报告。

观察包装。查看产品说明、生产日期和保质期，以确保该产品处在安全使用期内，确保该产品符合自己的购买要求。还要注意包装是否密闭，既不能"鼓"罐或"鼓"袋，也不能瘪罐。

查看有无漏气、有无块状物体。为延长奶粉保质期，生产厂家通常会在奶粉的包装物内填充一定量的氮气。由于包装材料的差别，罐装奶粉密封性能比较好，氮气不容易外泄，能有效抑制各种细菌的生长。在为宝宝选购袋装奶粉的时候，一定要用双手挤压一下奶粉袋，看看是否漏气，如果漏气、漏粉或袋内根本没有气体，说明该袋奶粉可能存在质量问题。判断有无块状物体可用摇动罐体的方式，在摇动的过程中，如果有撞击感则证明奶粉已经变质，不能食用。袋装奶粉的辨别方法则用手去捏，如手感松软平滑，内容物有流动感，则为合格产品；如有凹凸不平并有不规则块状物，则该产品为变质产品。

看标志。外包装标志应该清楚。避免买到那些标志不清的假冒伪劣或过期变质的产品。

尽量选择品牌奶粉。在经济许可的条件下，尽量选择知名品牌的奶粉，一般这样品牌的奶粉商都有良好的售后服务和专业咨询。

16 怎样给奶具消毒

第一步、将准备消毒的奶具洗净。 首先把奶具冲洗后放入热肥皂水中彻底洗过；再用瓶刷擦洗奶瓶内面，洗掉全部奶渍；用盐擦拭奶嘴的里面，可清除任何奶渍；用自来水彻底地冲洗奶瓶、奶嘴及其他有关的器皿。

第二步、煮沸消毒。 把奶瓶放入锅中，加冷水，使水面将奶瓶全部浸没。加盖煮沸后再持续5～10分钟；奶嘴的消毒应在水煮沸后放入，继续煮2～3分钟，先取出奶嘴，放在已准备好的消毒过的碗中，稍微冷却后再将奶瓶取出倒干水，全部盖上清洁纱布备用。还应注意，已消毒的橡皮奶嘴在使用时不能用手随便拿，应将手指捏住橡皮奶嘴的底部套在奶瓶上。千万不能将手碰到宝宝要含在嘴里的奶嘴上，否则，必须重新消毒。

如果嫌奶瓶、奶嘴等用后每次消毒太繁琐，可以多买几个，如买4个奶瓶，5～6个奶嘴备用，一日只需消毒2次，另外还需准备1只消毒用的大锅、洗奶瓶用的小瓶刷1把。

另外，宝宝的奶具消毒，也可以采用汽蒸法。每天将宝宝的奶具洗刷干净后，放在蒸笼中，用蒸煮的热气蒸10分钟左右，可以起到杀菌的作用，汽蒸的杀菌效果要比水煮强一些。

爱心提示

配乳及哺乳前必须洗净双手，哺喂中避免手触碰奶嘴。

奶瓶、奶嘴、杯子、碗、匙等每次用后要清洗、消毒（加水在火上煮沸20分钟），消毒后也可以放在消毒锅里，但不要用水浸泡。

牛奶不能放在保温的器具里，以免滋生细菌。

没吃完的剩奶不能再给宝宝饮用。

每个宝宝哺喂量的个体差异是存在的。妈妈们不必呆板地按规定量哺喂，应以宝宝能吃饱并消化良好为度。

17 乳头凹陷者如何喂奶

首先准备一支20毫升的一次性注射器、一把剪刀、一个脸盆、一条毛巾和适量的温开水。取下注射器针头，在注射器1毫升标记处剪去注射器头部。抽出注射器活塞，将注

射器尾部紧扣妈妈乳头，插入活塞。用左手持注射器，右手持活塞柄向后慢慢抽动活塞，这样重复几次后，乳头便会自然突起。乳头突起后，就立即用温热毛巾擦洗乳头。这样处理后，新生儿即可吸吮。经新生儿多次吸吮，乳头就不会再内陷。如果一次没有成功，可每隔3～6个小时重复一次。

18　怎样预防乳头皲裂

① 哺乳时应尽量让宝宝吸住大部分乳晕，乳晕下面是乳汁最集中的地方，宝宝吸起来也会比较省力，并能起到保护乳头的作用，这是防止乳头皲裂最有效的方法。

② 哺乳时间不要过长，每次哺乳时间最好控制在20分钟以内。如果乳头长时间浸泡在宝宝口中，很容易损伤乳头皮肤，而且宝宝口腔中的细菌也可通过破损的皮肤导致乳房感染。

③ 喂奶完后，要轻轻地从宝宝的口中拉出乳头，而且要等宝宝的口腔放松以后拉出。如果此时宝宝还含得很紧，硬拉乳头会导致乳头皮肤破损。

19　乳头皲裂者如何喂奶

哺乳时先从疼痛较轻的一侧乳房开始，以减轻对另一侧乳房的吸吮力。

交替改变哺乳时的抱婴姿势，这样可以使宝宝的吸吮力分散在乳头和乳晕四周。

哺乳的次数多一点，这样有利于乳汁排空、乳晕变软，也利于宝宝吸吮。

在哺乳后挤出少量乳汁涂在乳头和乳晕上。乳汁具有抑菌作用，且含有丰富的蛋白质，有利于乳头皮肤的愈合。

如果乳头疼痛剧烈或乳房肿胀，宝宝不能很好地吸吮乳头，可停止哺乳24小时，但应将乳汁挤出，用小杯或小勺喂养宝宝。

20　宝宝打嗝是怎么回事

宝宝在喝奶的同时用鼻子呼吸，由鼻子吸进的空气不仅会进入肺部，还会经由食管进入胃内。无论是直接吃母乳还是用奶瓶喝奶，都会出现这种情况。消化道内存在适量的空气是正常的，如果消化道内没有气体，就会难以蠕动。消化道中过剩的空气会通过打嗝、放屁等方式排出体外。所以宝宝也会把消化道内过多的空气通过打嗝、放屁排出体外。宝宝在打嗝的时候经常会把母乳或奶一同吐出来。如果宝宝在躺着的时候打嗝吐出奶水，可能会有窒息的危险。所以喂奶后可以把宝宝竖着抱起来，轻轻地拍打其背部，自然地让其打嗝。消化道中的过剩空气，还可以通过放屁排出体外。所以，如果5～10分钟后宝宝还没有打嗝，也不必担心。对于打嗝时吐奶量多的宝宝，可以让其稍稍侧躺着睡下。

21 怎样预防宝宝吐奶

若妈妈抱起宝宝喂奶，宝宝吐奶的机会就会减少。怀抱的宝宝身体倾斜，胃的下口便相应有了一定的倾斜度，吸入的奶汁由于重力作用可部分流入小肠，使胃部分排空。

让宝宝打嗝。在每次喂完宝宝奶后，不要立即放下宝宝，而是竖直抱起，让宝宝趴在妈妈肩头，用手轻拍宝宝背部，让那些随吸奶吞入的空气排出，即让宝宝打嗝。这样可排出胃中气体，再放下宝宝就不易吐奶了。

掌握好喂奶的时间间隔。通常，乳汁在宝宝胃内排空时间为2～3小时，因此每隔3小时左右喂奶一次较为合理。如果宝宝吃奶过于频繁，上一餐吃进的乳汁尚存留在胃内，必然影响下一餐的进奶量，或者引起胃部饱胀，就会引起吐奶。

注意喂奶的姿势。有的妈妈喜欢躺着喂奶，即母婴双方面对面侧卧哺乳。采用这种姿势喂奶，宝宝吐奶的可能性较大。

温馨提示

宝宝吃饱后躺着的姿势也是导致吐奶的重要原因。通常，宝宝多取仰卧位躺在床上，但这样极易引起吐奶。所以吃奶后不要马上把宝宝置于仰卧位，应先右侧卧一段时间，经观察无吐奶现象后再让宝宝仰卧。

22 人工喂养宝宝的12点注意

① 在喂宝宝时，要让宝宝舒适地依偎在喂养者的怀中。

② 宝宝在怀中应该处于半直立的姿势，使他的头高于他的身体。

③ 使用配方奶时，要将配方奶置于温水中加热，使之与身体的温度一致。

④ 将奶瓶的奶嘴冲下，做好喂奶的准备。

⑤ 千万不要用手触碰奶嘴的顶端。

⑥ 让奶嘴轻轻地擦过宝宝的嘴唇，使它滑入宝宝的嘴里，不要硬塞进去。

⑦ 将奶瓶倾斜，使瓶颈总是充满奶液，防止宝宝吸入过多的空气。

⑧ 在喂奶的过程中可将奶瓶移开，让宝宝休息一下，通常用10~15分钟完成喂奶过程。

⑨ 不要让宝宝自己抱着奶瓶。

⑩ 不要把奶瓶放着让宝宝自己去吸吮。

⑪ 把宝宝放在床上的时候，不要给他奶瓶。

⑫ 在宝宝出生的第一年里，最好用配方奶，而且应使用铁剂强化的配方奶，可使宝宝获得充足的铁。

23 宝宝食量小怎么办

有的宝宝食量很小，妈妈按着规定比例调配牛奶，每次总要剩下20毫升或30毫升。这样的宝宝好像也不感到肚子饿，夜里也不醒，一直呼呼地睡着。在白天的时候，即便是饿了也不会大哭大叫，有些妈妈对此会感到非常焦急。其实妈妈完全不必为该时期的宝宝食量小而担心，只要宝宝吃后不哭不闹，吃得少一点也没有关系，随着宝宝一天天长大，每次的食量也会增加。

第二个月

 1 身心发育特点

	男宝宝	女宝宝
身高	平均60.4厘米（55.6～65.2厘米）	平均59.2厘米（54.6～63.8厘米）
体重	平均6.1千克（4.7～7.6千克）	平均5.7千克（4.4～7.0千克）
头围	平均39.6厘米（37.1～42.2厘米）	平均38.6厘米（36.2～41.3厘米）
胸围	平均39.8厘米（36.2～43.4厘米）	平均38.7厘米（35.1～42.3厘米）

生理特点	后囟门关闭。 可以抬头左右活动，脖子会随着手臂向上活动。 M形腿逐渐伸直。 夜晚睡眠时间增加。 可以看清东西的形态，最佳视距15～30厘米。 前囟门大小：2厘米×2厘米。 可以发出含糊的声音。

心理特点	喜欢听柔和的声音。 看到妈妈的脸会微笑。 能用眼睛追踪移动的物体。 充满好奇心。 天真快乐。

发育特征

　　这个时期的宝宝，如果有人逗他，宝宝会发笑，并能发出"啊"、"呀"的语音。如发起脾气来，哭声也会比平时大得多。当听到有人与他讲话或有声响时，宝宝会认真地听，并能发出咕咕的应和声，会用眼睛追随走来走去的人。这些特殊的语言是孩子与大人的情感交流，也是孩子意志的一种表达方式，家长应对这种表示及时做出相应的反应。如果孩子满2个月时仍不会哭，目光呆滞，对背后传来的声音没有反应，就应该检查一下孩子的智力、视觉或听觉是否发育正常。

2 营养需求

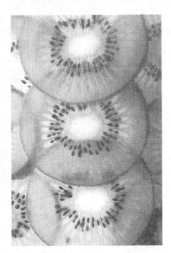

　　2个月的宝宝，如果妈妈母乳充足，那么只要按需哺乳，哺乳的次数一般以每天7次为宜。因婴儿食量大小各异，哺乳时间间隔有时是2个半小时，有的是4小时或5小时，这都不足为奇。如果母乳很好，1~2个月时期一定是个太平时期。哺乳的次数也会依宝宝的个性而逐渐稳定。用牛奶喂养的孩子，吃奶的次数比母乳喂养的次数少，其原因在于牛乳需要较长的时间才能消化。

　　混合喂养和人工喂养的宝宝，除了定时定量喝配方奶外，可喝点温开水。

3 喂养常识

1 对牛奶过敏的宝宝怎样喂养

有牛奶过敏症状的宝宝，主要有乳糖耐受不良和牛奶蛋白过敏两种状况。其中乳糖耐受不良是由于宝宝的肠道中缺乏乳糖酶，对牛奶中的乳糖无法吸收导致消化不良。此类患儿只有胃肠方面的不适，大便稀糊如腹泻般，如果停止喂牛奶，症状很快会改善。

牛奶蛋白过敏是因为部分宝宝对牛奶中的蛋白质产生变态（过敏）反应，每当接触到牛奶后，尤其是胃肠道，身体就会发生不适症状；各个年龄段都会有，因为婴幼儿多以牛奶为主食，所以婴幼儿是最容易发生牛奶过敏的人群。

如确定宝宝为牛奶过敏，最好的治疗方法就是避免接触任何牛奶制品。目前市场上有一些特别配方的奶粉，又名"医泻奶粉"，可供对牛奶过敏或长期腹泻的宝宝食用。这种奶粉以植物性蛋白质或经

过分解处理后的蛋白质取代牛奶中的蛋白质，以葡萄糖替代乳糖，以短链及中链的脂肪酸替代一般奶粉中的长链脂肪酸。其成分虽与牛奶不同，但仍具有宝宝成长所需的营养及相同的热量，也可避免宝宝出现过敏等不适症状。

2 吃母乳的宝宝需要喂水吗

一般来说，出生6个月内的宝宝用纯母乳喂养时，最好不要额外喂水。这是因为：

母乳中的水分基本能满足宝宝的需要。母乳中含有宝宝成长所需的一切营养，特别是母乳70%~80%的成分都是水，足以满足宝宝对水分的需求。

给宝宝喂水可能会间接造成母乳分泌减少。如果过早、过多地给宝宝喂水，会抑制宝宝的吮吸能力，使他们从母亲乳房主动吮吸的乳汁量减少，不仅对宝宝的成长不利，还会间接造成母乳分泌减少。

所以母乳喂养的宝宝最好不要额外喂水，但并不是说一点水都不能给宝宝喂，偶尔给宝宝喂点水是不会有不良影响的。特别是当宝宝生病发热时、夏天常出汗而妈妈又不方便喂奶或宝宝吐奶时，宝宝都比较容易出现缺水现象，这时喂点水就非常必要了。

3 人工喂养的宝宝需要喂水吗

人工喂养的宝宝则需要在两次哺乳之间喂一次水。因为牛奶中的矿物质含量较多，宝宝不能完全吸收，多余的矿物质必须通过肾脏排出体外。此时，宝宝的肾功能尚未发育完全，没有足够的水分就无法顺利排出多余的物质。因此，人工喂养的宝宝必须保证充足的水分供应。

　　宝宝刚开始吃辅食时会因消化不良而拉肚子。拉肚子时钠和钾会随着水分而流失，所以要十分注意宝宝是否有脱水症状。这时候要给宝宝补充充分的水分，如喝一点白开水或稀释后的果汁。

4 及时补充维生素D，预防佝偻病

宝宝缺少维生素D的话，容易患佝偻病。维生素D的主要来源是太阳光，它会刺激皮肤，使其产生出维生素D。有资料表明，如果暴露着晒太阳，皮肤在半小时内可产生20个国际单位的维生素D。天然食物中维生素D的量并不多——母乳中含维生素D4约100单位/升，牛乳中含有3～40单位/升，蔬菜和水果中含量极少，不能满足宝宝生长发育的需要。冬春季节，日照时间短，此时出生的宝宝难以接收紫外线照射，不能使体内合成足够的维生素D，易患佝偻病。早产儿、多胎儿、奶粉喂养儿，可以在出生2周后补充维生素D，母乳喂养儿可在出生1个月后补充。每日需求量为400国际单位，需要在医生指导下服用，以免过量造成中毒。

5 如何服用鱼肝油

鱼肝油的主要制作原料是鱼的肝脏，主要含有维生素A和维生素D。其中，维生素A利于人体免疫系统，维生素D是人体骨骼中不可缺少的营养素。人体肠道对钙的吸收必须要有维生素D的参与，维生素D可通过晒太阳补充，如需额外补充鱼肝油，剂型、药量和服药期限必须在医生指导下进行，否则摄入过量会引发中毒症状，导致宝宝毛发脱落、皮肤干燥皲裂、食欲不振、恶心呕吐，同时伴有血钙过高以及肾功能受损。一旦确认为"鱼肝油中毒"，就应该立即停止服用。

宝宝的鱼肝油用量应该随着月龄的增加而逐渐增加。此外，户外活动多时可以酌减用量，一些婴儿食品已经具有强化维生素A、维生素D的效用，如果规律服用也需要减少鱼肝油用量。

6 如何选择鱼肝油

❶ 选择不含防腐剂、色素的鱼肝油，避免宝宝中毒；

❷ 选择不加糖分的鱼肝油，以免影响钙质的吸收；

❸ 选择新鲜纯正口感好的鱼肝油，使宝宝更愿意服用；

❹ 选择不同规格的鱼肝油，有效满足婴幼儿成长期需求；

❺ 选择单剂量胶囊型的鱼肝油，避免二次污染；

⑥ 选择铝塑包装的鱼肝油，避免维生素A、维生素D氧化变质；

⑦ 选择科学配比3：1的鱼肝油，避免维生素A过量，导致宝宝中毒；

⑧ 选择知名企业生产的鱼肝油，相对比较安全可靠。

7 宝宝需要补钙吗

一般说来，宝宝出生后从妈妈那里得到的钙会不断减少。母乳喂养的宝宝会从母乳中得到一定的补充，人工喂养的宝宝则经常有不同程度的缺钙。0~6个月的宝宝每天对钙的需要量是300毫克左右，除了从食物中获取，还可以通过为宝宝添加钙剂进行补充。服用的剂量可根据缺钙的程度分为预防和治疗两种。如果自己无法根据宝宝的食物摄取情况计算出应该补充的剂量，最好还是请医生为宝宝进行一下诊断，按医嘱行事。

8 早产儿要及时补铁

足月婴儿体内储存的铁是出生前就从妈妈的身体中"掠夺"而来的，尤其在妊娠后期得到更多一些。这些铁可以维持婴儿出生后4个月的生长发育所需，但早产儿失去了从妈妈体内获取更多储备铁的机会，所以其体内储蓄的铁只够出生后2个月的生长发育所需。一般的早产儿从出生后的第6周就应开始补充铁剂。

早产儿母亲所分泌的母乳在营养成分上与足月儿母亲所分泌的母乳有所不同，它更适合早产儿生长之所需，应当让婴儿吃母乳。宝宝的月龄大一点时，身体对铁的吸收能力有所增强，可以选择含铁量高的断乳食品。

如果早产儿的母亲因为某些原因而没有办法哺乳，应选用专为早产儿特别制备的奶粉，这种奶粉在制备时已考虑到早产儿的特点，在所需要的营养素上也给予了强化。

9 辅食是怎么回事

在母乳或婴儿配方奶之外，另外给宝宝添加的一些蔬菜、水果、米粉、粥、面和其他的固体食物，就是我们所说的辅食。添加辅食首先是为了满足宝宝的营养需求。随着宝宝的不断长大，对热量、维生素和各种矿物质（尤其是铁）的需求会越来越大；而这时妈妈的乳汁已经开始变少，乳汁中的营养成分也逐渐不能满足宝宝的全部需要，这时候就需要通过添加辅食来弥补母乳的不足。否则的话，宝宝很可能会出现营养不良和贫血。另外，让宝宝逐步接受母乳以外的食物，能减轻宝宝对母乳的依恋，为将来断奶做准备。还能锻炼宝宝的口腔肌肉，促进咬合、咀嚼功能的发育和乳牙的萌出。

10 添加辅食前应做哪些准备

餐桌。 给宝宝添加辅食前，需要准备一套儿童餐桌。儿童餐桌有可爱的图案、鲜艳的颜色，可以促进宝宝的食欲。

匙。 喂宝宝辅食时，一定要用匙，而不能将辅食放在奶瓶中让宝宝吸吮。添加辅食的一个目的是训练宝宝的咀嚼、吞咽能力，为断奶做准备。如果将米粉等辅食放在奶瓶中让宝宝吸吮，则达不到这个目的。刚开始添加辅食时，应每次只在匙内放少量食物，让宝宝可以一口吃下。由于母乳和配方奶中的营养成分完全能满足4~6个月宝宝的营养需求，因此刚开始添加辅食时，不要太关注宝宝吃进辅食的多少。

碗。 为宝宝选个大小合适、材质安全的小碗。大碗盛满食物会使宝宝产生压迫感，影响食欲；尖锐易破的餐具也不宜选用，以免发生意外。

11 给宝宝制作辅食有哪些操作要点

准备辅食所用的案板、锅铲、碗、勺等用具应当用清洁剂洗净，充分漂洗，用开水或消毒柜消毒后再用。最好能为宝宝单独准备一套烹饪用具，以避免发生交叉感染。

制作辅食的原料最好是没有化学物污染的绿色食品，尽可能新鲜，并仔细选择和清洗。

宝宝的辅食一般都要求细烂、清淡，所以不要将宝宝辅食与成人食品混在一起制作。

制作宝宝辅食时，应避免长时间烧煮、油炸、烧烤，以减少营养素的流失。应根据宝宝的咀嚼和吞咽能力及时调整食物的质地，食物的调味也要根据宝宝的需要来调整，不能以成人的喜好来决定。

隔顿食物的味道和营养都大打折扣，且容易受细菌污染，因此不要让宝宝吃上顿吃剩的食物。为了方便，在准备生的原料时，可以一次多准备些，然后根据宝宝每次的食量，用保鲜膜分开后放入冰箱保存。但是，这样保存食品的时间也不应超过3天。

第三个月

1　身心发育特点

	男宝宝	女宝宝
身高	平均63.0厘米（58.4～67.6厘米）	平均61.6厘米（57.2～66.0厘米）
体重	平均6.9千克（5.4～8.5千克）	平均6.4千克（5.0～7.8千克）
头围	平均41.0厘米（38.4～43.6厘米）	平均40.1厘米（37.7～42.5厘米）
胸围	平均41.4厘米（37.4～45.3厘米）	平均39.6厘米（36.5～42.7厘米）

生理特点	脑细胞生长的第2个高峰期。 能稳定地俯卧，能支撑起脖子，俯卧时抬头时间能够持续30秒左右。 前臂不仅能支撑头部，而且能支撑体重，挺起胸来。 蜷缩的手慢慢展开，能够短时间抓住玩具。

心理特点	听到声音，脸会转向发出声音的地方；能分辨妈妈的声音。 当看到眼前的图片或者玩具时，会表现出兴高采烈的样子，同时会发出"哦""啊"等声音，还会连续地尖叫。 被逗乐时，会发出相当大的咯咯声，甚至是笑声。 能明确地表示高兴与不高兴。 看到眼前的玩具，会伸手做出抓的动作。

发育特征

　　这个时期的宝宝不会和成年人一样有深度的、规则的睡眠，宝宝的睡眠浅但时间长，醒来的次数多。出生后3个月的宝宝，睡眠没有昼夜的区别，一天要睡上14～18小时。不过，睡上4小时之后，宝宝的肚子就饿了，于是要醒来吃奶。随着不断成长，宝宝夜间醒来哭泣的频率就会逐渐降低。

　　于是，有些年轻的爸爸妈妈便会问：有没有办法可以哄宝宝睡觉，或者有没有方法让宝宝夜间睡得更安稳呢？其实方法很简单，就是在白天要多对宝宝进行爱抚。如多抱他们、多喂奶、多进行按摩等。通过爱抚，可使宝宝感到自己受关注，从而产生安心感和安全感。而且，宝宝白天吃饱奶水后，夜晚就不会频繁感到肚子饿，自然可以安安稳稳地睡觉了。

2 营养需求

　　第3个月是母乳喂养的宝宝非常关键的时期。宝宝在这一时期里生长发育是很迅速的，食量增加。

　　母乳喂养的宝宝在乳汁充足的情况下无需增加其他食物，而混合喂养和人工喂养的宝宝应该每隔3-4小时喂奶1次，每次约150毫升，每天6次，全天总奶量不能超过1000毫升。

　　宝宝三个月母乳还是最好的食物，不仅能给宝宝提供丰富、容易消化吸收的营养物质，还能帮助宝宝抵抗病魔的袭击。如果你因为工作或身体原因不能实现母乳喂养，可以给宝宝吃配方奶，而不是用米汤、米糊或者乳儿糕等宝宝难以消化和吸收的食物来喂他。

3 喂养常识

1 职业女性的喂养方法

产假休完在即将上班的前几天，妈妈应该根据上班时间适当调整宝宝的喂奶时间。上班后，条件允许的话，可以携带消毒奶瓶设法将乳汁挤出储存起来，回来带给宝宝食用或放冰箱内存到第2天。如果妈妈上班地点远，要离开宝宝8小时以上的，可以早晨喂奶一次，下班时一次，晚上宝宝临睡前一次。一般来说，乳汁的分泌在早晨是最多的，可以挤出一些装在严格消毒过的容器里冷藏保存。最好是尽最大努力坚持母乳喂养，压缩牛奶或其他代乳品的喂养次数。上班时不方便挤奶，又不想停止母乳喂养的话，可以在白天喂配方奶，回家后再喂母乳。由于工作忙碌和压力增大，妈妈可能会忽略自身营养，容易疲劳，使奶量减少。妈妈要记得注意营养的摄取，且每天补充的水分应该在1 500毫升左右。

如果不想坚持母乳喂养，应该在上班前半个月或2周开始，慢慢减少母乳喂养次数，让宝宝学会吸吮奶嘴，逐渐用牛奶或其他代乳品来补充。在1周前就基本上停止母乳喂养。这样慢慢减少母乳喂养次数，不至于突然停止哺乳造成宝宝的不适应，也不会让乳房肿胀不舒服，能让身体慢慢适应，泌乳量也能逐渐减少。

爱心提示

挤出来的母乳，在室温中可以存放6小时，冰箱中冷藏48小时，冷冻3~6个月。保存前，最好在容器外注明时间，利于分辨是否过期。

冷藏过的母乳，不能直接加热或者用微波炉加热，应隔水加热。具体方法是，将装有母乳的奶瓶置于温度低于60℃的温水中加热。复温的奶最好一次喂完，不可留到下次再喂。

25

2 上班族妈妈如何挤奶

首先要准备多个经煮沸消毒的能加盖的透明塑料储奶杯，并彻底清洗双手和乳房，可以采用清洁水轻轻摩擦的方法；在心理上，妈妈要假设自己处于愉快的环境，以利于排乳反射；然后再用干净的湿热毛巾热敷双侧乳房3～5分钟，并轻轻按摩乳房，以帮助乳汁分泌。这些准备工作基本完成后，妈妈可以找一个舒适的位置坐下，把盛奶的容器靠近乳房，然后身体略向前倾，用手将乳房托起，准备挤奶。

挤奶时，把大拇指放在乳头上方乳晕处，食指放在乳头下方乳晕处。用拇指和食指的内侧向胸壁处挤压乳晕，使乳头夹在拇指与食指之间，做"挤、捏、挤、捏"的循环动作，乳汁自然会流出。在刚开始挤奶的时候，妈妈用"挤、捏"的方法可能并不能产生乳汁，并且还会令妈妈感到不适，比如乳房疼痛等，但是挤过几次后，待逐渐适应了这种方法，乳汁就开始滴下，若喷乳反射活跃，乳汁自会不断流出。

在挤奶的过程中，妈妈要注意，要用同样的方法不同角度地双侧挤压乳晕，要尽量使所有乳腺小叶中的乳汁都排出，而且手指应该随着挤压的节奏环绕乳房转动，才能有效地挤空所有的乳管。每次挤奶的时间应以20分钟为宜，并且双侧乳房轮流进行。例如，一侧乳房先挤5分钟，再挤另一侧乳房。这样交替挤，下奶会多一些。

3 宝宝不肯用奶嘴怎么办

宝宝若从出生后一直吃母乳，待3个月后进行混合喂养时，宝宝很难接受橡皮奶嘴，此时可以试试以下这些办法：

第一次用奶瓶喂奶，宝宝不接受时，不要将奶嘴直接放入宝宝的口里，而是将奶嘴像母乳喂养一样放在宝宝嘴边，让宝宝自己找寻，并主动含入嘴里；

把奶嘴用温水冲一下，使其变软些，和妈妈乳头的温度相近；

给宝宝试用不同形状、大小、材质的奶嘴，并调整奶嘴孔的大小；

试着用不同的姿势给宝宝喂食；

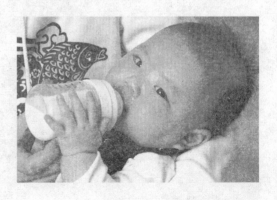

喂奶前抱抱、摇摇、亲亲宝宝，在地上抱着宝宝走一走，使宝宝很愉悦，这时再用奶瓶喂可能会更好些。

如果在试过了这些办法后，宝宝仍拒绝奶瓶，爸爸妈妈不妨先改用杯子、汤匙等喂食，再慢慢过渡到奶瓶。

用奶瓶喂时，最好用妈妈的衣服裹着宝宝，让宝宝闻到妈妈的气味，这样会极大地降低宝宝对奶瓶的陌生感。

4 宝宝偏爱牛奶时怎么办

同不接受奶瓶的宝宝不同的是，有一部分宝宝在试过添加牛奶后，就喜欢上了牛奶。宝宝会因为橡皮奶嘴孔大、吸吮很省力、吃得痛快，而母乳流出来比较慢、吃起来比较费力的缘故，开始对母乳不感兴趣，而对牛奶表现出极大的兴趣。这时，要视宝宝和妈妈本身的情况来决定让宝宝吃母乳还是牛奶。如果宝宝在3个月内，并且母乳完全可以充足地供给宝宝所需营养，妈妈也暂时不想给宝宝断奶，就应尽量减少喂宝宝牛奶的次数和量。如果宝宝已经3个月了，并且妈妈马上就要上班，而且打算让宝宝断奶。就可以适当地添加牛奶，减少母乳喂养。

一日食物示例

主食：母乳

餐次及用量：每3个小时1次，夜间减少1次，每次喂60～150毫升

其他：

温开水：每次35～60毫升，在白天两次喂奶中间喂

第四个月

1 身心发育特点

	男宝宝	女宝宝
身高	平均65.1厘米（59.7~69.5厘米）	平均63.4厘米（58.6~68.2厘米）
体重	平均7.5千克（5.9~9.1千克）	平均7.4千克（5.5~8.5千克）
头围	平均42.1厘米（39.7~44.5厘米）	平均41.2厘米（38.8~43.6厘米）
胸围	平均42.3厘米（38.3~46.3厘米）	平均41.1厘米（37.3~44.9厘米）

生理特点	头围和胸围大致相等，比出生时长高10厘米以上，体重为出生时的2倍左右。 头部能随意地左右转动。 睡觉时不再安分，身体活动频繁。 喜欢抓住身边的东西往嘴里送，经常吸吮手指。 胎毛开始脱落。 胃肠道、神经系统和肌肉发育较为成熟，有正常的吞咽动作。

| 心理特点 | 能放声大笑，明显地表示喜怒等情感。
会对着镜子微笑。
眼睛或头部会随着眼前移动的东西转动。
经常发出咿咿呀呀的声音。
见到熟悉的人会主动求抱。 |

发育特征

一般情况下，4个月大的宝宝就会翻身了。翻身主要是训练宝宝脊柱的肌肉和腰背部肌肉的力量，训练宝宝身体的灵活性，同时，也扩大了宝宝的视野，提高了宝宝的认知能力。

当宝宝向左翻的时候，妈妈用右手扶住宝宝的左肩，左手扶住宝宝的臀部，轻轻地给宝宝一点力量，这样宝宝就翻过来了。宝宝向右翻身，当宝宝翻成俯卧姿势后，帮助他把双手放成向前趴的姿势，给宝宝一个玩具，让宝宝趴着玩一会儿，然后家长再把一只手插到宝宝胸部下方，让宝宝由俯卧的姿势慢慢翻成仰卧的姿势。在这一过程中家长仍然要注意宝宝手的摆放姿势。注意不要别住和扭伤了宝宝的胳膊。在翻身的时候注意动作不要太大也不要用力，以免伤着宝宝的胳膊。

2 营养需求

出生后的第4个月，宝宝体内的铁、钙、叶酸和维生素等营养元素会相对缺乏。为满足宝宝成长所需的各种营养素，从这一阶段起，妈妈就应该适当给宝宝添加淀粉类和富含铁、钙的辅助食物了。

4个月以后随着宝宝的长大，宝宝体重增加，对热量及各种营养素的需求增加，但母乳分泌量不能随之增加，所以单靠乳类已不能完全满足宝宝的营养需要。4个月后宝宝体内铁的储备也已大部分被利用，而乳类本身缺乏铁质，需要及时从食物中补充。否则，宝宝易发生营养不良性贫血。因此，在继续用母乳的同时，逐步添加辅助食品是十分必要的。

给宝宝添加辅食的时间应符合其生理特点，过早添加不适合消化的辅食，会造成宝宝的消化功能紊乱，辅食添加过晚，会使宝宝营养缺乏。同时不利于培养宝宝吃固体食物的能力。

添加的品种由一种到多种，先试一种辅食，过3~7天后，如宝宝没有消化不良或变态（过敏）反应再添加第2种辅食品。

添加的数量由少量到多量，待宝宝对一种食品耐受后逐渐加量，以免引起消化功能紊乱。食物的制作应精细、从流质开始，逐步过渡到半流，再逐步到固体食物，让宝宝有个适应过程。

此外，辅食添加的时间，最好在吃奶以前，在宝宝饥饿时容易接受新的食物。天气过热和婴儿身体不适时应暂缓添加新辅食以免引起消化功能紊乱。还应注意食品的卫生，以免宝宝发生腹泻。

3 哺养常识

1 何时该给宝宝添加辅食

给宝宝添加辅食的时间最好是在出生后的4~6个月，过早过晚都不适合。过早添加辅食，很可能会造成母乳吃得过少，不能满足宝宝的营养需求。出生不久的宝宝免疫力也很低，母乳吃得过少，从母乳中得到的抗体就少，很可能会因为免疫能力不足而增加得病的危险。这时宝宝的消化系统、肾功能还没有发育完全，过早添加一些固体食品，不但其中的营养宝宝吸收不了，还会给宝宝的肠胃造成负担，使宝宝更容易患上腹泻等疾病。辅食添加得过晚，则不但满足不了宝宝的营养需求，造成维生素缺乏症；还会使宝宝的口腔肌肉得不到适宜的锻炼，使得宝宝的咀嚼能力、味觉发育落后，更加难以接受辅食。

2　添加辅食的原则

给宝宝添加辅食，一定要遵守"循序渐进"的原则，即：

原则一：从一种到多种。 一种食物至少要先给宝宝试吃3～5天，同时注意观察宝宝有没有什么过敏的症状。如果没问题，再给宝宝添加第二种食物。

原则二：从少到多。 一般情况下，第一天只给1小勺（10毫升左右），第二天给2小勺，第三天给3小勺。宝宝一次吃完30毫升的食物没有异常的表现，再逐渐加量。

原则三：从稀到稠。 从汤水类食物到泥糊状食物，从流质到半流质食物，最后过渡到固体性的食物。

原则四：从细到粗。 "细"是指没有颗粒感的细腻食物，如米糊、菜水等；"粗"是指有固定形状和体积的食物，如成型的面条、包子、饺子、碎菜等。

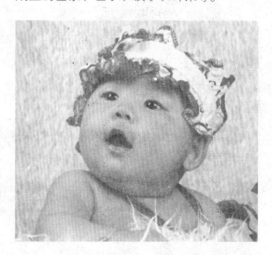

3　怎么判断宝宝需要添加辅食了呢

要看宝宝的体重增加情况。 如果宝宝每顿喝足量的奶，体重却增加得比较少甚至没有增加，就说明宝宝需要添加辅食了。

看宝宝还有没有推吐反射现象。 如果把小勺放到宝宝嘴唇上，他就张开嘴，而不是本能地用舌头往外推，就说明宝宝已经从心理上做好准备尝试母乳以外的食物了。

看宝宝是不是开始对大人们吃饭感兴趣。 如果大人们吃饭的时候，宝宝表现得很好奇、很羡慕，或是伸手去抓食品，也说明宝宝已经从心理上做好准备尝试母乳以外的食物了。

看宝宝有没有能力表达拒绝。 如果宝宝在不想吃东西时，会闭嘴、转头，对大人们送过来的食物表示拒绝，就说明宝宝开始有了判断饥饱的能力。这时候你就可以放心地为宝宝准备辅食了。

4 给宝宝添加第一次辅食的操作技巧 ●◆

第一次给宝宝添加辅食，最理想的时间是上午。通常这时候宝宝比较活跃和清醒，并且不是很饿，会有足够的精力去体验母乳以外的食物的口感和味道。可以用小勺挑上一点点食物喂宝宝，让宝宝先尝尝味道，同时注意观察宝宝的反应：如果宝宝看到食物，兴奋得手舞足蹈、身体前倾并张开嘴，说明宝宝很愿意尝试你给他的食物；如果宝宝闭上嘴巴、把头转开或闭上眼睛睡觉，说明宝宝不饿或不愿意吃你喂给他的食物。这时就不要强喂，换个时间，等他有兴趣了再进行尝试。喂的时候，先在小勺的前部放上一点点食物，轻轻地放入宝宝的舌中部，再轻轻地把小勺撤出来。食物的温度不能太高，以免烫到宝宝。保持和室温一样，或比室温稍微高一点（1~2℃），是最恰当的温度。

5 宝宝不肯吃勺里的东西怎么办 ●◆

宝宝在吃辅食之前只是吃奶，已经习惯了用嘴吸吮的进食方式，肯定对硬邦邦的勺子感到别扭，也不习惯用舌头接住成团的食品往喉咙里咽，拒绝接受是在所难免的。这时只能耐心点，让宝宝多接触，对用小勺吃东西适应起来。比如，在喂奶之前或大人们吃饭的时候，可以先用小勺给宝宝喂一些汤水。等宝宝对勺子感到习惯，并渐渐明白小勺里的东西也很好吃时，宝宝自然就会吃了。

 温馨提示

添加辅食时一定不要性急，要一样一样地来，添加一种辅食后要等3~5天才能考虑换下一种。如果一天换一样，容易造成宝宝的肠胃功能紊乱，宝宝反而无法吸收更多的营养。

6　母乳与辅食该如何搭配

开始时。先给宝宝添稀释的牛奶（鲜奶或奶粉），上午和下午各添半奶瓶即可，或者只在晚上入睡前添半瓶牛奶，其余时间仍用母乳喂养。如宝宝吃不完半瓶，可适当减少。

6个月后。可在晚上入睡前喂小半碗稀一些的掺牛奶的米粉糊，或掺半个蛋黄的米粉糊，这样可使宝宝一整个晚上不再饥饿醒来，尿也会适当减少，有助于母子休息安睡。但初喂米粉糊时，要注意观察宝宝是否有吃糊后较长时间不思母乳的现象，如果是，可适当减少米粉糊的喂量或稠度，不要让它影响了母乳的摄入。

8个月后。可在米粉糊中加少许菜汁、一个蛋黄，也可在两次喂奶的中间喂一些苹果泥（用匙刮出即可）、西瓜汁、一小段香蕉等，尤其是当宝宝吃了牛奶后有大便干燥现象时，西瓜汁、香蕉、苹果泥、菜汁都有软化大便的功效，也可补充一些维生素。

10个月后。可增加一次米粉糊喂养，并可在米粉糊中加入一些碎肉末、鱼肉末、胡萝卜泥等，也可适当喂小半碗面条。牛奶上午、下午可各喂一奶瓶，此时的母乳营养已渐渐不足，可适当减少几次母乳喂养（如上午、下午各减一次），以后随月龄的增加逐渐减少母乳喂养次数，以便宝宝逐渐过渡到可完全摄食自然食物。

7　为什么不能过早添加淀粉类的辅食

过早添加淀粉类辅食会影响宝宝的正常发育。这主要表现在：

导致宝宝消化不良。出生后至4个月前的宝宝唾液腺发育尚不成熟，不仅口腔唾液分泌量少，淀粉酶的活力低，而且小肠内胰淀粉酶的含量也不足，如果这时盲目添加淀粉类辅食，常常会适得其反，导致宝宝消化不良。

造成宝宝虚胖。过多淀粉的摄入，势必影响蛋白质的供给，造成宝宝虚胖，严重的还会导致宝宝出现营养不良性水肿。

影响其他营养素的供给。淀粉类食品的过早添加，还直接影响乳类中钙、磷、铁等营养物质的供给，对宝宝正常的发育产生不利的影响。

8 辅食自己做好还是买市售的好

　　自己做的辅食和市售的辅食各有其优缺点。市售的宝宝辅食最大的优点是方便，即开即食，能为妈妈们节省大量的时间。同时，大多数市售宝宝辅食的生产受到严格的质量监控，其营养成分和卫生状况得到了保证。因此，如果没有时间为宝宝准备合适的食品，而且经济条件许可，不妨先用一些有质量保证的市售的宝宝辅食。但妈妈们必须了解的是，市售的宝宝辅食无法完全代替家庭自制的宝宝辅食。因为市售的宝宝辅食没有各家各户的特色风味，当宝宝度过断奶期后，还是要吃家庭自制的食物，适应家庭的口味。在这方面，家庭自制的宝宝辅食显然有着很大的优势。因此，自制还是购买宝宝辅食，应根据家庭情况进行选择。

9 怎样挑选经济实惠的辅食

　　注意品牌和商家。一般而言，知名企业的产品质量较有保证，卫生条件也能过关，所以最好选择好的品牌、大的厂家生产的食品，以免影响到宝宝的健康。

　　价高不一定质优。虽然有些食品价位高，但营养不一定优于价位低的食品，因为食品的价格与其加工程序成正比，而与食品来源成反比。加工程序越多的食品营养素丢失得越多，但是价格却很高。

　　进口的不一定比国产的好。进口的婴幼儿食品，其中很多产品价格高是由于包装考究、原材料进口关税高、运输费用昂贵造成的，其营养功效与国产的也差不多。妈妈选购时要根据不同月龄宝宝的生长发育特点，从均衡营养的需要出发有针对性地选择，这样花不了多少钱就会收到很好的效果。

10 给宝宝添加果汁和菜水有什么讲究

最好先添加菜水，因为果汁的味道比较甜，而宝宝们都喜欢甜味。先加果汁的话，宝宝很可能因为菜水的味道比较淡而不接受。另外，4个月的宝宝消化系统还没有发育完全，消化功能很弱，太浓的果蔬汁反而不利于宝宝消化和吸收，所以要加水稀释。

11 人工喂养宝宝满月需添辅食

通常情况下，母乳喂养的宝宝是在6个月以后才开始添加辅食的，但人工喂养的宝宝从4~6个月起，除奶制品以外，还需要添加一些菜水、果汁，以补充维生素C。因为人工喂养宝宝易大便干燥，而菜水和果汁可以软化大便，使大便易于排出。

大多数母乳喂养的宝宝，一过两个月，就会因为讨厌奶嘴而不愿意用奶瓶。如果妈妈休完产假就上班，就不能准时亲自给宝宝喂母乳了，只能通过奶瓶来喂。为了应对这种情况，妈妈可以在2个月时，训练宝宝每天吸吮两三次奶嘴。把温开水或者果汁装在奶瓶里让宝宝喝，培养宝宝对奶嘴的感觉。奶嘴最好选择和妈妈的乳头形状相似的，一般为硅胶质地。3个月以下的宝宝应该选择奶嘴开口为圆形的，十字形和Y形孔适合3个月以上的宝宝。

12 水果的挑选及清洗

给宝宝吃的水果最好是供应期比较长的当地水果。如苹果、橘子、香蕉、西瓜等，季节性强、远道而来的进口水果容易引起过敏。水果长期存放后维生素含量会明显降低，而腐烂、变质的水果更是有害人体健康。因此一定要为宝宝选择新鲜的水果。

制作果汁、果泥前，要将水果清洗、消毒。苹果、梨、柑橘等应先洗净，浸泡15分钟（尽可能去除农药），用开水烫30秒后去掉水果皮。切开食用的水果（如西瓜），也应将外皮用清水洗净后，再用清洁的水果刀切开，切勿用切生菜的菜刀，以免被细菌污染。小水果（如草莓、葡萄、杨梅等）皮薄或无皮，果质娇嫩，应该先洗净，用清水浸泡15分钟，再用开水烫泡1分钟，然后用淡盐水浸泡5~10分钟。

13 蔬菜的挑选及清洗

给宝宝吃的蔬菜最好选择无公害的新鲜蔬菜。如果没有条件用这样的蔬菜，应尽可能挑选新鲜、病虫害少的蔬菜，千万不要买有浓烈农药味或不新鲜的蔬菜。

为避免有毒化学物质、细菌、寄生虫的危害，买回来的蔬菜应先用清水冲洗蔬菜表层的脏物，适当除去表面的叶片，然后将清洗过的蔬菜用清水或消毒液浸泡半小时到1小时，最后再用流水彻底冲洗干净。根茎类和瓜果类的蔬菜（如胡萝卜、土豆、冬瓜等）去皮后也应再用清水冲洗。还可以把蔬菜先用开水汆烫，然后再炒。

14 如何添加果泥、菜泥

口味先从单一开始。先给宝宝吃单一种类的水果泥或菜泥，然后再添加其他口味。待宝宝吃辅食的能力逐渐提高后，便可增加这些食物的喂食量。

先让宝宝尝试蔬菜泥。虽然从营养的角度来看，进食的次序并不是很重要，但由于水果较甜，宝宝会较喜欢，所以一旦宝宝养成对水果的偏爱之后，就很难对其他蔬菜感兴趣了。

进食分量由少到多。初次进食从1汤勺开始，随着时间的推移，逐步增加宝宝的食用分量。

15 添加辅食后宝宝腹泻怎么办

刚开始加蔬菜时，宝宝特别容易出现拉肚子。家长可以稍停1~2周再加。最好先给孩子加菜叶做成的菜泥，等孩子适应后再慢慢加起。如果腹泻情况严重，要及时补充水分，还可以给孩子服妈咪爱、蒙脱石（思密达）止泻或及时就医。

一日食物示例

主食：母乳

餐次及用量：每隔3～5个小时喂1次，每次喂90～180毫升

其他：

开水：温开水或凉开水

水果汁：橘子汁、番茄汁、山楂水等

菜水：油菜水

以上饮料可轮流在白天两次喂奶中间饮用，每次90毫升

4 辅食制作与添加

注：纯母乳喂养的宝宝在4个月内，除适当添加钙剂外，不用喂其他辅食。本月辅食只针对人工喂养和混合喂养的宝宝。

 鲜橙汁 ●●●●●●●●●●●●●●●●●●●●●

原料：

鲜橙一个，白糖少许。

制作方法：

① 将鲜橙反复清洗干净，用刀先横切成两半，再切成较小的块。

② 把切好的橙子放到榨汁器里榨出鲜汁，用干净的纱布或不锈钢滤网滤出橙汁。

③ 在橙汁中加少许水和白糖充分稀释调匀，即可。

营养功能：

含有丰富的维生素C、B族维生素、粗纤维、钙、铁等营养素，能补充母乳、牛奶中维生素的不足。

制作、添加一点通：

果汁、菜汁一般在宝宝出生后2个月开始添加，开始时可以先用温开水稀释，等宝宝适应了以后再用凉开水稀释，慢慢过渡到不用稀释。

苹果汁

原料:

苹果半个。

制作方法:

① 将苹果削去皮、挖去核。

② 用擦菜板擦出丝。

③ 用干净的纱布包住苹果丝挤出汁。

营养功能:

苹果富含大量的维生素和微量元素。

制作、添加一点通:

苹果汁分为熟制和生制两种，熟制即将苹果煮熟后过滤出汁。熟苹果汁适合胃肠道弱、消化不良的宝宝，生苹果汁适合消化功能好、大便正常的宝宝。

相关链接:

苹果含有丰富的糖类、蛋白质、脂肪、维生素C、胡萝卜素、果胶、单宁酸、有机酸以及钙、磷、铁、钾等营养物质，具有生津止渴、润肺除烦、健脾益胃、养心益气、润肠止泻等功效，还可以预防铅中毒。

菜果汁

原料:

白菜、萝卜、苹果、山楂各适量。

制作方法:

将白菜、萝卜、苹果、山楂切成丁，加入清水煮沸，滤去固体物，凉后即可。

营养功能:

可补充B族维生素、维生素C、钙、磷、铁等物质。

制作、添加一点通:

一定要将食物原材料渣滓过滤干净，以免卡到宝宝。

相关链接:

在给宝宝喂食这些营养汁水时，可用奶瓶，也可用汤匙喂食，注意汤水只要占汤匙的1/3就好，然后放在宝宝上、下嘴唇之间，让宝宝自己吸吮。

番茄汁

原料:

番茄一个,白糖10克,温开水适量。

制作方法:

❶ 将成熟的新鲜番茄洗净,用开水烫软后去皮切碎,再用清洁的双层纱布包好,把番茄汁挤入小盆内。

❷ 取番茄汁,将白糖放入汁中,再用适量的温开水冲调后即可饮用。

营养功能:

可补充胡萝卜素、维生素B_1、维生素C、维生素P和钙、磷、铁等物质。

制作、添加一点通:

可以先用小刀在番茄的底部浅浅地划个十字,再放入开水中烫,这样剥皮就会变得容易很多。

相关链接:

买番茄的时候,应该选颜色鲜红、果形肥硕、大小均匀、果蒂小、软硬度适中、没有伤裂畸形的番茄。这样的番茄一般是自然成熟的,其中所含的营养比较丰富,吃起来口感也比较好。有的番茄虽然也是全身通红,但是用手摸起来有硬芯,这说明番茄在还没成熟的时候就被采摘下来了,鲜红的颜色是被一种叫"乙烯"的植物生长激素催出来的。另外,有的番茄外观畸形,也可能是过分使用激素的结果,最好也不要选购。此外还要注意,青番茄及有"青肩膀"(果蒂部青色)的番茄不仅营养价值低,还可能有毒性,对宝宝的健康不利,最好也别买。

第五个月

1 身心发育特点

	男宝宝	女宝宝
身高	平均67.0厘米（62.4~71.6厘米）	平均65.5厘米（60.9~70.1厘米）
体重	平均8.0千克（6.2~9.7千克）	平均7.5千克（5.9~9.0千克）
头围	平均43.0厘米（40.6~45.4厘米）	平均42.1厘米（39.7~44.5厘米）
胸围	平均43.0厘米（39.2~46.8厘米）	平均41.9厘米（38.1~45.7厘米）

生理特点	扶腋下能站稳。 可以翻身、扶着东西坐较长时间。 咬放在嘴里的东西。 颈部能左右转动自如。 双手能交叉玩耍。

心理特点	朝镜子里的人笑。 听到自己的名字会注视和笑。 玩具被拿走时会不高兴。

发育特征

　　此时的孩子会表达自己内心的想法，能够区别亲人的声音，能识别熟人和陌生人。5个月的孩子睡眠明显减少，玩的时候多了。如果大人用双手扶着宝宝的腋下，宝宝就能站直了。5个月的宝宝可以用手去抓悬吊的玩具。如果你叫他的名字，宝宝会看看你笑。在他仰卧的时候，双脚会不停地踢蹬。这时的孩子喜欢跟人玩藏猫猫、摇铃铛，还喜欢看电视、照镜子、对着镜子里的人笑。还会用东西对敲。宝宝的生活丰富了许多。

2 营养需求

　　第5个月的宝宝生长发育迅速，应当让宝宝尝试更多的辅食种类。宝宝的主食还应以母乳或配方奶为主，辅食的种类和具体添加的多少也应根据宝宝的消化情况而定。在第4个月添加稀释蔬果汁的基础上，这个阶段可以再逐步加浓。

　　正确的做法为：在宝宝4~6个月，一直给其喝稀释的蔬果汁食品。4~6个月后，宝宝需要补充一些非乳类的食物，包括果汁、菜汁等液体食物，7~8个月米粉、果泥、菜泥等泥糊状食物以及8~9个月软饭、烂面、小块水果、蔬菜等固体食物。其实，此时对于宝宝来说，补充食物与母乳喂养同样重要。

　　给宝宝添加辅食时可掌握以下原则：逐渐由1种食物添加到多种，不能在1~2天内加2~3种，以免宝宝消化不良或对食物过敏；添加过程中，如果出现消化不良或过敏症状，应停止喂这种食物，待恢复正常后，再从少量重新开始。如果仍出现过敏，应暂不使用并向医护人员咨询；宝宝患病或天气炎热时，应暂缓添加新品种，以免引起消化不良。

3 喂养常识

1 为什么不能给宝宝多吃糖粥

由于宝宝喜欢甜味，有的妈妈便常常以糖代菜，给宝宝喂糖粥。有的妈妈还误认为是营养品，因为吃糖粥的宝宝长得白白胖胖。

其实，糖粥中主要成分是碳水化合物，蛋白质含量低（尤其是植物蛋白质），缺乏各种维生素及矿物质。长期吃糖粥使宝宝看起来白白胖胖，但生长发育落后，肌肉松弛，免疫功能降低，容易发生各种维生素缺乏症、缺铁性贫血、缺锌等疾病。另外，长期吃糖还会导致宝宝患龋病。

2 给宝宝吃什么样的面条，吃多少合适

喂宝宝的面条应是烂而短的，面条可和肉汤或鸡汤一起煮，以增加面条的鲜味，引起宝宝的食欲。喂时需先试喂少量，观察一天看宝宝有没有消化不良或其他情况。如情况良好，可增加食量，但也不能一下子喂得太多，以免引起宝宝胃肠功能失调，出现腹胀，导致厌食。

可参照下面的标准来掌握给宝宝喂面食的一日用餐量：

8～9个月：1/3碗（150毫升的小碗）烂面，加2匙菜汤。

9～10个月：1/2碗烂面，加3匙菜、肉汤。

10～11个月：中、晚各2/3碗面，菜、肉、鱼泥各2匙。

11～12个月：中、晚各1/2碗面，肉、鱼、菜泥各3匙。

3 给宝宝吃一些蜂蜜好吗

蜂蜜含有多种营养成分，营养价值比较高，历来被认为是滋补的上品，但1岁以内的宝宝却不宜食用。这是因为蜜蜂在采蜜时，难免会采集到一些有毒的植物花粉，或者将致命病菌肉毒杆菌混入蜂蜜，宝宝食用以后会出现中毒症状，比如便秘、疲倦、食欲减退等。另外，蜂蜜中还可能含有一定的雌性激素，如果长时间食用，可能导致宝宝提早发育。

4 添加辅食如何把握宝宝的口味

多让宝宝尝试口味淡的辅食。给宝宝制作辅食时不宜添加香精、防腐剂和过量的糖、盐，以天然口味为宜。

远离口味过重的市售辅食。口味或香味很浓的市售成品辅食，可能添加了调味品或香精，不宜给宝宝吃。

别让宝宝吃罐装食品。罐装食品含有大量的盐与糖，不能用来作为宝宝食品。

所有加糖或加人工甘味的食物，宝宝都要避免吃。"糖"是指再制、过度加工过的糖类，不含维生素、矿物质或蛋白质，又会导致肥胖，影响宝宝健康。同时，糖会使宝宝的胃口受到影响，妨碍吃其他食物。玉米糖浆、葡萄糖、蔗糖也属于糖，经常被用于加工食物，妈妈们要避免选择标签中有此添加物的食物。

5 给宝宝喝果汁的学问

科学家经过长期研究发现，果汁不仅能让宝宝大饱口福，还能为身体健康提供必不可少的营养素，包括果糖、矿物质、有机酶、胡萝卜素、蛋白质和维生素等。常喝果汁对宝宝的健康成长可谓益处多多。

给宝宝选用水果时，要注意与体质、身体状况相宜。舌苔厚、便秘、体质偏热的宝宝，最好给吃寒凉性水果，如梨、西瓜、香蕉、猕猴桃、芒果等，它们可以败火；秋冬季节宝宝患急慢性气管炎时，吃柑橘可疏通经络，消除痰积，因此有助于治疗。

如果有条件话，就自己动手给宝宝做一些适宜的果汁：

苹果汁：苹果50克，砂糖少许。将苹果切成小块，和砂糖以及少量的温开水一起放进搅拌容器中，通电搅拌即可。

西红柿汁：新鲜成熟的西红柿1个、白糖适量。将西红柿切成小块，再放入榨汁机中，榨好后，根据自己喜爱程度加入适量白糖。也可以将新鲜西红柿洗净，入沸水中浸泡5分钟，取出剥去皮，放在干净的纱布内用力绞挤，滤出汁液，即可食用。

胡萝卜汁：胡萝卜1个，苹果1个。将胡萝卜、苹果切成丁块状一起放入食品粉碎机中先以低速旋转60秒，随后加糖、水即可。

葡萄汁：葡萄适量。将葡萄洗净择下一粒一粒的，放入榨汁机中，启动电源，榨好后，倒入杯中即可。

黄瓜汁：黄瓜150克，胡萝卜150克，柚子或橘类150克，苹果150克，糖适量。将上述材料洗净，放在食品粉碎机中搅和后加水即成。

6 宝宝不愿吃辅食怎么办

喂辅食时，宝宝吐出来的食物可能比吃进去的还要多，有的宝宝在喂食中甚至会将头转过去，避开汤匙或紧闭双唇，甚至可能一下子哭闹起来，拒绝吃辅食。遇到类似情形，妈妈们不要紧张。

宝宝从吸吮进食到"吃"辅食需要一个过程。在添加辅食以前，宝宝一直是以吸吮的方式进食的，而米粉、果泥、菜泥等辅食需要宝宝"吃"下去，也就是先要将勺子里的食物吃到嘴里，然后通过舌头和口腔的协调运动把食物送到口腔后部，再吞咽下去。这对宝宝来说，是一个很大的飞跃。因此，刚开始添加辅食时，宝宝会很自然地顶出舌头，似乎要把食物吐出来。

宝宝可能不习惯辅食的味道。新添加的辅食或甜、或咸、或酸，这对只习惯奶味的宝宝来说也是一个挑战，因此刚开始时宝宝可能会拒绝新味道的食物。

弄清宝宝不愿意吃辅食的原因。对于不愿吃辅食的宝宝，妈妈应该弄清是宝宝没有掌握进食的技巧，还是他不愿意接受这种新食物。此外，宝宝情绪不佳时也会拒绝吃新的食品，妈妈可以在宝宝情绪好时让宝宝多次尝试，慢慢让宝宝掌握进食技巧，并通过反复的尝试让宝宝逐渐接受新口味的食物。

掌握一些喂养技巧。妈妈给宝宝喂辅食时，需注意：使食物温度保持为室温或比室温略高一些，这样，宝宝就比较容易接受新的辅食；勺子应大小合适，每次喂时只给一小口；将食物送进宝宝嘴的后部，让宝宝便于吞咽。

喂辅食时必须非常小心。不要把汤匙过深地放入宝宝的口中，以免引起宝宝作呕，从此排斥辅食和小匙。

7 最好自己制作果汁、菜水给宝宝喝 ●╫

目前商场上出售的饮料或多或少地都含有一些食品添加剂，不适合宝宝喝。另外，市场上的果汁饮料大都不是水果原汁，不能为宝宝补充多少维生素。因此，想给宝宝添加果汁、菜水的话，最好是自己动手制作，并且是现做现喝。

8 汁水类食品添加技巧

应在两次喂奶之间给予，每天喂食1～2次。刚开始时量不宜很多，每次给予1～2汤匙即可，待宝宝适应后再逐渐加量至每次50毫升左右，可以放在奶瓶中喂食。

因家庭制作的蔬菜汁和水果汁中含有较多的纤维，宜选用十字孔的果汁专用奶嘴，不然果汁或菜汁中的纤维经常会堵塞奶嘴，造成喂食困难。

汁水类食品在喂食时要注意适当稀释，味道太浓会刺激味觉细胞，改变宝宝的饮食喜好。尤其在喂食水果汁时要注意适量，否则，果汁中过多的糖分会影响宝宝的胃口。

爱心提示

妈妈经常选用番茄作为宝宝添加辅食的首要选择。番茄营养丰富、味道鲜美，是宝宝喜爱的食品之一。但是，给宝宝吃番茄要注意一次不能吃得过多，更不要吃未成熟的番茄。因为未成熟的番茄中含有对人体有害的番茄碱，人如果短时间内摄入大量的番茄碱，就会出现恶心、呕吐、头昏等中毒症状。宝宝胃肠功能很弱，抵抗力低下，更不适合吃这类食物。

9 如何给宝宝喂菜汁、果汁

5个月的人工喂养或混合喂养的宝宝，一般先喂稀释的果蔬汁，量也要少一些，以免引起宝宝腹泻或呕吐，然后逐渐加浓，等宝宝逐渐适应了果蔬汁的味道、消化道也能消化果蔬汁后，要逐渐改为直接喂原汁。

喂果蔬汁时要多观察宝宝的大便，如果有拉稀现象，可暂停添加，看看是否是果蔬汁不被消化所致，如果是就要调整果

蔬的种类。一般苹果汁有助于宝宝的消化，番茄和油菜汁喂多了可能会使宝宝的大便变稀，西瓜有助于宝宝夏季清火解暑，妈妈可根据宝宝的消化特点和季节变化细加选择和调理。

10 宝宝的菜汁中不能加味精

科学研究表明，味精对婴幼儿，特别是几周以内的宝宝生长发育有严重影响。它能使婴幼儿血中的锌转变为谷氨酸锌随尿排出，造成宝宝体内缺锌，影响生长发育，并产生智力减退和厌食等不良后果。有些妈妈认为在宝宝的菜汁中加些味精，能使菜汁味道鲜美，增强宝宝的食欲，其实这样往往会适得其反，造成宝宝更加厌食，因为锌具有改善食欲和消化功能的作用，人体的唾液中存在的一种味觉素，是一种含锌的化学物质，它对味蕾及口腔黏膜起着重要的营养作用，而加味精导致缺锌可使味蕾的功能减退，甚至导致味蕾被脱落的上皮细胞堵塞，使食物难以接触味蕾而影响宝宝味觉，品尝不出食物的美味而更加不想吃饭。因此，产后3个月以内的乳母和婴幼儿菜汁内不要加入味精。

一日食物示例

主食： 母乳

餐次及用量： 每隔4个小时喂1次，每次喂110～200毫升（900克/日）

其他：

温开水、鲜榨果汁、菜汁、菜汤等任选一种，每次喂奶时喂70～95克

浓米汤：在上午10时喂奶时添加，1次/日，每次2汤匙，后渐加至4汤匙

4 辅食制作与添加

西瓜汁

原料:

西瓜瓤100克,白糖5克。

制作方法:

① 西瓜瓤去掉子,放到碗内,用匙捣烂,用干净的纱布过滤。

② 在过滤出的汁里加入白糖,调匀即可。

营养功能:

西瓜汁含有丰富的维生素C、葡萄糖、氨基酸、磷、铁等营养成分,维生素B_1的含量也很高。西瓜性凉,有清热利尿的作用,对发热的宝宝很有好处。

制作、添加一点通:

做西瓜汁不能选择生瓜,也不能选择熟得太过了的西瓜,也不要用冰镇的西瓜。西瓜汁性凉,喂宝宝的时候最好先用温开水稀释,防止伤害宝宝的胃。要注意控制喂养量,一次不要喂得太多。

枣水

原料:

大枣(干、鲜均可)10~20枚,清水适量。

制作方法:

① 干大枣先在水中泡1个小时,涨发后洗净,捞入碗中。新鲜大枣洗干净直接放入碗中。

② 蒸锅内放适量的水,把装大枣的碗放入蒸锅进行蒸制。

③ 看到蒸锅上汽后,等15~20分钟再出锅。

④ 把蒸出来的大枣水倒入小杯,兑上适量的温开水调匀。

营养功能:

大枣含有丰富的蛋白质、脂肪、糖类、胡萝卜素、B族维生素、维生素C、维生素P以及磷、钙、铁等成分,维生素C的含量更是在各种果品中名列前茅。大枣还有补脾、养血、安神的作用,贫血的宝宝喝点枣水应该说是很有好处的。

制作、添加一点通：

大枣含糖量高，喝的时候要多兑点水，并且不需要再放糖。枣水虽然能预防贫血，喝多了却容易上火。因此，一天一次就可以，一次不要超过50毫升，更不要天天喝。2个月的宝宝一周喝一次比较好。

相关链接：

大枣性温，能补中益气、养血生津，对于因为脾胃虚弱而引起的消化不良、咳嗽和贫血有很好的食疗功效。大枣里含有丰富的铁，具有很强的补血作用，对由于铁质缺乏而出现缺铁性贫血宝宝来说是一种非常好的补血食品。但是大枣性质黏腻，容易使人生痰，因而中医诊断为痰热、温热、气滞体质的宝宝都要少吃或不吃。

黄瓜汁

原料：

新鲜的黄瓜半根。

制作方法：

① 将黄瓜洗净，去皮。

② 用干净的擦菜板把洗好的黄瓜擦成细丝。

③ 用干净的纱布包住擦好的黄瓜丝，用力挤出汁。也可以把擦好的黄瓜丝放到榨汁机里，榨出黄瓜汁。

营养功能：

黄瓜含有丰富的维生素C、维生素B_1、维生素B_2和钙、磷、铁等矿物质，能帮助宝宝补充生长发育所需要的营养。

制作、添加一点通：

黄瓜性凉，喝的时候最好先用温开水稀释。为了避免宝宝拉肚子，一次不要喝太多，一小勺就够了。

胡萝卜水

原料:

新鲜胡萝卜50克,白糖少许,清水50克。

制作方法:

① 将新鲜的胡萝卜洗净,切成碎丁。

② 锅内加入水,将切好的胡萝卜丁放进去煮。

③ 水开后,再煮5～10分钟,熄火,凉至不烫手。

④ 用干净的纱布或不锈钢滤网过滤,只取汁水,加入白糖调匀即可。

营养功能:

胡萝卜中含有丰富的B族维生素和维生素C,还有大量的胡萝卜素。这些营养素可以帮助宝宝维持身体的正常生长和发育,预防夜盲症和眼干燥症;还能增强宝宝的机体免疫力,预防呼吸道感染,促进消化,对消化不良引起的腹泻也有一定的食疗作用。

制作、添加一点通:

试温度的时候,可以用干净的小勺舀一点,滴在自己的手腕内侧,感觉是不是太烫。刚开始喝时,要添点温开水稀释一下,再喂给宝宝。

相关链接:

据科学分析,缺乏维生素B_1的人,会发生思维迟缓和忧郁症状,而胡萝卜中就含有丰富的B族维生素。在日常饮食中,多吃胡萝卜容易让宝宝形成开朗、活泼的性格。

第六个月

1 身心发育特点

	男宝宝	女宝宝
身高	平均68.6厘米（64.0~73.2厘米）	平均67.0厘米（62.4~71.6厘米）
体重	平均8.5千克（6.6~10.3千克）	平均7.8千克（6.2~9.5千克）
头围	平均44.1厘米（41.5~46.7厘米）	平均43.0厘米（40.4~45.6厘米）
胸围	平均43.9厘米（39.7~48.1厘米）	平均42.9厘米（38.9~46.9厘米）

生理特点	可以将物体从身体一侧挥舞到另一侧。 仰卧时能翻身成俯卧位，能靠着坐起来。 能用整个手掌抓东西。 可以踢开盖在身上的被子。 对周围声音的刺激表现出更加敏感的反应。

心理特点	能认人、怕生。 表现出喜怒等表情。 开始牙牙学语。 喜欢捉迷藏。

发育特征

6个月宝宝的听力比以前更加灵敏了，能分辨不同的声音，并学着发声。这时的宝宝已经能够区别亲人和陌生人，看见看护自己的亲人会高兴。这时的会用不同的方式表达自己的情绪，如哭、笑来表达自己喜欢或是不喜欢。6个月的宝宝可以自由自在地翻滚运动了，往往会用手指向室外，示意大人带自己到室外活动。

② 营养需求

5个月以前都采用母乳喂养的婴儿，即使妈妈的奶水充足，孩子的身高、体重的增加也令人满意，也要开始考虑增加母乳以外的食物了，尤其是富含铁质的食物。我们知道，胎儿从母体获取的铁，以妊娠最后3个月最多，这一般仅够出生后头4～5月之需。孩子满4个月后，生长发育较快，铁的需求量增加，而母乳中含铁量很少，不能及时补充，贮存铁耗竭后就容易发生营养性缺铁性贫血，尤其是那些贮存铁本身就很少的早产儿、双胞胎和未成熟儿。因此，应该按常规给孩子添加辅食。

母乳喂养的宝宝，这个月开始会对乳汁以外的食物感兴趣，看到成人吃饭时会伸手去抓或嘴唇动、流口水，这时爸爸妈妈可以考虑给宝宝添加辅食，为断奶做准备。

3 喂养常识

1 什么是食物过敏

　　宝宝的肠道功能还未发育完善，肠道的屏障功能还不成熟，食物中的某些过敏原可以通过肠壁直接进入宝宝体内，触发一系列的不良反应，就是食物过敏。宝宝食物过敏的高发期在1岁以内，特别是刚开始添加辅食的4～6个月。引起过敏的常见食物有：鸡蛋、牛奶、花生、大豆、鱼及各种食品添加剂等。

2 食物过敏有哪些症状

　　食物过敏主要表现为在进食某种食物后出现皮肤、胃肠道和呼吸系统的症状。皮肤反应食物过敏最常见的临床表现，如湿疹、丘疹、斑丘疹、荨麻疹等，甚至发生血管神经性水肿，严重者可以发生过敏性剥脱性皮炎。如果宝宝患有严重的湿疹，经久不愈，或在吃某种食物后症状明显加重，都应该怀疑是否有食物过敏存在。食物过敏时还经常有胃肠道不适的表现，如恶心、呕吐、腹泻、肠绞痛、大便出血等。此外，还可能有呼吸系统症状，如鼻充血、打喷嚏、流鼻涕、气急、哮喘等。

3 怎样防治食物过敏

要防治宝宝食物过敏，在给宝宝添加辅食时需注意：

按正确的方法添加辅食，并观察有无不良反应。在给宝宝添加辅食时，要按正确的方法和顺序，先加谷类，其次是蔬菜和水果，然后是肉类。每添加一种新食品时，都要细心观察是否出现皮疹、腹泻等不良反应。如有不良反应，则应该停止喂这种食品。隔几天后再试，如果仍然出现前述症状，则可以确定宝宝对该食物过敏，应避免再次进食。

找出引起过敏的食物并且严格避免这种食物。这是目前治疗食物过敏的唯一方法，然而要准确地找出致敏食物并非易事。妈妈应耐心、细致地观察进食各种食物与产生过敏症状之间的关系，最好能记"食物日记"，记下宝宝吃的食物与出现症状之间的关系。妈妈也可通过对宝宝食物过敏的筛查性检查，如皮肤针刺试验等，初步找出可能的致敏食物，然后再通过食物激发实验来确认致敏食物。从宝宝食谱中剔除这种食物后，必须用其他食物替代，以保持宝宝的膳食平衡。

4 宝宝吃辅食总是噎住怎么办

宝宝吃新的辅食有些恶心、哽噎，这样的经历是很常见的，妈妈们不必过于紧张。

喂哺时多加注意就可以避免。例如，应按时、按顺序地添加辅食，从半流质到糊状、半固体、固体，让宝宝有一个适应、学习的过程；一次不要喂食太多；不要喂太硬、不易咀嚼的食物。

给宝宝添加一些特制的辅食。为了让宝宝更好地学习咀嚼和吞咽的技巧，还可以给他们一些特制的小馒头、磨牙棒、磨牙饼、烤馒头片、烤面包片等，供宝宝练习啃咬、咀嚼技巧。

不要因噎废食。有的妈妈担心宝宝吃辅食时噎住，于是推迟甚至放弃给宝宝喂固体食物，因噎废食。有的妈妈到宝宝两三岁时，仍然将所有的食物都用粉碎机粉碎后才喂给宝宝，生怕噎住宝宝。这样做的结果是宝宝不会"吃"，食物稍微粗糙一点就会噎住，甚至把前面吃的东西都吐出来。

抓住宝宝咀嚼、吞咽的敏感期。宝宝的咀嚼、吞咽敏感期从4个月左右开始，7～8个月时为最佳时期。过了这个阶段，宝宝学习咀嚼、吞咽的能力下降，此时再让宝宝开始吃半流质或泥状、糊状食物，宝宝就会不咀嚼地直接咽下去，或含在口中久久不肯咽下，常常引起恶心、哽噎。

5　大人可以嚼饭给宝宝吃吗

为了让宝宝吃不易消化的固体食物，许多老人会先将食物放在自己嘴里嚼碎后，再用匙或手指送到宝宝嘴里，有的甚至直接口对口喂。他们认为这样给宝宝吃东西容易消化些。实际上这是一种极不卫生、很不正确的喂养方法，对宝宝的健康危害极大，应当禁止。

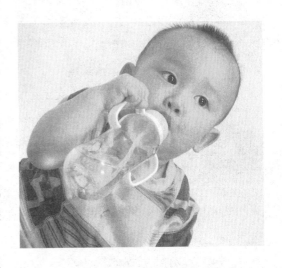

食物经嚼后，香味和部分营养成分已受损失。嚼碎的食糜，宝宝囫囵吞下，未经自己的唾液充分搅拌，不仅食不知味，而且加重了其胃肠负担，而造成营养缺乏及消化功能紊乱。

影响宝宝口腔消化液的分泌功能，使咀嚼肌得不到良好的发育。宝宝自己咀嚼可以刺激宝宝牙齿的生长，同时还可以反射性地引起胃内消化液的分泌，以帮助消化，提高食欲。口腔内的唾液也可因咀嚼而产生更多分泌物，更好地滑润食物，使吞咽更加顺利进行。

会使宝宝感染某些呼吸道的传染性疾病。如果大人患有流感、流脑、肺结核等疾病，自己先咀嚼后再嘴对嘴地喂宝宝，很容易经口腔、鼻腔将病菌或病毒传染给宝宝。

会使宝宝患消化道传染病。即使是健康人，体内及口腔中也常常寄带有一些病菌。病菌可以通过食物，由大人口腔传染给宝宝。大人因抵抗力强，虽然带有病菌也可以不发病，而宝宝的抵抗力差，病菌到了他们体内，就会发生如肝炎、痢疾、肠寄生虫等疾病。

6　需要制止宝宝"手抓饭"吗

从六七个月开始，有些宝宝就已经开始自己伸手尝试抓饭吃了，许多妈妈都会竭力纠正这样"没规矩"的动作。实际上，只要将手洗干净，妈妈应该让1岁以内的宝宝用手抓食物来吃，这样有利于宝宝以后形成良好的进食习惯。

　　"亲手"接触食物才会熟悉食物。宝宝学"吃饭"实质上也是一种兴趣的培养，这和看书、玩耍没有什么两样。起初的时候，他们往往都喜欢用手来拿食物、用手来抓食物，通过抚触、接触等初步熟悉食物。用手拿、用手抓，就可以掌握食物的形状和特性。从科学的角度而言，根本就没有宝宝不喜欢吃的食物，只是在于接触次数的频繁与否。而只有这样反复"亲手"接触，他们对食物才会越来越熟悉，将来就不太可能挑食。

　　"手抓饭"有利于宝宝双手的发育。宝宝在自己吃饭时，可以训练双手的灵巧性，而且宝宝自己吃饭的行为过程，可以加速宝宝手臂肌肉的协调和平衡能力。

　　"手抓饭"让宝宝对进食信心百倍。宝宝手抓食物的过程对他们来说就是一种娱乐，只要将宝宝的双手洗干净，妈妈们甚至应该允许1岁以内的宝宝"玩"食物，比如米糊、蔬菜、土豆等，以培养宝宝自己挑选、自己动手的愿望。这样做会使宝宝对食物和进食更有兴趣，促进其良好的食欲。

7　可以把各种辅食混在一起喂宝宝吗

　　当宝宝6个月以后，妈妈逐渐给宝宝加蛋黄、菜泥、果泥、米粉等辅食，宝宝一顿饭可能吃到3~4种辅食，这时有的妈妈可能会想干脆将几种辅食搅拌在一起让宝宝一次吃完得了。这种做法倒是省事，却是极其错误的。

　　给宝宝吃各种不同的食物，不仅要让宝宝得到营养，还要让宝宝尝试不同的口味，让宝宝逐渐分辨出这是蛋黄的味道，那是菜泥的味道，这是米粉的味道……也就是说，对于各种不同的味道，宝宝要有一个分辨的过程，如果妈妈将各种辅食混在一起，宝宝会尝不出具体的味道，对宝宝味觉发育很不利。

8 宝宝特别喜欢吃某种食物怎么办

有些宝宝在添加辅食后，对某种甜或咸的食物特别感兴趣，会一下子吃很多，同时会拒绝吃奶和其他辅食。对这种宝宝，妈妈们可不能由着他。

不要让宝宝养成偏食、挑食的习惯。不偏食、不挑食的良好饮食习惯应该从添加辅食时开始培养。在添加辅食的过程中，应该尽量让宝宝多接触和尝试新的食物。丰富宝宝的食谱，讲究食物的多样化，从多种食物中得到全面的营养素，达到平衡膳食的目的。

对某种食物吃得过多易造成宝宝胃肠道功能紊乱。不加限制地让宝宝吃不但可能使宝宝吃得过多，造成胃肠道功能紊乱，而且会破坏宝宝的味觉，使宝宝以后反而不喜欢这种味道了。

9 宝宝吃剩下的东西，加热后能再吃吗

五六个月宝宝的免疫系统还没有发育完全，抵抗力低，非常容易因为感染病菌而生病。俗话说："病从口入。"给宝宝添加辅食的时候，也必须十分注意清洁卫生的问题。给宝宝吃的食物一定要新鲜，最好是现做现吃，尽可能不要吃加工、速冻的食品。尤其是在夏天，气温高，食物容易变质，吃了留存过久的"辅食剩饭"，很容易使宝宝出现腹泻、呕吐等不良症状。所以还是不要给宝宝吃剩下的东西比较好。如果怕浪费，大人可以吃掉，不要留着下顿给宝宝吃。

10 宝宝可以吃冷饮吗

我们都知道，冷饮中含有香精、稳定剂、食用香料等化学物质。6个月内宝宝的免疫系统还没有完全发育成熟，过早地接触这些化学物质会使宝宝的免疫系统早期致敏，为日后频繁地发生过敏反应埋下祸根。另外，冷饮温度太低，成年人吃了尚且对胃有刺激，宝宝的肠胃功能还很弱，自然受到的损伤更大。所以，宝宝在6个月内应该禁吃冷饮。除了冷饮，冷藏过的水果也不能吃，因为温度太低，对宝宝娇嫩的胃黏膜来说是个巨大的伤害。

11 怎样断掉夜奶

首先，要逐渐减少夜间给宝宝喂奶的次数，让宝宝慢慢习惯少吃一次奶的生活。当然，为了防止宝宝饿醒，白天要尽量让宝宝多吃，睡前一两小时可以再给宝宝喂点米粉或者奶，以免宝宝夜里饿。临睡前的最后一次奶要延迟，并且量要多一点，一定要把宝宝喂饱，再督促他睡觉。在确保宝宝吃饱了的前提下，即使宝宝半夜醒来哭闹，也不要给他喂奶，这时候可以用手轻拍宝宝，哄宝宝睡觉。有时候宝宝哭闹，也不一定是因为饿，可能是想要吸吮的感觉。这时可以给宝宝一个安抚奶嘴，使宝宝的心里得到一点安慰。

一日食物示例

主食：母乳

餐次及用量：每隔4个小时喂1次，每次喂120～220毫升（约1 000毫升/日）

其他：

温开水、各种水果汁、菜汁、菜汤等任选一种，喂奶时每次加100毫升

米汤：1～2次/日，上午10时、下午2时两次喂奶中间加，开始每次1～2汤匙，后渐加至4汤匙

4 辅食制作与添加

 果味胡萝卜汁 ●●●●●●●●●●●●●●●●●●●●●●●

原料:

新鲜的胡萝卜1个，新鲜苹果半个，白糖5克。

制作方法:

❶ 胡萝卜、苹果削皮，洗净后切成小丁。

❷ 放到锅里，加水，煮20分钟。

❸ 熄火晾凉，用干净的纱布滤出胡萝卜汁，加入白糖调匀，即可。

营养功能:

胡萝卜、苹果都含有丰富的维生素和矿物质，对帮助宝宝补充营养是很有好处的。因为胡萝卜有种特殊的气味，有的宝宝不喜欢喝。加入既营养又美味的苹果进行调和，不但提升了营养价值，还改善了口味。

制作、添加一点通:

制作时，要注意切碎、煮烂，让胡萝卜和苹果里的营养成分充分地溶解到汤里。过滤的时候多进行几次，把胡萝卜和苹果的渣过滤干净。喂养宝宝的时候记得先用温开水稀释一下。

相关链接:

苹果泥或苹果汁中如果添加了胡萝卜，就会特别容易变质，最好是一次吃完，一定不要存放。

油菜水

原料:

新鲜的油菜叶6片,清水适量。

制作方法:

① 先把菜叶洗净,再在清水里泡上20分钟,以去除叶片上残留的农药。

② 在锅里加50毫升水,煮沸,把菜叶切碎,放到开水中煮1~3分钟。

③ 熄火,盖上盖凉一小会儿,温度合适后,用干净的纱布或不锈钢滤网过滤,即可。

营养功能:

油菜含有丰富的维生素C、钙、铁和蛋白质,是一种营养价值较高的绿叶蔬菜。除了帮助宝宝补充营养,油菜还具有消毒解毒、行滞活血的功效。便秘的宝宝喝点油菜汁,应该是很有好处的。

制作、添加一点通:

油菜一定要选新鲜的,而且要现做现吃。因为长时间存放的油菜会受细菌作用产生亚硝酸盐,使宝宝中毒。油菜性偏寒,消化不良的宝宝就不要吃了。

雪梨汁

原料:

新鲜雪梨一个。

制作方法:

① 将雪梨洗净,去皮、去核,切成小块。

② 放入榨汁机榨成汁,兑入适量的水调匀即可。

营养功能:

雪梨性微寒,汁甜味美,有生津润燥、清热化痰、润肠通便的功效。雪梨中含有丰富的果糖、葡萄糖、苹果酸、烟酸、胡萝卜素、维生素B_1、维生素B_2、维生素C等营养物质,对宝宝补充维生素和各种营养有很大的好处。

制作、添加一点通:

雪梨一定要新鲜,不要用冰镇过的雪梨给宝宝榨汁喝。不宜过量食用,一天不能超过1个。

米汤

原料：

大米（小米、高粱米也可以）200克，清水适量。

制作方法：

1 将大米用清水淘洗干净，放到锅里，加上适量的水煮。

2 先用大米将水烧沸，再改成小火煮20分钟左右。

3 取上层的米汤喂给宝宝。

营养功能：

米汤含有丰富的碳水化合物、蛋白质、脂肪及钙、磷、铁等矿物质和多种维生素，汤味香甜，容易消化和吸收，是宝宝辅食添加初期的理想食品。

制作、添加一点通：

在煮饭的时候可以多放点水，等米快熟时用调羹舀来给宝宝喝。开始时不要给宝宝吃米粒，不管煮得有多烂。

相关链接：

如何辨别小米被染过色？可以取少量小米，放在一张比较软的白纸上，用嘴对着小米哈几口气，然后用纸把小米搓捻几下，再看纸上有没有黄色。如果有黄色，就说明小米是用黄色素染过的。还可以取一点小米放到一碗清水里，观察水的颜色有没有变化。如果有轻微的黄色，也说明小米是被染过色的。

第七个月

1 身心发育特点

	男宝宝	女宝宝
身高	平均70.1厘米（65.5～74.7厘米）	平均68.4厘米（63.6～73.2厘米）
体重	平均8.6千克（6.9～10.7千克）	平均8.2千克（6.4～10.1千克）
头围	平均45.0厘米（42.4～47.6厘米）	平均44.2厘米（42.2～46.3厘米）
胸围	平均44.9厘米（40.7～49.1厘米）	平均43.7厘米（39.7～47.7厘米）
生理特点	能坐能爬。 会发出持续的尖叫声。 可以一把抓住物品，捡起小如葡萄干的物体，但抓不牢。 长出下牙。 免疫力降低，容易患感冒等疾病。	

心理特点	对着镜子笑、亲吻或拍打。
	试图说话，讲一些简单的字。
	模仿大人拍手。
	会表示喜欢或不喜欢。

发育特征

7个月的宝宝已经习惯坐着玩了。尤其是坐浴盆里洗澡时更是喜欢戏水，用小手拍打水面，溅出许多水花。如果扶宝宝站立，宝宝会不停地蹦跶。嘴里咿咿呀呀好像叫着爸爸妈妈，脸上经常会露出幸福的微笑。如果你当着宝宝的面把玩具藏起来，宝宝会很快找出来。喜欢让大人陪自己看书、看画、听"哗哗"的翻书声音。

2 营养需求

这个时期的宝宝对各种营养的需求继续增长。宝宝长到7个月时，已开始萌出乳牙，有了咀嚼能力，同时舌头也有了搅拌食物的功能，对饮食也越来越多地显出了个人的爱好，喂养上也随之有了一定的要求。

1 继续吃母乳和牛奶。但是因为母乳或牛奶中所含的营养成分，尤其是铁、维生素、钙等已不能满足宝宝生长发育的需要，乳类食品提供的热量与宝宝日益增多的运动量中所消耗的热量不相适应，不能满足宝宝的需要。因此，此时应该是宝宝进入离乳的中期了，奶量只保留在每天500毫升左右就可以了。

2 增加半固体性的代乳食品，用谷类中的米或面来代替两次乳类品。在每日奶量不低于500毫升的前提下，减少两次奶量，用两次代乳食品来代替。

3 代乳食品的选择。应选择馒头、饼干、肝末、动物血等。

4 该月龄宝宝的食谱安排可参照如下标准制定。

早晨7点：牛奶200毫升

上午9~10点：牛奶200毫升，蒸鸡蛋1个，饼干2块

中午12点：稀粥（加碎菜少许）一小碗

下午4点：牛奶150毫升，馒头1片

晚上8点：米粉糊一小碗

晚上10点：牛奶150毫升

鉴于大部分宝宝此时已经开始出牙，在喂食的类别上可以开始以谷物类为主要辅食，再配上蛋黄、豆腐，以及碎菜、碎水果或胡萝卜泥等。在做法上要经常变换花样，以引起宝宝的兴趣。

3 喂养常识

1 宝宝磨牙的食物有哪些

7个月的宝宝，如果开始流口水，烦躁不安，喜欢咬坚硬的东西或总是啃手，就说明宝宝开始长牙了，这时，妈妈需要给宝宝添加一些可供磨牙的食物了。

水果条、蔬菜条。新鲜的苹果、黄瓜、胡萝卜或西芹切成手指粗细的小长条，清凉又脆甜，还能补充维生素，可谓宝宝磨牙的上品。

柔韧的条形地瓜干。地瓜干

温馨提示

乳牙萌出最晚不应该超过1周岁，早的在第4个月就已经出牙。宝宝正常的出牙顺序是这样的：先出下面的一对门牙，再出上面的门牙。然后是上面的紧贴门牙的侧切牙，再是下面的侧切牙。一般在1岁时能萌出这8颗乳牙。1岁后，出下面的一对第一乳磨牙，接着是上面的第一乳磨牙，然后是下面的尖牙，再就是上面的尖牙，最后是下面的一对第二乳磨牙和上面的一对第二乳磨牙。一共20颗乳牙，全部长齐在2~2岁半。

是寻常可见的小食品，正好适合宝宝的小嘴巴咬，价格又便宜，是宝宝磨牙的优选食品之一。如果怕地瓜干太硬伤害宝宝的牙床，妈妈只要在米饭煮熟后，把地瓜干撒在米饭上焖一焖，地瓜干就会变得又香又软了。

磨牙饼干、手指饼干或其他长条饼干。这些食品既可以满足宝宝咬的欲望，又可以让宝宝练习自己拿着东西吃，也是宝宝磨牙的好食品。需要注意的是，不要选择口味太重的饼干，以免破坏宝宝的味觉。

2 宝宝用牙床咀嚼食物妨碍长牙吗

当宝宝还没有出牙时，有的妈妈给宝宝吃煮得过烂的食物，有的则将食物咀嚼后再喂给宝宝，这样既不卫生，又使宝宝失去了通过咀嚼享受食物色、香、味的美好感受，无法提高其食欲。其实，出生5~6个月后，宝宝的颌骨与牙龈已发育到一定程度，足以咀嚼固体或软软的固体食物。乳牙萌出后，宝宝的咀嚼能力进一步增强，此时适当增加食物硬度，让其多咀嚼，反而可以促使牙齿萌出，使牙列整齐、牙齿坚固，有利于宝宝牙齿、颌骨的正常发育。

3 什么时候给宝宝添加固体辅食

5个月前的宝宝由于牙齿尚未长出，消化道中淀粉等食物的酶分泌量较低。肠胃功能还较薄弱，神经系统和嘴部肌肉的控制力也较弱，所以一般吃流质辅食比较好。但到7个月时，大部分宝宝已长出两颗牙，其口腔、胃肠道内能消化淀粉类食物的唾液酶的分泌功能也已日趋完善，咀嚼能力和吞咽能力都有所提高，舌头也变得较灵活，此时就可以让宝宝锻炼着吃一些固体辅食了。

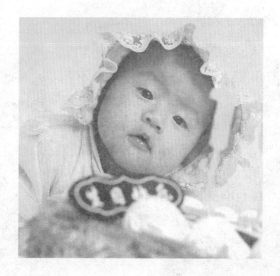

4 食欲减退怎么办

刚开始添加辅食时，宝宝可能吃得很好，但7~9个月时其食欲会突然减退，甚至连母乳或配方奶也不想吃。造成这种情况的原因有：现在宝宝体重增加的速度比前半年慢，食物需要量相对少一些；陆续出牙引起不适；对食物越来越挑剔；宝宝自己开始有主见，所以要拒绝。对这种情况，只要排除了疾病和偏食因素，就应该尊重宝宝的意见。食欲减退与厌食不同，可能是暂时的现象，不足为奇。妈妈如果过于紧张或强迫宝宝吃，反而会激化矛盾，使食欲减退现象持续更长时间。

5 宝宝厌食的常见原因及对策

患病。宝宝健康状况不佳，如感冒、腹泻、贫血、缺锌、急慢性感染性疾病等，往往会影响宝宝的食欲，这种情况下，妈妈就需要请教医生进行综合调理。

饮食单调。有些宝宝会因为妈妈添加的食物色、香、味不好而食欲不振。所以，妈妈在制作宝宝辅食时需要多花点儿心思，让宝宝的食物多样化，即使相同的食物也尽量多做些花样出来。

爱吃零食。平时吃零食过多或饭前吃了零食的情况在厌食宝宝中最为多见。一些宝宝每天在正餐前吃大量的高热量零食，特别是饭前吃巧克力、糖、饼干、点心等，虽然量不大，但宝宝血液中的血糖含量过高，没有饥饿感，所以到了吃正餐的时候就根本没有胃口，过后饿了只好又以点心充饥，造成恶性循环。所以，给宝宝吃零食不能太多，尤其注意不能让宝宝养成饭前吃零食的习惯。

寝食不规律。有的宝宝晚上睡得很晚，早晨八九点钟还不起床，耽误了早饭，所以午餐吃得过多，这种不规律的饮食习惯会使宝宝胃肠极度收缩后又扩张，造成宝宝胃肠功能紊乱。妈妈就应着手调整宝宝的睡眠时间。

喂养方法不当。厌食还与妈妈对宝宝进食的态度有关。有的妈妈认为，宝宝吃得多对身体有好处，就想方设法让宝宝多吃，甚至端着碗逼着吃。久而久之，宝宝会对吃饭形成一种恶性条件刺激，见饭就想逃避。

宝宝情绪紧张。家庭不和睦、爸妈责骂等，使宝宝长期情绪紧张，也会影响宝宝的食欲。

6 可以给宝宝适当吃些零食

主食以外的糖果、饼干、点心、饮料、水果等就是零食。已经能够吃一些固体辅食的7个月大的宝宝，可以适当吃一些零食。这是因为：

零食可以满足宝宝的口欲。7个月左右的宝宝基本处于口欲阶段，喜欢将任何东西都放入口中，以满足心理需要。吃零食既可以在一定程度上满足宝宝的这种欲望，也能避免宝宝把不卫生的或危险的东西放入口中。适当地吃点零食还能为断奶做好准备。

零食对宝宝的成长和学习有着重要的调节作用。从食用方式的角度而言，零食和正餐的一个重要区别就在于，正餐基本上都是由大人喂给宝宝吃的，而零食是由宝宝自己拿着吃的，这对宝宝学习独立进食是个很好的训练机会。

虽然吃零食对宝宝有一定的好处，但不能不停地给宝宝吃零食。一是因为宝宝的胃容量很小，消化能力有限；二是因为宝宝口中老是塞满食物容易发生龋病，尤其是含糖食品，会影响食欲和营养的吸收。此外，如果宝宝手里老是拿着零食，做游戏的机会就会相应减少，学讲话的机会也会减少，久而久之会影响他们语言能力及社会交往能力的发展。

7 宝宝可以只吃米粉不吃杂粮吗

米粉是妈妈给宝宝添加的第一种也是最主要的一种辅食，但从营养的角度考虑，在宝宝长出牙齿后就应该考虑让宝宝吃一些五谷杂粮了。这是因为：

"精粮养不出壮儿"。米粉是由精制的大米制成的，大米的主要营养在外皮中。在精制的过程中，包在大米外面的麸皮以及外皮中的成分都被剥离，最后剩下的精米的成分主要以淀粉为主。中国古话说的"精粮养不出壮儿"，其实就是这个道理。

米粉的营养不如天然的食物吸收好。婴儿米粉中的营养是在后期加工中添进去的，也就是所谓的强化，强化辅食当然也可以给宝宝吃，但其吸收却不如天然状态的食物好。

五谷杂粮中维生素B_1含量最高。经常有许多妈妈说宝宝晚上常哭闹，胃口又不好，以为是缺钙，可是在补充钙剂一段时间后，宝宝还是吵闹。其实宝宝不是缺钙，而是缺少维生素B_1，维生素B_1在五谷杂粮含量最高，所以，给宝宝吃五谷杂粮是非常重要的。

8 怎样逐步添加米粉

宝宝长到4~6个月时，应该及时科学地添加辅食，其中很重要的就是婴儿米粉。对添加辅食的宝宝来说，婴儿米粉相当于我们成人吃的主粮，其主要营养成分是碳水化合物，是婴儿一天需要的主要热量来源。因此，及时而正确地给宝宝添加米粉非常重要。

正确冲调婴儿米粉。 冲调米粉的水温要适宜。水温太高，米粉中的营养容易流失；水温太低，米粉不溶解，混杂在一起会结块，宝宝吃了易消化不良。比较合适的水温是70~80℃，一般家庭使用的饮水机里的热水，泡米粉应该是没有问题的。冲调好的米粉也不宜再烧煮，否则米粉里水溶性营养物质容易被破坏。

先从单一种类的营养米粉开始。 起初，先给宝宝添加单一种类、第一阶段的婴儿营养米粉，假若宝宝对某种特定的米粉无法接受或消化不良，就可以确定哪种米粉不适合宝宝。

更换口味需相隔数天。 试吃第一种米粉后，3~5天再添加另一种口味的第一阶段米粉。每次为宝宝添加新口味的食物都应与上次相隔数天。

起初将米粉调成稀糊状。 刚开始添加米粉时可在碗里用温奶或温开水冲调一汤匙米粉，并多用点水将米粉调成稀糊状，让食物容易流入宝宝口内，使宝宝更易吞咽。

进食量由少到多。 初次进食由一汤匙婴儿米粉开始，当宝宝熟悉了吞咽固体食物的感觉时，可增加到4~5汤匙或更多米粉。

宝宝吐出食物，妈妈需耐心对待。 对宝宝来说，每次第一口尝试新食物，都是一种全新的体验。他可能不会马上吞下去，或者扮一个鬼脸，或者吐出食物。这时，妈妈可以等一会儿再继续尝试。有时可能要尝试很多次后，宝宝才会吃这些新鲜口味的食物。

米粉可以吃多长时间？ 宝宝吃米粉并没有具体的期限，一般是在宝宝的牙齿长出来，可以吃粥和面条时，就可以不吃米粉了。

9 可以把米粉调到奶粉里一起喂宝宝吗

最好还是不要。因为婴儿配方奶粉有其专门的配方，最适合用白开水泡。如果加入其他东西，或多或少都会改变它的配方，降低其营养成分。吃一两次没什么，长期吃的话，宝宝摄入的营养就要打折扣了。把米粉调在奶粉里，宝宝只能通过学习吮吸的方式进食，不利于训练宝宝的吞咽功能，对日后的进食也会形成障碍。

10 宝宝什么时候可以吃咸食

4个月以内的宝宝由于肾脏功能尚未发育完善，所以不宜吃食盐，以纯母乳喂养为最佳选择。4个月以后，宝宝开始吃辅食，最早是米粉糊，它可以是淡味的，也可以加少量盐或糖。再往后，宝宝开始吃水果、蔬菜以及各种动物性食物（如蛋黄、鱼泥、肝泥、肉末等），添加蔬菜及动物性食物时，可以略加一些食盐来调味，以增进宝宝食欲。但是，宝宝食品的味道不能以成人的口味为标准，过多的食盐不仅使食物味道不佳，还会增加宝宝肾脏的负担。

11 怎样添加蛋黄

宝宝7个月时，体内从母体中带来的铁质储备基本上消耗完了，无论是母乳喂养还是人工喂养的宝宝，此时都需要开始添加一些含铁丰富的辅食，鸡蛋黄是比较理想的食品之一。鸡蛋黄里不仅含有丰富的铁，也含有宝宝需要的其他各种营养素，而且比较容易消化，添加也很方便。

鸡蛋黄的添加方法：一种方法是把鸡蛋煮熟，注意不能煮的时间太短，以蛋黄恰好凝固为宜。然后将蛋黄剥出，用小勺碾碎，直接加入煮沸的牛奶中，搅拌均匀，等牛奶稍凉后即可喂宝宝。还有一种方法是鸡蛋煮熟后，直接把蛋黄取出碾碎，加少量开水或肉汤拌匀，用小勺喂给宝宝。前一种方法可使宝宝在不知不觉中吃下蛋黄，后一种方法对有些尚不适应用小勺吃东西的宝宝，可能会有些困难。

7～8个月的宝宝添加鸡蛋黄应逐步加量。开始可以先喂一个鸡蛋黄的1/4，如果宝宝消化得很好，大便正常，无过敏现象，那么可以逐步加喂到1/2个、3/4个鸡蛋黄，直到8个月后就可以喂整个鸡蛋黄了。

温馨提示

蛋黄容易引起过敏，所以最初添加辅食的时候，一定要加最不容易引起宝宝过敏的纯米粉，而不要添加蛋黄、蔬菜之类的米粉。待添加一段时间的纯米粉之后，再逐渐加蛋黄给宝宝吃。

12 为什么宝宝吃蛋白会过敏

宝宝吃蛋白容易过敏，是由于出生后的6个月内，宝宝的消化系统尚未发育完全，肠黏膜的保护屏障还没有形成，蛋白中的小分子蛋白质容易透过肠壁进入血液，使宝宝的机体对异体蛋白分子产生变态（过敏）反应的缘故。到了8个月左右，宝宝的消化系统发育已经大大进步，肠黏膜的屏障功能逐渐完善，这时就可以开始给宝宝添加蛋白。因为蛋类的营养价值指的是全蛋的营养，单纯吃蛋黄或蛋白都不合理。实际上蛋白比蛋黄更容易消化，如果不出现过敏的话，没必要把它弃之不顾。一般来说，8个月的宝宝已经可以吃蒸全蛋，有时候也会出现例外。比如有的宝宝属于过敏性体质，就不能急于给宝宝吃蛋白，而是要先调节宝宝的体质，等宝宝能适应的时候再给宝宝吃蛋白。

13 蛋黄可以用果汁调着吃吗

宝宝如果不爱吃蛋黄，可以将其加入到一些果汁或果泥里，改善一下口味。像苹果、西瓜、橙子等，都可以榨汁后和蛋黄调在一起给宝宝吃，但是要用温开水兑稀，不要用纯果汁。不能用冰镇西瓜榨汁，因为冰镇西瓜汁很容易伤到宝宝的肠胃。

14　如何给宝宝吃粗粮

粗粮即五谷杂粮，是相对于我们平时吃的大米、白面等细粮而言，主要包括谷类中的玉米、小米、紫米、高粱、燕麦、荞麦、麦麸以及各种干豆类，如黄豆、青豆、红豆、绿豆等。宝宝7个月后就可以吃一点粗粮了，但添加需科学合理。

酌情、适量。如宝宝患有胃肠道疾病时，要吃易消化的低膳食纤维饭菜，以防止发生消化不良、腹泻或腹部疼痛等症状。1岁以内的宝宝，每天粗粮的摄入量不可过多，以10~15克为宜。对比较胖或经常便秘的宝宝，可适当增加膳食纤维摄入量。

粗粮细作。为使粗粮变得可口，以增进宝宝的食欲、提高宝宝对粗粮营养的吸收率，从而满足宝宝身体发育的需求，妈妈可以把粗粮磨成面粉、压成泥、熬成粥，或与其他食物混合加工成花样翻新的美味食品。

科学混吃。科学地混吃食物可以弥补粗粮中的植物蛋白质所含的赖氨酸、蛋氨酸、色氨酸、苏氨酸低于动物蛋白质这一缺陷，取长补短。如八宝稀饭、腊八粥、玉米红薯粥、小米山药粥等，都是很好的混合食品，既提高了营养价值，又有利于宝宝胃肠道消化吸收。

多样化。食物中任何营养素都是和其他营养素一起发挥作用的，所以宝宝的日常饮食应全面、均衡、多样化，限制脂肪、糖、盐的摄入量，适当增加粗粮、蔬菜和水果的比例，并保证优质蛋白质、碳水化合物、多种维生素及矿物质的摄入，只有这样，才能保证宝宝的营养均衡合理，有益于宝宝健康地生长发育。

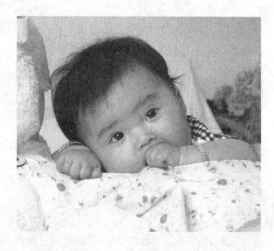

15　宝宝7个月了还不愿吃辅食怎么办

通常宝宝不吃辅食都是有原因的，只要找出原因，再采取相应的办法，问题就可以解决。一般宝宝不吃辅食不外以下几个原因：

　　不知道怎么"吃"。宝宝已经习惯了吸吮式的吃奶动作，如果要求他突然用小勺进食，并改成用咀嚼、吞咽的方式去吃食物的时候，宝宝可能就会因为不知道怎么把食物吞下去而变得不耐烦，进而用舌头把食物顶出去，并拒绝吃东西。这就要求妈妈耐心地多试几次，给宝宝一个适应的时间，宝宝就会开始接受小勺喂过来的食物。

　　大人给得太多太急，宝宝来不及吞咽。这时候宝宝往往会因为吞咽不及出现烦躁心理，从而拒绝进食。如果发现食物从嘴角溢出的情况，就说明喂给宝宝的食物已经太多了。这时就要减少勺内食物的分量，并放慢速度，让宝宝有个吞咽的时间。

　　食物不合口味。这就要求妈妈在宝宝的食物上多下点工夫，一方面研究一下宝宝的口味爱好，另一方面要根据宝宝的月龄特点，多加创新，做出种类丰富、形式多样的食物给宝宝吃。

　　进餐的氛围不好。这就要求妈妈喂宝宝时，不要因为宝宝拒绝吃就板起脸大声责备宝宝，更不能强喂。这时可以和宝宝说说话，逗一逗宝宝，让宝宝的情绪变得好起来，宝宝高兴了，对新食物的接受程度就会变得更容易些。

一日食物示例

主食：母乳、牛奶或豆浆

餐次及用量：每日减少1次喂餐，且其中一次用牛奶或豆浆代替母乳

上午：6时、10时（牛奶或豆浆）

下午：2时、6时

晚上：10时

辅食：

温开水、果汁等：任选一种，110克/次，下午2时

菜泥：在喂粥或面片汤中加入。下午6时，加1～2汤匙

4 辅食制作与添加

 胡萝卜泥 ●●●●●●●●●●●●●●●●●●

原料:

新鲜胡萝卜1/8根,清水适量。

制作方法:

① 将选好的胡萝卜去掉根须,洗干净,竖切一刀,把胡萝卜剖开,去掉里面的硬芯,切成1厘米见方的丁。

② 把胡萝卜放到锅里,加上适量的水煮至熟软。或放到小碗里,上锅蒸熟。

③ 取出胡萝卜,放到一个小碗里,用小勺捣成泥,加上少量的油或牛奶,搅匀即可。

营养功能:

胡萝卜是一种质脆味美、营养丰富的家常蔬菜,素有"小人参"之称。胡萝卜富含胡萝卜素,这种胡萝卜素的分子结构相当于2个分子的维生素A,进入人体后会经过酶的作用生成维生素A,对预防夜盲症,促进宝宝的生长有极好的作用。此外,胡萝卜还含有较多的钙、磷、铁等矿物质,碳水化合物、脂肪、挥发油、维生素B$_1$、维生素B$_2$等营养成分,是宝宝的理想食物。

制作、添加一点通:

做胡萝卜泥一定要加少量的油或牛奶,否则里面的胡萝卜素不容易被宝宝吸收。最好不要天天吃。胡萝卜吃得过多,会由于胡萝卜素摄入过多使宝宝皮肤变成橙黄色。

相关链接:

胡萝卜以表皮光滑、形状整齐、心小、肉厚、质细味甜、脆嫩多汁、没有裂口和病虫害的品种为佳。一般来说,橘红色越深、柱心越细的胡萝卜含的胡萝卜素越多,营养价值也越高。

蔬菜泥

原料:

嫩叶蔬菜如小白菜或纤维少的南瓜、土豆等，牛奶半杯，玉米粉少量。

制作方法:

① 将绿色蔬菜嫩叶部分煮熟或蒸熟后，磨碎、过滤。

② 取碎菜加少许水至锅中，边搅边煮。

快好时，加入2汤匙牛奶和半小匙玉米粉及适量水，继续加热搅拌煮成泥状即可。

营养功能:

可补充各类维生素，如胡萝卜素、维生素A、维生素C等，维生素A能促进骨髓与牙齿的发育，有助于血液的形成。

制作、添加一点通:

初加菜泥时，大便中常排出水量的绿色菜泥，有的父母往往以为是消化不良，于是停止添加菜泥。实际上，这是健康宝宝更换食物的正常现象。

相关链接:

蔬菜可以使宝宝获得必需的维生素C和矿物质，并能起到防治便秘的作用。但不要选择洋葱、大蒜、香菜等刺激性大的蔬菜给宝宝做菜泥，哪怕只充当配料也不行，因为它们对宝宝的胃肠刺激实在是太大了。

香蕉泥

原料：

香蕉1根。

制作方法：

① 将香蕉去皮。

② 用汤匙将果肉压成泥状即可。

营养功能：

香蕉泥能提供维生素、矿物质及高量酵素等，促进宝宝生长发育。

相关链接：

香蕉肉质软滑，味道香甜可口，是深受人们喜爱的水果之一。香蕉含有丰富的碳水化合物、蛋白质、膳食纤维、维生素A、维生素C、叶酸和钾、磷、钙、镁等营养物质，不但能为宝宝补充热量和其他营养，还具有润肠通便、消炎解毒、清热除燥的作用。

制作、添加一点通：

在喂食一种新的果泥时，先以一汤匙来试食，看看宝宝是否有过敏反应，再决定是否可以给宝宝食用。

草莓汁

原料：

草莓3个，水半杯。

制作方法：

① 将草莓洗净，切碎，放入小碗，用勺碾碎。

② 倒入过滤漏勺，用勺挤出汁，加水拌匀。

营养功能：

草莓富含蛋白质、碳水化合物、钙、铁、磷以及丰富的维生素C，并含有维生素B_1、维生素B_2、烟酸、胡萝卜素、纤维素等营养成分，营养丰富口感又好。草莓还含有果胶和丰富的食物纤维，可帮助消化、通畅大便。

制作、添加一点通：

用榨汁机制成的汁会有一层沫，应用小勺舀去，再加水调和。

相关链接：

买草莓时首先要挑选新鲜、饱满的。这只要看草莓的蒂就可以了。新鲜的草莓，蒂也是新鲜的。如果果蒂发蔫或是已经干枯，说明草莓已经摘下来很长时间了，肯定不新鲜。另外，还要看草莓的颜色：一般大部分颜色鲜红、只有一小半颜色呈现出绿里发白的草莓是自然成熟的草莓，可以放心购买。如果草莓果整个都是红的，很可能是用催红剂催出来的效果，最好不要购买。

正常生长的草莓外观呈心形，以色泽鲜亮、颗粒圆整、蒂头叶片鲜绿者为优。有些草莓色鲜个大，颗粒上有畸形凸起，味道比较淡，中间有空心，这大多数是由于种植过程中使用的激素过多造成的，不能给宝宝吃。

苹果泥

原料：

苹果1/8个，白糖少许，清水适量。

制作方法：

❶ 把苹果洗净后去皮除子，然后切成薄薄的片。

❷ 苹果片放入锅内并加少许白糖煮，煮片刻后稍稍加点水，再用中火煮至糊状，停火后用勺子背面将其研碎。

营养功能：

苹果果酸味中含有苹果酸和柠檬酸，这两种物质可以提高胃液的分泌，起到促进消化和吸收的作用。

制作、添加一点通：

制作时一定要将苹果煮烂、研碎，再给宝宝喂食。

南瓜泥

原料:

新鲜南瓜一块（大小可以根据宝宝的饭量确定），米汤2勺，食用油少量，清水适量。

制作方法:

① 将南瓜洗净，削皮，去掉子，切成小块。

② 放到一个小碗里，上锅蒸15分钟左右。或是在用电饭煲焖饭时，等水差不多干时把南瓜放在米饭上蒸，饭熟后再等5～10分钟，再开盖取出南瓜。

③ 把蒸好的南瓜用小勺捣成泥，加入米汤、食用油，调匀即可。

营养功能:

南瓜营养丰富，含有多糖、氨基酸、活性蛋白质、类胡萝卜素及多种微量元素等营养元素，而且不容易过敏，刚刚开始添加辅食的宝宝比较适合。

制作、添加一点通:

南瓜含的糖分较高，不宜久存，削去皮后不要放置太久。闻起来有酒味的南瓜千万不要吃，容易中毒。

相关链接:

南瓜里含有维生素C分解酶，能对维生素C造成破坏，所以南瓜不宜和富含维生素C的蔬菜、水果一起吃。

什果汁

原料:

橙子、番茄、橘子（或其他水分多的水果）各半个。

制作方法:

① 先将水果外皮洗净，备用；橘子、橙子切成两半，取干净杯子，将果汁挤到杯子里，再加入等量的温开水。

② 番茄用热开水浸泡2分钟后，去皮，再用干净纱布包起，用汤匙挤压出汁。

③ 将橙子、橘子、番茄汁兑在一起即可。

营养功能：

此果汁可以为宝宝补充维生素，增强抵抗力，促进宝宝生长发育，防治营养缺乏病，特别对坏血病有特效。

制作、添加一点通：

有些宝宝喜欢甜味，也可加少许糖，但不要加蜂蜜。

油菜泥

原料：

新鲜油菜叶5片，米汤2勺。

制作方法：

① 将油菜洗净切碎，放到开水里煮2分钟左右。

② 取出油菜，用小勺在干净的不锈钢滤网上研磨，挤出菜泥。

③ 将油菜泥和米汤混合，放入小锅中煮沸，盛出晾温即可。

营养功能：

油菜含有丰富的钙、铁、胡萝卜素和维生素C，有助于增强机体免疫能力。油菜的含钙量在绿叶蔬菜中是最高的，大约是白菜与卷心菜的2倍。另外，油菜中所含的维生素C是芹菜、白菜的5~7倍，铁的含量是芹菜和卷心菜的2~5倍。可以说，油菜是绿叶蔬菜中的佼佼者。

制作、添加一点通：

麻疹后期的宝宝要少吃。

苹果泥

原料：
新鲜苹果1个，白糖适量。

制作方法：
❶ 取新鲜苹果洗净，去皮、核，切成薄片。

❷ 加上适量白糖，稍加点水一起煮。

❸ 先用大火煮沸，再用中火煮10分钟左右，熬成糊状。

❹ 盛出后把苹果糊用小勺研成泥即可。

营养功能：
苹果富含糖类、酸类、芳香醇类和果胶物质，并含有B族维生素、维生素C及钙、磷、钾、铁等营养成分，具有生津止渴，润肺除烦、健脾益胃、养心益气、润肠止泻等功效，还可以预防铅中毒。

制作、添加一点通：
注意使用新鲜的苹果，存放了几天的水果不宜用来制作果泥。要现做现吃，即使吃不完，也不宜存放。苹果泥有止泻作用，腹泻宝宝可以多吃点。

相关链接：
买苹果时，最好挑大小适中、果皮光洁、颜色艳丽、无虫眼和损伤、肉质细密、气味芳香、既不太硬也不太软的苹果。太硬的苹果采摘的时候还没有成熟，口味、营养都有欠缺；太软的苹果熟得过了头，也不好。还有两个比较简单的办法：一个是看苹果的根部，根部发黄的苹果一般比较甜；第二个是用手掂重量，重量轻的苹果肉质松绵，一般质量也不太好。

枣泥

原料：
大枣3～6枚（干、鲜均可）。

制作方法：
❶ 先将干大枣用冷水泡1个小时，再清洗干净；鲜大枣直接洗干净备用。

❷ 把洗好的大枣装到一个小碗里，上锅蒸熟。

❸ 取出大枣，去掉皮、核，再用小勺捣成细泥即可。

营养功能：
大枣含有蛋白质、脂肪、碳水化合物、有机酸、维生素A、维生素C、钙、多种氨基酸等丰富的营养成分，并且具有补中益气、养血安神、增强食欲的作用。

制作、添加一点通：
一定把皮去净；不要让宝宝吃得太多，

以免造成膳食不平衡，每次2～4勺比较合适。

相关链接：

大枣以枣皮颜色紫红，果实大小均匀，果形短壮圆整，皮薄，果核小，果肉厚实细密，皱纹少，痕迹浅的为上品。如果大枣上的皱纹很多，果形干瘪，说明是肉质比较差或不熟的大枣；如果大枣的果蒂上有孔或沾有咖啡或深褐色的粉末，说明大枣已经遭到虫蛀；如果在用手捏的时候感到湿软、黏手，说明大枣比较潮湿，容易霉烂变质；如果手捏的时候感到松软，则说明果肉质量较差，最好不要购买。

 # 香蕉糊

原料：

熟透的香蕉半根，鲜牛奶两勺，白糖适量。

制作方法：

❶ 香蕉剥皮，用小勺把香蕉捣碎，研成泥状。

❷ 把捣好的香蕉泥放入小锅里，加两勺鲜牛奶，调匀。

❸ 用小火煮2分钟左右，边煮边搅拌。

❹ 盛出后加入少许白糖，调匀即可。

营养功能：

香蕉里含有丰富的碳水化合物、蛋白质、膳食纤维、维生素A、维生素C、叶酸和钾、磷、钙、镁等营养物质，不但能为宝宝补充能量和其他营养，还具有润肠通便、消炎解毒、清热除烦的作用。

制作、添加一点通：

一定要选熟透的香蕉给宝宝吃，生香蕉里含有大量的鞣酸，不但没有润肠通便的作用，反而会引起或加重便秘。

番茄糊

原料:
番茄1/4个，水适量。

制作方法:
用叉子将熟透的番茄叉好放入开水，随即取出。

将番茄去皮去子，其余部分捣碎成糊状。

营养功能:
番茄中所含维生素A对于促进骨骼生长、预防佝偻病、防治眼干燥症以及某些皮肤病等均有良好的功效。

制作、添加一点通:
空腹时不宜食用，容易引起胃肠胀满、疼痛等不适症状。

相关链接:
番茄含有苹果酸、柠檬酸等有机酸，能够促使胃液分泌，加强宝宝对脂肪及蛋白质的消化吸收能力，调节肠胃功能，对肠胃不好、食欲不振的宝宝来说是比较理想的食物。它所含的果酸和纤维素有促进消化、润肠通便的作用，可以防治便秘，对大便干燥、容易便秘的宝宝来说也是一种好食物。另外，番茄还有清热生津、养阴凉血的功效，是发热烦渴、虚火上炎的宝宝的食疗佳品。但是，番茄性凉，具有滑肠作用，得急性肠炎、菌痢的宝宝最好不吃或少吃，以免加重腹泻症状。

 ## 南瓜肉汤糊

原料:
甜南瓜10克，肉汤一大匙。

制作方法:
1 将南瓜去皮之后切成小块，加水炖熟，并过滤（去水）。

2 将南瓜和肉汤倒入锅中，同煮成糊状即可。

营养功能:
南瓜能健胃清肠，帮助消化，还可提高人体的免疫力，增强机体对疾病的免疫能力。给刚加辅食的宝宝吃这较好，不会轻易过敏，安全且营养全面。

制作、添加一点通：

南瓜不可与富含维生素C的黄瓜、番茄等蔬菜水果同食，否则会影响维生素的吸收。

相关链接：

南瓜营养丰富，含有大量的碳水化合物、蛋白质、胡萝卜素、叶酸、维生素C、维生素K和钾、钙、磷等营养成分，不仅有较高的食用价值，还有不可忽视的食疗作用。南瓜里所含的钴，是胰岛素合成必需的微量元素；南瓜里所含的果胶可以保护胃肠道黏膜，还有助于预防和治疗便秘。南瓜里还含有丰富的锌，能参与人体核酸、蛋白质的合成，为宝宝的生长发育提供帮助。

 ## 白菜面糊 ●●●●●●●●●●●●●●●●●●●●●●

原料：

白菜叶1/8片，肉汤3大匙，水淀粉适量。

制作方法：

1 将白菜叶切好，加入肉汤3大匙，同煮。

2 将煮烂的白菜叶捣碎，放入锅中，倒入调好的水淀粉糊煮，至黏稠时即可。

营养功能：

此面糊含丰富的纤维素，有润肠、促进排毒的作用，并有补充维生素C、维生素E的功效。

制作、添加一点通：

如发现白菜不新鲜，一定不可做给宝宝吃，白菜在腐烂的过程中会产生毒素，所产生的亚硝酸盐能使血液中的血红蛋白丧失携氧能力，使人体发生严重缺氧，甚至危及生命。

蔬菜汤面

原料：

自制面片或龙须面10克，水半杯，蔬菜泥少许。

制作方法：

① 将自制面片或龙须面切成短小的段，加入半杯开水煮熟软，捞起备用。

② 煮熟的面与水同时倒入小锅内捣烂，煮开。

③ 起锅后加入少许蔬菜泥，待汤面温时即可喂食。

营养功能：

此汤面能为宝宝提供较多的碳水化合物、B族维生素。碳水化合物能帮助宝宝吸收和消化所有食物，使宝宝营养得到充分的吸收。

制作、添加一点通：

一定要将蔬菜研烂成泥状，同时要把面捣烂。

 ## 肉汤蛋黄糊

原料：

鸡蛋1个，肉汤1大匙。

制作方法：

① 将鸡蛋煮熟。

② 将蛋黄取出1/3个并捣碎，与肉汤和在一起搅匀，煮成糊状即可。

营养功能：

鸡蛋黄对宝宝补铁有益，对宝宝的大脑发育也有益。鸡蛋中所含的维生素D，可促进钙的吸收。

制作、添加一点通:

鸡蛋不能生吃,也不能过度加热,这都不利于宝宝消化吸收。

相关链接:

鸡蛋味甘性平,具有养心、安神、补血、滋阴、润燥的功效,是4个月以上宝宝的理想营养食物。但是需要注意的是:蛋白里所含的大量蛋白质容易引起过敏,在6个月之内,最好只给宝宝吃蛋黄,不要给宝宝添加蛋白。

蛋黄羹

原料:

新鲜鸡蛋1个,清水适量。

制作方法:

① 将鸡蛋打入碗里,取出蛋清,只留下蛋黄,加上等量的清水,用筷子搅成稀稀的蛋汁。

② 把盛蛋黄的碗放到刚刚冒出热气的蒸锅里。

③ 用小火蒸10分钟即可。

营养功能:

鸡蛋黄除了含丰富的卵黄磷蛋白,还含有脂肪、铁、磷、维生素A、维生素D、维生素E和B族维生素等营养物质,又能被消化吸收,对预防宝宝缺铁性贫血,促进

宝宝的大脑和神经系统的发育及增强智力都有好处,是宝宝辅食添加初期最好的食品。

制作、添加一点通:

一定要用小火蒸,大火猛蒸会使蛋羹表面起泡,失去应有的滑嫩。如果对蒸鸡蛋没有经验的话,可以在起锅前先用筷子拨一下,看看蛋羹的内部成形了没有,成形了就可以出锅,如果还没有完全成形,就可以再蒸2～3分钟。

相关链接:

如何选购优质鸡蛋?首先要用眼睛观察一下蛋的形状、色泽和外部的清洁程度。质量好的鲜蛋蛋壳清洁、完整、没有光泽,壳上有一层白霜,色泽鲜明。不新鲜的鸡蛋外皮发乌,壳上往往有油渍,还会有裂纹、硌窝的现象。其次可以用手掂一下分量。如果感到沉甸甸的,甚至有些砸手,说明是好的鸡蛋。还可以用手夹稳鸡蛋在耳边轻轻摇晃,优质的新鲜鸡蛋发出的声音比较实,声音比较空、发出"啪啪"声的鸡蛋质量比较差,都不要购买。最好的方法就是闻气味。质量好的鸡蛋有一股轻微的生石灰味,质量次一点的鸡蛋有轻度的霉味,劣质鸡蛋则会发出霉、酸、臭等不好闻的气味。

香蕉糊

原料：

香蕉1/4根，黄油若干，肉汤三大匙，牛奶一大匙，面粉一小匙。

制作方法：

① 将香蕉去皮之后捣碎。

② 用黄油10克在锅里炒制面粉，炒好之后倒入肉汤煮，并用木勺轻轻搅匀。

③ 煮至黏稠时放入捣碎的香蕉，最后加适量牛奶略煮即可。

营养功能：

香蕉性寒味甘，可清肠热，润肠通便，对于宝宝便秘有良好效果。香蕉易于消化吸收，对于有胃肠障碍或腹泻的宝宝更适宜。

相关链接：

优质的香蕉果皮为鲜黄或青黄色，梳柄完整，单只香蕉蕉体弯曲，果实丰满、肥壮，色泽新鲜，果面光滑，果肉稍硬，没病斑、虫疤、真菌、创伤，也没有缺只和脱落现象。

黑糯米粥

原料:

黑糯米1杯,水适量。

制作方法:

① 将黑糯米洗净,泡水2小时后取出备用。

② 将黑糯米加入适量水煮成粥即可。

营养功能:

含人体所需的多种微量元素,具有强身补脑的作用。

制作、添加一点通:

黑糯米不太容易消化,所以此粥最好避免在刚起床时当早餐食用,以免对肠胃造成负担。吃完此粥不宜马上喝绿茶,因为绿茶里所含的大量鞣酸具有收敛吸附的作用,会吸附糯米中的微量元素,生成人体难以吸收的物质,损害人体健康。

什锦豆腐糊

原料:

嫩豆腐一块（20克左右）,胡萝卜1/4个（30克左右）,新鲜鸡蛋1个,肉末、肉汤各1大匙（50克左右）,盐、白糖少许,清水适量。

制作方法:

① 将胡萝卜洗净,去掉硬芯,放到锅里加水煮软,切成碎末备用。

② 将豆腐放到开水锅里焯一下,捞出来沥干水,切成碎末。

③ 把鸡蛋洗干净,打到碗里,用筷子搅散。

④ 锅内加肉汤,把豆腐末、胡萝卜末、肉末、盐、白糖下进锅里,煮到浓稠时,加入调匀的鸡蛋,用小火煮熟即可。

营养功能:

豆腐含有丰富的蛋白质和钙,具有保

护肝脏、促进新陈代谢、增加免疫力的作用。胡萝卜含有丰富的胡萝卜素和钙、磷、钾、钠等矿物质，具有明目、润肤、健脾、化滞、解毒、透疹的功效，对帮助宝宝预防便秘，促进消化和吸收很有帮助。鸡蛋和肉末里都含有丰富的蛋白质和铁，能帮助宝宝补充营养，预防缺铁性贫血。

相关链接：

豆腐很容易腐坏，买回家后应立即浸泡到水中并放到冰箱里冷藏，烹调时再取出来，以保持新鲜。

红薯泥

原料：

鲜红薯50克。

制作方法：

① 将红薯洗净，去皮。

② 把去皮红薯切碎捣烂，放入锅内，盖上锅盖，煮15分钟左右，至烂熟。

营养功能：

红薯含有大量的碳水化合物、蛋白质、脂肪和各种维生素及矿物质，能有效地被人体所吸收，防治营养不良症，且能补中益气，对小儿疳积等病症有益。

制作、添加一点通：

红薯最好在午餐时吃。因为红薯里的钙质需要经过4～5个小时才能被人体吸收，而吃完红薯后去晒晒太阳，宝宝自身合成的维生素D正好可以促进钙的吸收。

相关链接：

买红薯的时候，应注意选那些外表干燥、外皮挺括、须根不多、两头丰满的品种。外皮有变色、发霉、发软、须根多、中段不丰满的红薯，质量、口感都不好，不适合给宝宝做食物。注意，不要用塑料袋等不透气的东西装红薯，避免红薯霉变、腐烂。

第八个月

1 身心发育特点

	男宝宝	女宝宝
身高	平均71.5厘米（66.5~76.5厘米）	平均70.0厘米（65.4~74.6厘米）
体重	平均9.1千克（7.1~11.0千克）	平均8.5千克（6.7~10.4千克）
头围	平均45.1厘米（42.5~47.7厘米）	平均44.1厘米（41.5~46.7厘米）
胸围	平均45.2厘米（41.0~49.4厘米）	平均44.1厘米（40.1~48.1厘米）

生理特点	用手和肘进行爬行。 能自己撑起坐好。 大拇指和其余手指能协调动作，抓住物品。 两手对敲玩具。 拒绝自己不要的东西。用手抓东西吃。

| 心理特点 | 牙牙学语并结合手势。
能发出"爸爸"、"妈妈"等音。
用眼睛寻找大人提问的东西。
注意观察大人的行动。
喜欢敲响物体。 |

发育特征

8个月的宝宝一般都能爬行了，爬行的过程中能自如地变换方向。坐着玩会用双手传递玩具。会用小手拇指和食指对捏小玩具。如玩具掉到桌下面，知道去寻找丢掉的玩具。知道观察大人的行为，有时会对着镜子亲吻自己的笑脸。

8个月大的孩子有怯生感，怕与父母尤其是母亲分开，这是孩子正常心理的表现，说明孩子对亲人、熟人、生人能准确、敏锐地分辨清楚。因而，怯生标志着父母与孩子之间依恋的开始，也说明孩子需要在依恋的基础上建立起复杂的情感、性格和能力。

② 营养需求

从第8个月起，宝宝身体需要更多的营养物质和微量元素，母乳已经逐渐不能完全满足宝宝生长的需要，所以，依次添加其他食品越来越重要。除了前面介绍的几种辅食，这个阶段的宝宝还可以开始吃些肉泥、鱼泥、动物血。其中鱼泥的制作最好选择平鱼、黄鱼、马面鱼等肉多、刺少的鱼类，这些鱼便于加工成肉泥。

8个月大的宝宝还不会吐骨头，因此鱼一定要有营养，还要刺少肉嫩；所以鲇鱼、黄辣丁、银鳕鱼、鳗鱼都是不错的选择；在制作的时候鲇鱼和鳗鱼一定要用姜、黄酒和盐码一下；蒸熟后剥取刺少部位的肉，用勺子仔细碾细，碾的时候会发现细刺，将其挑出，然后才可以喂宝宝；注意大一点的鱼一定要在两侧切兰花刀，才能蒸透。另外，乌鱼剖成2半，剔除骨头后用刀刃刮成茸，加水淀粉，做成嫩丸子也是不错的选择。

婴儿期的生长通常不受遗传影响，营养却是影响孩子生长的关键因素。婴儿在8个月后逐渐向儿童期过渡，此时营养跟不上就会影响成年身高。此类过渡延迟将使其成年身高减损。所以，婴儿期的营养非常重要。

合理喂养，及时添加辅食。婴儿满4个月后应及时添加辅食，因为4~8个月时是婴儿形成吞咽固体物所需的条件反射形成的关键时期。如果4个月之后还没有添加辅食，婴儿就很难学会从进食液体食物到一半固体食物到整个固体食物的过渡，不能及时完成这种过渡，吃固体食物就不能下咽，容易呕吐，从而影响婴儿的生长发育。

什么都要吃，食物尽量多样化。在广东地区，人们习惯给食物定"药性"，热、寒、温、滞等，结果很多食物似乎都不太适合婴儿。从营养心理学上讲，如果婴儿时期食物品种过于单调，到了儿童期，出现偏食、挑食的概率将会大大增加。所以，食物要尽量多样化，尤其在婴幼儿期，尽量接触丰富多样的食物，不但能保证营养供应全面，而且能防止以后挑食的不良饮食行为。

3 喂养常识

1 让宝宝有好牙齿需注意什么

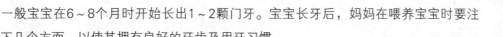

一般宝宝在6~8个月时开始长出1~2颗门牙。宝宝长牙后，妈妈在喂养宝宝时要注意以下几个方面，以使其拥有良好的牙齿及用牙习惯：

及时添加有助于乳牙发育的辅食。宝宝长牙后，就应及时添加一些既能补充营养又能帮助其乳牙发育的辅食，如饼干、烤馒头片等，以锻炼乳牙的咀嚼能力。

要少吃甜食。因为甜食易被口腔中的乳酸杆菌分解，产生酸性物质，破坏牙釉质。

纠正不良习惯。如果宝宝有吸吮手指、吸奶嘴等不良习惯，应及时纠正，以免造成牙列不正或前牙发育畸形。

注意宝宝口腔卫生。 从宝宝长牙开始，妈妈就应注意宝宝的口腔清洁，每次进食后可用干净湿纱布轻轻擦拭宝宝牙龈及牙齿。宝宝1周岁后，妈妈就应教宝宝练习漱口。刚开始漱口时宝宝容易将水咽下，可用凉开水。

2 宝宝腹痛与缺钙有关吗

国外有关专家指出，人体中1％的钙存在于软组织和细胞外液中，这部分钙量虽小，作用却很大。如果血液中游离钙离子偏低，神经肌肉的兴奋就会增高，此时，肠壁的平滑肌受到轻微的刺激就会产生强烈收缩，即肠痉挛而引起腹痛。由此可见，宝宝腹痛也有可能是缺钙。为防止宝宝发生缺钙性腹痛，平时要多吃些富含钙的食物，如乳类、蛋类、豆制品、海产品等。

3 不宜给宝宝"汤泡饭"

不少宝宝不喜欢吃干饭，喜欢吃"汤泡饭"。妈妈们便顺着宝宝，每餐用汤拌着饭喂宝宝。长久下来，宝宝不仅营养不良，而且也养成了不肯咀嚼的坏习惯。宝宝吃下去的食物不经过牙齿的咀嚼和唾液的搅拌，会影响消化吸收，也会导致一些消化道疾病的发生。所以，一定要改掉给宝宝吃汤泡饭的坏习惯。当然，反对给宝宝吃汤泡饭并不是说宝宝就不能喝汤了，其实鲜美可口的鱼汤、肉汤，可以刺激胃液分泌、增加食欲，妈妈们要掌握好宝宝每餐喝汤的量和时间，餐前喝少量汤有助于开胃，但千万不要为了省事而让宝宝吃"汤泡饭"。

4 教宝宝用杯子喝水

到了6个月后，作为断奶的一个方法，可以教宝宝用杯子喝奶了。用杯子喝奶的最好时机是在午饭或午后进餐时间，这时宝宝特别喜欢吃到固体食物。先给宝宝喂辅食，然后用杯子装上白开水、果汁等液体给宝宝喝。市场上有很多种宝宝专用的杯子。开始时最好使用有喷水口的杯子，水可以从里面流出来，宝宝拿在手上可以半喝半吮。一开始是妈妈替宝宝拿杯子，先给宝宝几滴奶尝尝，如果宝宝想自己拿，妈妈便可以放开手。随着宝宝手部活动能力的增强和动手能力的提高，可以给宝宝使用双手柄杯子或者带有倾斜口的杯子。带有倾斜口的杯子不需要把杯子过分倾斜，就可以把水倒出来。有些发育得快的宝宝甚至可以直接开始使用不带盖的广口杯。

5 宝宝可以只喝汤不吃肉吗

通常人们认为鱼汤、肉汤、鸡汤等汤的营养最丰富，喝汤比吃肉更好。因此，许多妈妈给宝宝炖煮各种"营养汤"，但宝宝却越喝越瘦。这是因为给宝宝只喝汤的做法是非常不妥的。

汤的营养价值不及肉的营养价值高。实际上，即使慢慢炖出来的汤，里面也只有少量的维生素、矿物质、脂肪及蛋白质分解后的氨基酸，营养价值最多只有原来食物的10%～12%，而大量的蛋白质、脂肪、维生素及矿物质仍然保留在鱼肉、猪肉、鸡肉中。因此，宝宝即使喝了大量的汤，仍然得不到足够的营养。况且，宝宝的胃容量有限，喝了大量的汤后，往往再也没有胃口吃其他的食物。

喝汤不能锻炼宝宝的咀嚼、吞咽能力。给宝宝添加固体辅食的目的之一就是为了补足单纯流质食物营养的不足，另一个目的是训练宝宝的咀嚼、吞咽能力，因此不能用汤来代替固体食品。

6 如何防治宝宝积食

有的妈妈老担心饿着宝宝，一次给宝宝喂食比较多；有的妈妈想给宝宝多种营养，早早地就一天换一样，这都不利于宝宝胃的适应，还容易使宝宝积食。防治宝宝积食的方法如下：

不要喂得太多太快。给宝宝添加辅食以后，至少10来天再考虑换一种辅食，量也不要一下增加太多，要仔细观察宝宝的食欲，如添加辅食后宝宝很久不想吃母乳，就说明辅食添加过多、过快，要适当减少。

发现宝宝有积食需停喂。宝宝如出现不消化现象，会出现呕吐、拉稀、食欲不振等症状，如果喂什么宝宝都把头扭开，手掌拇指下侧有轻度发绀，说明有积食，就要考虑停喂两天，还可到中药店买几包"小儿消食片"喂宝宝（一般为粉末状，加少许在米汤、牛奶或稀奶糊中喂入即可）。

若要小儿安，常留三分饥与寒。对宝宝来说，适当饿一点是有好处的。而现实中，宝宝也都有点喂得过饱，容易患的是积食不化，而不是营养不足。所以，妈妈必须克服老觉得宝宝不饱、营养不够的心理，确定在宝宝饿了时再加喂辅食。

7 宝宝偏食怎么办

宝宝过了8个月，对于食物也逐渐地有了明显的好恶。如果宝宝开始偏食，妈妈可以这样做：

变换形式做辅食。如果宝宝不喜欢吃蔬菜，给他喂菠菜、卷心菜或胡萝卜时他就会用舌头向外顶。妈妈可以变换一下形式，比如把蔬菜切碎放入汤中，或做成菜肉蛋卷让宝宝吃，或者挤出菜汁，用菜汁和面，给宝宝做面食，这样宝宝就会在不知不觉中吃进蔬菜。

如果宝宝实在不喜欢吃某种食物，也不能过于勉强。对于宝宝的饮食偏嗜，在一定程度上的努力纠正是必要的，但如果做了多次尝试仍不见成效，妈妈就不能过于勉强。假如宝宝不喜欢吃菠菜、卷心菜、胡萝卜，妈妈可想办法从其他的食物中得到补充。另外，宝宝对食物的喜好并不是绝对的，有许多宝宝暂时不喜欢吃的食物，过一段时间后又开始喜欢吃了，所以妈妈不必操之过急。

8　断奶期如何喂养宝宝

　　7～10个月是宝宝以吃奶为主过渡到以吃饭为主的阶段，因而这个时期又被称为断奶期。断奶时，宝宝的食物构成就要发生变化，要注意科学哺养。

　　选择、烹调食物要用心。选择食物要得当，食物应变换花样，巧妙搭配。烹调食物要尽量做到色、香、味俱全，适应宝宝的消化能力，并能引起宝宝的食欲。

　　饮食要定时定量。宝宝的胃容量小，所以应当少量多次。刚断母乳的宝宝，每天要保证5餐，早、中、晚餐的时间可与大人一致，但在两餐之间应加牛奶、点心、水果。

　　喂食要有耐心。断奶不是一瞬间的事情，从开始断奶到完全断奶，一定要给宝宝一个适应过程。有的宝宝在断奶过程中可能很不适应，因而喂辅食时要有耐心，让宝宝慢慢咀嚼。

9　怎样让宝宝接受比较粗糙的颗粒状食物

　　把握好时机，及时进行训练。宝宝学习咀嚼和吞咽有两个关键期，即4～6个月的敏感期和7～9个月的训练期。在这段时间里，要及时添加一些咀嚼和吞咽的食物，尽早对宝宝展开训练。比如，把软硬程度不同的食物分开盛放，单独给宝宝喂食，而不是为了图方便，把菜、肉等食物都拌到粥里混着喂宝宝。

　　要坚持。有些宝宝的喉咙比较敏感，当吃到比较粗糙的食物时会呕吐；有的宝宝在吃了比较粗糙的食物时大便会变成稀糊状，甚至还有没消化的食物。只要宝宝还能吃得下，并且没有其他异常，就说明没有什么大问题。这时需要采取的策略就是坚持，不要因为担心宝宝消化不了而停止添加。只要度过这个适应阶段，宝宝的喉咙就会变得不那么敏感，大便也会变得正常起来。

　　多次示范，耐心训练。对于已经错过最佳训练时机的宝宝，就需要妈妈们多花些力气，给宝宝多作几次示范，教会宝宝怎么做咀嚼动作，并减少喂食的量。另外，还可以给宝宝准备一些软硬适度、有营养的小零食，如手指饼干、切成小片的苹果或烤馒头片等，让宝宝拿在手里慢慢吃，尽可能多地锻炼宝宝的咀嚼和吞咽功能。

10 8个月的宝宝能吃些什么调味品

第一种调味品就是食盐。此外，还可以吃一些沙拉酱、番茄酱、果汁和各种自己炖的鸡、鱼、肉汤。这些东西味道鲜美，可以丰富宝宝的味觉体验。但是，很多大人们平时做菜用的调味料，像味精、糖精、辣椒粉、咖喱粉等还是不适合宝宝吃的，不要加入到宝宝的食物中去。

11 宝宝一吃鸡蛋就长湿疹怎么办

长湿疹说明宝宝对鸡蛋过敏，现在就不要再给宝宝吃了，免得对宝宝的健康不利。如果怕宝宝营养不良，可以给宝宝吃一点鱼肉泥、肉末、动物肝脏、豆腐等食物。这些食物都含有丰富的蛋白质、钙、铁等营养元素，能帮助宝宝预防贫血。

12 大便很干是辅食吃得太多的缘故吗

宝宝大便干燥的原因比较多，总结起来大致有以下3种：

饮食过于精细，纤维素摄入不足。纤维素是食物被消化吸收后的主要残渣，是形成粪便的主要成分。人只有摄入一定量的纤维素才能保证形成的粪便达到一定的体积，刺激肠壁产生肠蠕动而排便。纤维素摄入得太少，对肠壁的刺激不够，使形成的粪便不能及时排出，粪便中的水分被身体吸收而变得干结，于是就形成了便秘。五谷杂粮和水果、蔬菜里面的纤维素含量都比较丰富，可以通过让宝宝多吃五谷杂粮，给宝宝添加水果、蔬菜的汁或泥来增加纤维素的摄入，改善宝宝便秘的状况。

蛋白质摄入过量。蛋白质摄入过多会使肠发酵菌的作用受到影响，使大便成为碱性，干燥而量少，难以排出，也会发生便秘。如果是这种情况，可以给宝宝多

喂一些米汤、面条等蛋白质含量较少的食物，减少蛋白质的摄入。喝牛奶或配方奶的宝宝可以将牛奶或奶粉冲得稀一些，同时多加一点糖（每100毫升牛奶中加10克糖），来改变食物中蛋白质的比例，缓解便秘症状。

饮水量不足。体内缺水也会引起便秘，解决方法就是多给宝宝喝点水。除了上面提到的几点，训练宝宝养成定时排便的习惯，每天给宝宝进行10分钟腹部按摩，都有利于宝宝预防便秘，缓解其便秘症状。

13 宝宝只喜欢吃辅食，不愿意喝奶怎么办

随着宝宝一天天长大，乳汁或奶粉能供给宝宝的热量和营养素日益显得不足；这时宝宝的消化系统也逐渐成熟，并有了咀嚼、吞咽非液体食物的能力，使宝宝逐渐从其他食物中获得更多的营养，于是就出现了宝宝不爱喝奶的情况。这其实不必担心，如果宝宝的体重增长在正常的波动范围内，又没有什么别的异常，说明宝宝能从每天吃到的食物中获得

足够的营养，就不用再勉强宝宝每天喝够一定量的奶。如果只是不爱喝配方奶，可以给宝宝喂一点牛奶试试看。

14 奶糕可以长期代替粥或稀饭吗

奶糕营养丰富又容易消化，是从母乳到稀饭的过渡食品，如果长期用奶糕来代替粥和稀饭，宝宝的咀嚼能力就得不到培养和锻炼，反而不利于宝宝牙齿的发育。所以，当宝宝能吃粥、喝稀饭的时候，还是要给他吃粥和稀饭，不要再吃奶糕。

15 宝宝吃辅食大便干怎么办

宝宝大便干和吃的东西有关。如果食物里蛋白质的含量较多，碳水化合物的含量少，食物在宝宝肠道内的发酵过程微弱，就会使大便干燥。比如，牛奶里含有更多的酪蛋白及钙质，以牛奶为主食的宝宝大便中含有大量不能溶解的钙皂，就容易发生便秘。要解决这个问题，首先要给宝宝进行饮食方面的调整：可以让宝宝多喝水，给宝宝加一点水果和蔬菜。蓖麻油是通便的佳品，宝宝便秘时可以给宝宝吃5～10毫升，通便效果显著。另外，还要让宝宝多活动，并加强定时排便的训练，使宝宝早日建立起一定的排便条件反射，能预防和缓解便秘时的痛苦。

16　七八个月的宝宝可以吃普通饭菜吗

普通饭菜中有过多的食盐，过重的口味，味精、辣椒、咖喱粉等不适合宝宝的调味料等。七八个月时是宝宝学习吃各种食物和养成良好的进餐习惯的关键时期，最好是用专门为宝宝制作的适合宝宝这个月龄段的食物来喂宝宝，以免使宝宝消化不良，或造成日后偏食、挑食的不良习惯。

17　宝宝辅食里能加香油吗

香油香味浓郁，能增进宝宝的食欲，有利于食物的消化吸收，还含有大量的维生素E和不饱和脂肪酸，营养价值比较高。对便秘的宝宝来说，香油还有润肠通便的作用。但是量不要太多，一般一天吃一次，每次有个三五滴就可以了。

18　吃红薯有益处

一些父母认为，红薯对胃有刺激，吃多了容易胃酸过多，造成胃穿孔。其实红薯中含有很多对身体有益的营养成分。胡萝卜素和维生素C含量丰富，远超胡萝卜中的含量。富含黏蛋白，有保持关节腔润滑的作用。还可保持动脉血管的弹性。红薯还是一种碱性食品，能中和因为食用鱼肉、肉、蛋等产生的酸性物质，调节人体的酸碱平衡，而且红薯还含较多纤维素，有较好的通便作用。因此，让宝宝多吃一些红薯，对他的身体发育是有好处的。

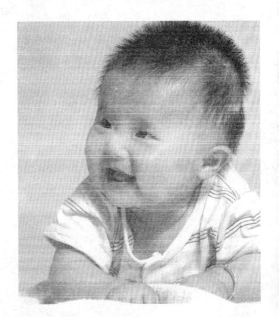

一日食物示例

主食：母乳及其他（牛奶、稠粥、面片等）

餐次及用量：母乳：上午6时，下午2时、6时，晚上10时

其他主食：上午10时

辅食：

温开水、各种鲜榨果汁等饮料：任选一种，120克/次，下午2时

果泥、菜泥、蛋羹：1～2汤匙，上午10时配主食吃

肝泥、肉泥等肉类食品：任选一种，1次/日，15克/次

4 辅食制作与添加

 鳕鱼苹果糊 ● ● ● ● ● ● ● ● ● ● ● ● ● ● ● ● ● ● ●

原料：

新鲜鳕鱼肉10克，苹果10克，婴儿营养米粉2大匙，冰糖1小块，清水适量。

制作方法：

① 将鳕鱼肉洗净，挑出鱼刺，去皮，制成鱼肉泥。

② 苹果洗干净，去皮，放到榨汁机里榨成糊（或直接用小勺刮出苹果泥）备用。

③ 锅里加入水，放入准备好的鳕鱼泥和苹果泥，加入冰糖，煮开，加入米粉，调匀即可。

营养功能：

鳕鱼含丰富的蛋白质、维生素A、维生素D、钙、镁、硒等营养元素。蛋白质对记忆、语言、思考、运动、神经传导等方面都有重要作用。

制作、添加一点通：

便秘的宝宝不宜吃太多苹果。

相关链接：

目前市场上出售的鳕鱼大都是冰冻的银鳕鱼，以肉质洁白肥厚、鱼刺少为上品。但是需要注意的是，有一些不法商家用一种"龙鳕鱼"冒充鳕鱼，吃了以后很容易引起腹泻，在购买时一定不要上当。"龙鳕鱼"的肉也是白色的，和鳕鱼外观相近，但价格上相差很远，一般的鳕鱼价格在每斤七八十元左右，而"龙鳕鱼"的价格每斤在十几元左右，区别起来还是很容易的。

蒸鱼肉泥

原料:

质地细致、肉多刺少的鱼类,如鲤鱼、鲳鱼、带鱼等50克;料酒、盐少许,姜1小片;植物油适量。

制作方法:

① 将选好的鱼除去鱼鳞和内脏,洗净。

② 将鱼放到一个碗里,加上料酒、姜,上锅清蒸10~15分钟。

③ 待鱼肉冷却后,用干净的筷子挑去鱼皮和鱼刺,将鱼肉用小勺压成泥状。

④ 锅内加少许植物油烧热,加入鱼肉泥和少许盐、料酒,在小火上把鱼泥炒成糊状,即可。

营养功能:

鱼肉中含有丰富的蛋白质、脂肪及钙、磷、锌等营养物质,口感细嫩,容易消化,很适合宝宝吃。

制作、添加一点通:

一定要挑干净鱼刺。可以把鱼泥放到粥或米糊里喂给宝宝吃。从红烧鱼上挑一些肉捣烂,喂给宝宝吃也行。

相关链接:

买鱼首先要看新鲜程度。一般来说,鲜鱼的眼睛饱满,眼角膜光亮透明、不下陷,鳃盖紧合,鳃丝鲜红或紫红,体表鲜明清亮,表面黏液不沾手,鱼鳞完整或稍有掉鳞,用手按压的时候能感觉到很有弹性,并且手感光滑。即使是冰冻鱼也要买眼睛清亮、角膜透明、眼球略微隆起、皮肤天然色泽明显、鱼鳍平展张开的,这样的鱼才是用活鱼冰冻而成的。鱼鳍紧贴鱼体、眼睛不突出的鱼是死后冰冻而成的,最好不要购买。

西蓝花酸奶糊

原料:
西蓝花（小的）1个，酸奶2大匙，白糖少许。

制作方法:
① 将西蓝花洗净，切碎，并加水煮成糊状。

② 酸奶加糖之后与西蓝花拌匀。

营养功能:
酸奶中所含的维生素A、维生素E、胡萝卜素、B族维生素等，能阻止人体细胞内不饱和脂肪酸的氧化和分解，防止皮肤干燥。

制作、添加一点通:
腹泻时喂养此品最好。

 # 猪肉泥

原料:
新鲜的猪瘦肉50克；植物油、料酒、盐、高汤、葱花、姜末各少许；淀粉适量。

制作方法:
① 将猪瘦肉洗净，去皮，挑去筋，切成小块，放到绞肉机里绞碎或用刀剁碎。

② 加上淀粉、料酒、盐、葱花、姜末拌匀，放到锅里蒸熟。

③ 锅内加少许植物油，下入肉末，加入少许高汤，在小火上炒成泥状即可。

营养功能:
猪瘦肉中含有丰富的动物蛋白质、有机铁和促进铁吸收的半胱氨酸，脂肪的含量比较低，能帮助宝宝补充铁质，预防缺铁性贫血。

制作、添加一点通:

选择稍厚些的肉块，用边缘稍微锋利些的勺子顺着一个方向刮，也可以刮出较细的肉泥。蒸的时候先在肉里加些淀粉，蒸出来才不会硬。每隔3～5天喂一次。

 ## 菜粥

原料:

菠菜250克，粳米250克。

制作方法:

❶ 将菠菜洗净，在开水中烫一下，切段。

❷ 粳米淘净置锅内，加水适量，熬至粳米熟，然后加入菠菜，继续熬，直至成粥时停火。

营养功能:

菠菜中含有大量的抗氧化剂如维生素E和硒元素，能促进细胞增殖作用，既能激活宝宝大脑功能，又可增强宝宝活力。

制作、添加一点通:

生菠菜不宜与豆腐共煮，不利消化，影响疗效，将其用开水焯烫后便可与豆腐共煮。

相关链接:

菠菜一直是宝宝生活中的经典良菜，而且它含有一种对大脑记忆功能有益的维生素，缺乏这种维生素会出现神经炎、神经传导受阻、易健忘和不安症状等，常给宝宝吃菠菜可以预防此类症状的发生。此外，菠菜中还含有叶绿素和钙、铁、磷等矿物质，也具有健脑益智的作用。

蒸肉末

原料:

猪瘦肉50克，水淀粉适量，料酒、盐各少许。

制作方法:

❶ 将猪瘦肉洗干净，用刀在案板上剁成细泥，盛入碗内。

❷ 加入少许盐和料酒调味，再加入水淀粉，用手抓匀，放置1～2分钟。

❸ 把放猪瘦肉的碗放入蒸锅，蒸熟即可。

营养功能:

猪瘦肉含有丰富的蛋白质、脂肪及铁、磷、钾、钠等矿物质，还含有丰富而全面的B族维生素，能给宝宝补充生长发育所需的营养，并预防贫血。

制作、添加一点通:

盐和料酒的量一定要少，因为7～9个月是宝宝味觉发展的时期，可以给宝宝尝尝味道，但是调料太多则会使宝宝从小"口重"，长大后容易偏食和挑食。

相关链接:

新鲜猪肉呈红色或淡红色，脂肪洁白。随着贮藏时间的延长，由于肌红蛋白被氧化，肉色会逐渐变成红褐色。颜色越深，可食性越低。而当肉表面变成灰色或灰绿色，甚至出现白色或黑色斑点时，说明微生物已经产生大量的代谢产物，这样的肉就不能吃。

炒肉末

原料:

猪瘦肉50克，水淀粉适量，植物油、料酒、盐各少许。

制作方法:

❶ 将猪瘦肉洗干净，用刀在案板上剁成细泥。

② 加入少许盐和料酒调味。加入水淀粉，用手抓匀，放置1～2分钟。

③ 锅里加少量的植物油，待油八成热时把肉末放进去煸炒片刻。

④ 加入少量清水，用小火焖5分钟，闻到肉香后熄火即可。

营养功能:

猪瘦肉含有丰富的蛋白质、脂肪及铁、磷、钾、钠等矿物质，还含有丰富而全面的B族维生素，能给宝宝补充生长发育所需的营养，并预防贫血。

制作、添加一点通:

制作时一定要加水淀粉，这样做出来的肉末才比较滑嫩，适合宝宝吃。

相关链接:

猪脖子等部位的猪肉里经常有一些灰色、黄色或暗红色的肉疙瘩（通称为"肉枣"），含有很多病菌和病毒，宝宝吃了很容易感染疾病，最好去掉。

草莓豆腐羹

原料:

高蛋白奶米粉5大匙，豆腐1大匙，草莓酱1大匙，温开水半杯。

制作方法:

① 将高蛋白奶米粉加入温开水冲调、再加入煮熟捣烂的豆腐。

② 将草莓酱浇汁后即可食用。

营养功能:

可以提供丰富的蛋白质、碳水化合物和多种维生素及矿物质。

制作、添加一点通:

加入草莓汁，让味道更香甜可口，引发宝宝食欲，而且草莓对胃肠道疾病和贫血等症有一定的滋补调理作用。草莓不宜与胡萝卜同食，同食会降低营养价值。

相关链接:

草莓鲜嫩多汁、酸甜可口，含有丰富的碳水化合物、有机酸、B族维生素和铁、钙、磷等多种营养成分，是老幼皆宜的上乘水果。草莓里所含的异蛋白物质具有阻止致癌物质亚硝胺合成的作用。草莓里所含的果胶和果酸更是具有分解食物中的脂肪、促进消化和预防便秘的作用。

蒸什锦鸡蛋羹

原料:

新鲜鸡蛋1个,海米末3克,新鲜番茄1/4个(番茄酱也可以,15克左右),菠菜末12克,香油3～5滴,温开水100克,水淀粉适量,清水适量,盐少许。

制作方法:

1 将鸡蛋洗干净打到碗里,加上一点盐和100克温开水搅匀;将番茄洗干净,切成碎末待用。

2 将准备好的鸡蛋放入蒸锅里蒸15分钟。

3 另起一只锅,加入200克清水,用大火烧沸,加入海米末、菠菜末、番茄末(番茄酱)和少量的盐,煮至菜末熟烂。

4 用水淀粉勾芡,淋上香油,浇到蒸好的鸡蛋羹上,搅拌均匀即可。

营养功能:

蒸什锦鸡蛋羹含有丰富的蛋白质、铁、磷、钾、钠、胡萝卜素、维生素A、B族维生素、维生素C等多种营养素,能促进宝宝各器官的生长发育。

制作、添加一点通:

调蛋液时要加温开水,不能加凉水。水淀粉调得稀一点,勾芡不能太稠。

 胡萝卜荸荠汁

原料:

新鲜荸荠10个,新鲜胡萝卜1个,清水适量。

制作方法:

1 将荸荠削皮,洗干净,切成小块备用;胡萝卜洗净切碎备用。

2 将准备好的荸荠和胡萝卜放入炖锅内,加水煮开,再用小火煮30分钟。

3 用干净的纱布或不锈钢滤网过滤,将滤出的汤倒入杯中,晾凉后即可食用。

营养功能：

荸荠中含的磷是根茎类蔬菜中较高的，能促进人体生长发育和维持生理功能的需要，对牙齿骨骼的发育有很大好处，同时可促进体内的碳水化合物、脂肪、蛋白质三大物质的代谢，调节酸碱平衡。

制作、添加一点通：

荸荠不宜生吃，因为荸荠生长在泥中，外皮和内部都有可能附着较多的细菌和寄生虫，所以一定要洗净煮透后方可食用，而且煮熟的荸荠更甜。

相关链接：

荸荠汁多味甜，营养丰富，含有碳水化合物、蛋白质、脂肪、维生素C、胡萝卜素、烟酸、磷、钙、铁等营养素，有"地下雪梨"、"江南人参"的美誉。从医疗保健方面来看，荸荠具有清热润肺、生津消滞、疏肝明目、利气通化的作用，对宝宝的健康成长很有好处。

 ## 香蕉甜橙汁

原料：

香蕉半根，甜橙半个，清水适量。

制作方法：

① 甜橙去皮，切成小块。

② 将甜橙块放入榨汁机中加适量清水榨汁；将甜橙汁倒入小碗中。

③ 香蕉去皮，用铁汤匙刮泥置入甜橙汁中即可。

营养功能：

香蕉营养相当丰富，如碳水化合物、蛋白质、脂肪、钙、磷、铁、胡萝卜素、维生素等，特别是含钾量较高。对宝宝健脑有辅助作用。

相关链接：

香蕉是宝宝爱吃的水果，不过香蕉很容易腐坏变质。因此在选购时要特别留意，蕉柄不

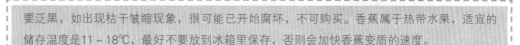

要泛黑，如出现枯干皱缩现象，很可能已开始腐坏，不可购买。香蕉属于热带水果，适宜的储存温度是11～18℃，最好不要放到冰箱里保存，否则会加快香蕉变质的速度。

鸡肉菜末粥

原料：

大米粥半碗，鸡肉末1小匙，碎青菜1大匙，鸡汤1大匙。

制作方法：

① 在锅内放入少量植物油，烧热，把鸡肉末放入锅内煸炒到半成熟，然后放入碎青菜，一起炒熟。

② 将炒熟后的鸡肉末和碎青菜放入大米粥内，加入鸡汤熬成粥即可。

营养功能：

鸡肉含有丰富的蛋白质、钙、磷、铁等矿物质以及维生素等，能安神补脑。

制作、添加一点通：

炒鸡肉和碎菜时不要放太多油，过分油腻会影响宝宝的食欲，也容易导致消化不良。

相关链接：

新鲜的鸡肉肉质紧密、颜色呈干净的粉红色，肉面有光泽，皮呈米色，毛囊突出，富有光泽和张力。肉和皮的表面比较干或者水分较多、脂肪稀松的鸡肉是不新鲜的鸡肉，最好不要吃。

鸡肝糊

原料:

新鲜鸡肝15克，鸡架汤15毫升，盐少许。

制作方法:

①将鸡肝洗干净，放入开水中汆烫一下，除去血水后再换水煮10分钟。

②取出鸡肝，剥去外皮，放到碗里研碎。

③将鸡架汤放到锅内，加入研碎的鸡肝，煮成糊状，加入盐调味，搅匀即成。

营养功能:

鸡肝含有丰富的蛋白质、钙、铁、锌、维生素A、维生素B_1、维生素B_2和烟酸（尼克酸）等多种营养素，维生素A和铁的含量特别高，可以防治贫血和维生素A缺乏症。

制作、添加一点通:

鸡肝的外皮一定要除去。鸡肝要研碎，煮成糊状，才能给宝宝吃。最好不要和维生素C含量丰富的食物一起吃，不然会破坏维生素C的作用。

相关链接:

选择鸡肝首先要闻气味。具有扑鼻肉香的鸡肝是新鲜鸡肝，可以购买；有腥、臭等异味的鸡肝已经开始变质，最好不要买。新鲜鸡肝肉质富有弹性，弹性差、边角干燥的鸡肝已经放置了很长时间，最好别买。

肝肉泥

原料:

鸡肝（牛肝或猪肝也可以）50克，猪瘦肉50克，盐少许，清水适量。

制作方法:

① 将鸡肝和猪肉洗净，去掉筋、皮，放在砧板上，用刀或边缘锋利的不锈钢汤匙按同一方向以均衡的力量刮出肝泥和肉泥。

② 将肝泥和肉泥放入碗内，加入少量的冷水和盐搅匀。

③ 将调好的肝肉泥放到蒸笼里蒸熟，或者直接加到粥里和米一起煮熟即可。

营养功能:

鸡肝营养丰富，维生素A和铁的含量特别高，能帮助宝宝预防贫血和维生素A缺乏症。猪瘦肉含有丰富的蛋白质、脂肪、铁、磷、钾、钠等矿物质，还含有丰富而全面的B族维生素，但是维生素A的含量比较少。两者搭配，不但能给宝宝补充足够的铁，还能全面补充维生素。

制作、添加一点通:

肝脏的筋和皮一定要去掉，宝宝消化不了这些东西。一定要把肝脏完全做熟了再给宝宝吃，这样才能消灭残留在肝脏里的寄生虫卵或病菌，避免使宝宝受到感染。最好不要和维生素C含量丰富的食物一起吃，不然会破坏维生素C的作用。

相关链接:

由于肝是动物体内最大的毒物中转站和解毒器官，新鲜的肝里很可能有毒素残留，所以买回来肝以后一定要先进行充分的清洗，最好在水中浸泡30分钟，再多冲洗几遍，把毒素清理干净后再做给宝宝吃。

红嘴绿鹦哥面

制作、添加一点通：

菠菜一定要先用水焯过，否则里面的草酸容易和豆腐里的钙结合生成草酸钙，不利于宝宝补充钙质，还容易形成结石。

原料：

新鲜番茄半个（50克左右），新鲜菠菜叶10克，豆腐20克，高汤100毫升，龙须面1小把（30克左右）。

制作方法：

① 将番茄洗净，用开水烫一下，去掉皮，切成碎末备用。将菠菜叶洗净，放到开水锅里焯2分钟，切成碎末备用。

② 将豆腐用开水焯一下，切成小块，用小勺捣成泥。

③ 锅内加入高汤，倒入准备好的豆腐泥、番茄和菠菜，烧开。

④ 稍煮5分钟，下入面条，煮至面条熟烂即可。

营养功能：

此面含有丰富的蛋白质、维生素、钙、铁，能为宝宝提供充足的营养。

相关链接：

绿叶蔬菜是否新鲜，会在很大程度上影响它的味道和营养价值。因此，在购买的时候，要选择叶片颜色深绿、有光泽、叶片尖充分舒展且分量充足的菠菜。还可以看看它的根部是不是新鲜水灵。如果菠菜的叶片变黄、变黑、变软、萎缩，茎秆受损，最好不要买。

菠菜的季节性很强，从第一年10月至第二年4月，近半年的时间里均有菠菜上市。早秋菠菜草酸含量比较高，吃起来有涩味；晚春的菠菜抽薹比较多，口感不太好；冬至（12月下旬）至立春（次年2月上旬）之间的菠菜才是品质最佳的。在购买菠菜的时候，有时会看到菠菜的叶子上有黄斑，叶子背面有灰毛，这表示菠菜感染了霜霉病，最好不要购买。

什锦猪肉菜末

原料:

猪瘦肉15克,胡萝卜、青柿子椒、红柿子椒各25克,盐少许,高汤适量。

制作方法:

① 将猪瘦肉洗净,剁成细泥。胡萝卜、柿子椒分别洗净,切成碎末备用。

② 锅内加入高汤,把肉末和准备好的胡萝卜末、柿子椒末下进锅里煮软。

③ 加入一点点盐,使其有淡淡的咸味即可。

营养功能:

猪瘦肉含有丰富的蛋白质、脂肪、铁、磷、钾、钠和全面的B族维生素,胡萝卜、柿子椒含有丰富的维生素,是一道营养全面、色泽美观、味道鲜美的宝宝辅食。

制作、添加一点通:

胡萝卜要去掉里面的硬芯,这样宝宝吃起来更可口、更柔软。

豆腐蔬菜泥

原料:

豆腐200克,荷兰豆20克,胡萝卜10克,蛋黄半个,水1小杯。

制作方法:

① 将胡萝卜去皮,与荷兰豆汆烫后,切成极小的块。

② 将水与胡萝卜和荷兰豆放入小锅,嫩豆腐边捣碎边加进去,煮到汤汁变少,成泥状。

③ 最后将蛋黄加入锅里煮熟即可。

营养功能:

豆腐中含有植物雌激素,可保护血管内皮细胞,具有抗氧化的功效。经常食用可有效减少血管系统被氧化破坏。

熟肉末

原料:

猪瘦肉250克,料酒少许,盐少许,清水适量。

制作方法:

❶ 将猪瘦肉洗干净。

❷ 锅里加上水,加入少许盐和料酒,把整块瘦肉放到锅里煮2小时左右,直到肉块被煮烂为止。

❸ 用消过毒的刀从肉块上割下一次吃的量（25~50克）,在砧板上剁成碎末即可。

营养功能:

猪瘦肉含有丰富的蛋白质、脂肪及铁、磷、钾、钠等矿物质,还含有丰富而全面的B族维生素,能给宝宝补充生长发育所需的营养,并帮助宝宝预防贫血。

制作、添加一点通:

每次只取出一次吃的量,其余的肉可以留在汤里,下次吃的时候将肉汤烧开后再取。

豌豆粥

原料:

米饭半碗,豌豆10粒,牛奶小半杯,精盐少许。

制作方法:

❶ 将豌豆用开水煮熟,捣碎;在米饭中加适量水用小锅煮沸。

❷ 加入牛奶和豌豆,并用小火再煮成粥,最后加少许精盐（也可用糖）调味。

营养功能:

豌豆中富含的粗纤维,能促进大肠蠕动,保持大便通畅,起到清洁大肠的作用。

制作、添加一点通:

豌豆粒多食会发生腹胀,故不宜长期大量食用。豌豆适合与富含氨基酸的食物一起烹调,可以明显提高豌豆的营养价值。

相关链接：

　　豌豆营养丰富，仅在豆粒中就含有20%～24%的蛋白质，50%以上的碳水化合物，还含有脂肪、维生素C、烟酸、叶酸、钙、磷、钾、镁、纤维素等营养物质。此外还含有赤霉素和植物凝集素等物质，具有抗菌消炎、增强新陈代谢的功能。豌豆分硬荚和软荚两种，软荚豌豆就是荷兰豆，烹调后颜色翠绿，清脆利口，是很多人喜爱的食物。

青菜肉末粥

原料：

　　大米50克，新鲜的绿叶蔬菜（油菜、菠菜、大白菜，只取嫩叶）20克，猪瘦肉（或鸡肉）20克，高汤4杯。

制作方法：

① 将大米淘洗干净，放到冷水里泡1～2小时；将蔬菜叶洗干净，放入开水锅内煮软，切碎备用。

② 将猪瘦肉洗干净，用刀在案板上剁成细泥。

③ 锅内加高汤，加入泡好的大米，先用大火烧开，再用小火熬煮半小时。

④ 把准备好的蔬菜末和肉末加到煮好的粥里，再煮5分钟左右，边煮边搅拌，最后加一点盐调味即可。

营养功能：

　　青菜肉末粥含有丰富的营养，能为宝宝提供大量的碳水化合物，满足宝宝生长发育和活动的需要，还能帮宝宝补充维生素和铁质。

制作、添加一点通：

　　中途不要加凉水，水一次加足。

麦片水果粥

原料:

麦片100克,牛奶50克,水果(如香蕉、苹果等)50克。

制作方法:

❶ 将干麦片用清水300毫升泡软;水果洗净切碎。

❷ 将泡好的麦片连水倒入锅内,置火上烧沸,煮2～3分钟后,加入牛奶,再煮5～6分钟。

❸ 等麦片酥烂,稀稠适度,加入切碎的水果略煮一下,盛入碗内即可。

营养功能:

此粥软烂适口,果香味浓,含有宝宝发育所需的蛋白质、脂肪、碳水化合物、钙、磷、铁、锌和维生素A、维生素B₁、维生素B₂、维生素C及烟酸等多种营养素。

制作、添加一点通:

粥要煮到稀稠程度合适,水果下入锅内稍煮一下,再给宝宝喂食。

相关链接:

有的麦片里添加了麦芽糊精、砂糖、奶精(植脂末)、香精等添加剂,不但降低了麦片的营养价值,还会对宝宝的健康和生长发育产生干扰作用,妈妈们在购买的时候一定要看清成分,不要购买燕麦含量过低、含有添加剂的麦片。

 # 菠菜酸奶糊

原料:

菠菜叶5片,牛奶半小匙,酸奶1小匙,清水适量。

制作方法:

❶ 将菠菜叶加水煮烂,过滤(留菜)并磨碎。

❷ 将熟牛奶与酸奶混合并搅匀,加入碎菠菜搅拌。

营养功能:

菠菜中含有大量的抗氧化剂,如维生素E和硒元素,有促进细胞增生的作用,激活大脑功能。酸奶中的酪氨酸是一种保证大脑功能的物质基础。

制作、添加一点通:

在其中加入适量酸奶,是怕宝宝有可能讨厌菠菜的味道。酸奶还可与苹果同食,因为酸奶中缺乏维生素C,若与苹果同食,无论口感和营养都十分理想。

小米粥

原料:
小米30～50克，红糖少许，清水适量。

制作方法:
1️⃣ 将小米用清水淘洗干净。

2️⃣ 放到锅里，加上适量的水煮成稀粥。

3️⃣ 加入红糖，拌匀，取上层的米汤喂给宝宝。

营养功能:
小米营养丰富，含有丰富的维生素和矿物质。小米中的维生素B_1是大米的好几倍，矿物质含量也高于大米。但小米的蛋白质中赖氨酸的含量较低。

制作、添加一点通:
小米粥不宜太稀薄，最好和豆制品、肉类食物搭配食用。

相关链接:
4个月内的宝宝体内的淀粉酶很少，对淀粉类的食物消化能力非常弱，不适合吃小米。4个月以后可以从少到多、从稀到稠地为宝宝添加一些稀米汤、米粥等食物。熬小米粥的时候，粥上面漂着的一层黏稠的"米油"营养价值极为丰富，对帮助宝宝增强胃肠消化功能很有好处。

夏天是宝宝生长最快的季节，这时候的宝宝对各种营养素的需求量也很大，如果脾胃不好，不能及时摄取足够的营养素的话，将很容易出现营养不良。小米有健脾和胃的作用，对脾胃虚热、容易反胃的宝宝来说是一种理想的食物。

第九个月

1 身心发育特点

	男宝宝	女宝宝
身高	平均72.7厘米（67.9～77.6厘米）	平均71.3厘米（66.5～76.1厘米）
体重	平均9.3千克（7.3～11.4千克）	平均8.8千克（6.8～10.7千克）
头围	平均45.5厘米（43.0～48.0厘米）	平均44.5厘米（42.1～46.9厘米）
胸围	平均45.6厘米（41.6～49.6厘米）	平均44.4厘米（40.4～48.4厘米）

生理特点	能用膝盖爬行。 可以抓住妈妈的手站起来。 手指更加灵活，能够捡起掉在地上的小物品。 喜欢用手抓食物吃。 睡眠时间14～15小时。

心理特点	独自坐着玩玩具。 听到制止的命令，会停下手来。 会用摇头来表示"不"。 模仿别人说话的声音。 产生自我意识，什么事情都想自己来。

发育特征

当宝宝9个月大时，就知道自己的名字了，别人叫时宝宝就会答应，如果宝宝想拿某种东西，家长严厉地说："不能动！"宝宝会立即缩回手来，停止行动。这表明，9个月大的小孩已经懂得简单的语义了，这时大人和宝宝说再见，宝宝也会向大人摆摆手；给宝宝不喜欢的东西，宝宝会摇头；玩得高兴时，宝宝会咯咯地笑，并且手舞足蹈，表现得非常欢快活泼。

2 营养需求

这个月宝宝营养需求与8个月大致相同，从现在起可以增加一些粗纤维的食物，如茎秆类蔬菜，但要把粗的、老的部分去掉。9个月的宝宝已经长牙，有咀嚼能力了，可以让其啃食硬一点的东西，这样有利于其乳牙的萌出。

这个时期应该给宝宝增加一些土豆、白薯等含碳水化合物较多的根茎类食物，增加一些粗纤维的食物如蔬菜。辅食除每天给两顿粥或面条、烂饭之外，还可添加一些豆制品，仍要吃菜泥、鱼泥、肝泥等。在宝宝出牙期间，还要继续给他吃小饼干、烤馒头片等，让他练习咀嚼。

3 喂养常识

1 要让宝宝多食粗纤维食物

粗纤维广泛存在于各种粗粮、蔬菜及豆类食物中。一般来说，含粗纤维较多的粮食有玉米、豆类等；含粗纤维较多的蔬菜有油菜、韭菜、芹菜、荠菜等。另外，花生、核桃、桃、柿、枣、橄榄等也含有较丰富的粗纤维。粗纤维与其他营养素一样，是宝宝生长发育所必需的。

有助于宝宝牙齿生长。 进食粗纤维食物时，必然要经过反复咀嚼才能吞咽下去，这个咀嚼的过程既能锻炼咀嚼肌，也

有利于牙齿的发育。此外，经常有规律地让宝宝咀嚼有适当硬度、弹性和纤维素含量高的食物，还可减少蛋糕、饼干、奶糖等细腻食品对牙齿及牙周的黏着，从而防止宝宝龋病的发生。

可防止便秘。 粗纤维能促进肠蠕动、增进胃肠道的消化功能，从而增加粪便量，防止宝宝便秘。与此同时，粗纤维还可以改变肠道菌丛，稀释粪便中的致癌物质，并减少致癌物质与肠黏膜的接触，有预防大肠癌的作用。

2 八九个月的宝宝吃水果需注意什么

八九个月的宝宝可以吃的水果种类很多。一般来说，只要是当季成熟的新鲜水果，像夏天的桃子、西瓜，秋天的苹果、梨、葡萄、山楂、香蕉等，都可以给宝宝吃。但需要注意的是，给宝宝吃水果的时候最好是选当季成熟的新鲜水果，随吃随买，反季水果或储存时间过长的水果营养成分都有比较多的流失，不适合给宝宝吃。另外，一些容易上火的水果，像龙眼、荔枝、橘子、杏、李子等，容易伤脾胃的水果都不要给宝宝吃。吃水果的时间要安排在两餐之间。餐前吃水果占据宝宝的胃部空间，不利于其乳汁或其他食物的正常摄入；餐后吃则食物和水果容易停留在胃里，引起胃胀气。

3 宝宝可用水果代替蔬菜吗

虽然水果和蔬菜中都含有丰富的维生素，但两者之间仍然存在着很大的差别，水果并不能代替蔬菜，蔬菜中，特别是绿叶蔬菜中含有丰富的纤维素，能促进肠蠕动，使大便通畅，预防便秘的发生。和蔬菜比起来，水果中无机盐和粗纤维的含量都比较少，不能给肠肌提供足够的"动力"，容易使宝宝有饱腹感，从而导致食欲下降。如果完全用水果代替蔬菜的话，很可能导致宝宝出现营养不良，影响身体发育。

4 宝宝9个月了还不肯吃汤勺里的东西，该怎么办

宝宝吃东西的习惯是慢慢培养起来的，这就需要妈妈多付出一些努力，耐心地对宝宝进行一段时间的训练。一般宝宝在饥饿的时候比较容易接受汤勺里送过来的食物，所以可以把辅食添加的时间调到喂奶之前。等宝宝感到饿想吃东西时再用汤勺一点点地喂给他食物，相信经过几天宝宝就会适应。

5 宝宝爱自己用勺吃饭时怎么办

首先，妈妈应该感到高兴。因为这是宝宝想自己吃饭的表示，也是宝宝由以依恋母乳到和大人一样进餐的转变的开始。这时的宝宝当然不可能像大人一样对各种餐具运用自如，还需要妈妈多多指导，并给宝宝提供锻炼的机会。如果怕宝宝弄脏餐桌、衣服和地面，可以给宝宝准备一套吃饭用的小围兜，并铺好桌布，在地上可以铺些报纸，以便帮宝宝"打扫战场"。不管宝宝能不能真正地把饭送到嘴里，妈妈千万不要呵斥宝宝，可能会打击宝宝自主锻炼的积极性，甚至使宝宝形成心理阴影而拒绝使用餐具。等妈妈想教宝宝使用餐具的时候，可是要花费更多力气的。

6　宝宝吃东西时不会嚼怎么办

多数宝宝到七八个月大的时候就开始长门牙了，如果辅食添加得正确，咀嚼动作应该进行得很熟练了。如果还不会嚼，多半是因为家长怕宝宝会噎着，一直采用捣烂、捣碎的办法制作辅食，让宝宝吃不必咀嚼就可以吞下去的食品，使宝宝的咀嚼能力得不到锻炼造成的。这时候就要改变以往的辅食添加方式，及时地给宝宝添加一些比较软的固体食物（如小片的馒头、面包、豆腐等）和比较稠的粥，锻炼一下宝宝的咀嚼能力。给宝宝添加的食物也不要弄得太碎，可以给宝宝做一些碎菜末、肉末等有些颗粒感的东西，而不是像以前一样全部都打成泥。另外，还可以给宝宝一些烤馒头片、面包干、饼干等有硬度的东西，给宝宝磨磨牙，同样能锻炼宝宝的咀嚼能力。吃饭的时候，妈妈可以先给宝宝作示范，再鼓励宝宝学着自己的样子嚼着吃，让宝宝的咀嚼能力得到尽可能多的锻炼。

7　酸奶适合宝宝吃吗

酸奶是用新鲜牛奶煮开后晾凉，加入乳酸或枸橼酸、柠檬酸等果酸制成的。加了这些酸后，牛奶中的酪蛋白在进入胃部前会被分解成细小、均匀的颗粒，减少胃的工作量，有助于消化吸收，对患消化不良、腹泻、痢疾的宝宝来说是一种很好的食疗食品。再加上酸奶的口味比较好，一般很受宝宝的喜欢。但是从营养价值上看，由于酸奶里面牛奶的含量比较少，蛋白质、脂肪、铁和维生素等营养素的含量更是连牛奶的1/3也不到，所以不能用来作为牛奶或奶粉的替代品，作为辅食，少量地喝一点还是可以的。

8　宝宝不爱吃粥怎么办

　　有些宝宝对食物的味道比较挑剔，单纯给宝宝吃粥的话确实有些难度。其实你可以加蔬菜、鸡蛋、肝末、肉末等配料，直接烧成蛋花粥或肉菜粥，粥的味道就会大大改善，应该能激起宝宝的食欲。此外，还可以自己做或买一些婴儿肉松（鱼松），给宝宝拌在粥里，宝宝一般会很爱吃。市面上卖的肉松（鱼松）大多数加了味精，对宝宝的身体不太好，尽量要少吃。如果有时间的话，还是自己做比较好。肉松的做法其实很简单：先把肉烧好（注意不要加太多调料），用小勺把肉弄碎，放到锅里干炒一会儿，然后再用搅拌机把肉丝打松就可以了。用这样的办法也可以做鱼松。

9　为什么宝宝一吃鱼肉或鱼肉米粉就会腹泻

　　这是因为宝宝对鱼肉中的蛋白质过敏，应该暂时停喂。宝宝之所以这样，可能是妈妈在怀孕和哺乳期间吃的植物油太少，使宝宝体内缺乏不饱和脂肪酸，导致宝宝的毛细血管比较脆弱，通透性增加，使鱼肉中的蛋白质分子容易透过血管壁进入血液，引起蛋白质过敏。妈妈可以给宝宝添加含植物油较多的辅食，如芝麻、大豆、花生、葵花子等，仍在进行母乳喂养的妈妈也要多吃植物油，给宝宝补够所需要的不饱和脂肪酸，这样就可以改善宝宝对鱼肉过敏的情况。

10　宝宝为什么经常打嗝

　　打嗝是由于位于肺部和腹部之间的横膈膜受到肝或胃等脏器刺激所产生的异常运动造成的。宝宝支配横膈膜的神经十分敏感，容易受到刺激，所以就经常打嗝。发现宝宝连续打嗝，妈妈不用担心。可以把宝宝竖着抱起来，轻轻拍打后背，或者喂一些温开水，就能止嗝了。

一日食物示例

主食：母乳及其他（牛奶、稠粥、面条等）

餐次及用量：

母乳：上午6时，下午6时，晚上10时

其他主食：上午10时，下午2时

辅食：

温开水、各种鲜榨果汁等饮料：任选一种，120克/次，上午10时

豆腐、肉汤等：1～2汤匙，下午2时

磨牙食品：让宝宝自己拿着啃

4 辅食制作与添加

 洋葱粥 ●●●●●●●●●●●●●●●●●●●●●●●

原料：
洋葱（白皮）100克，粳米50克，水适量。

制作方法：
① 将洋葱洗净切成片，粳米淘洗干净。
② 洋葱、粳米煮成稀粥做早餐食。

营养功能：
洋葱能稀释血液，改善大脑的血液供应，从而消除心理疲劳和过度紧张。

制作、添加一点通：
只宜小量食用。因为它易产生挥发性气体，过量食用会产生胀气和排气过多。

相关链接：
洋葱可用来防治失眠：将切碎的洋葱放置于枕边，洋葱特有的刺激成分，会发挥镇静神经、诱人入眠的神奇功效。

蛋花粥

原料：

大米100克，新鲜鸡蛋1个，温开水少许（10克左右），清水适量。

制作方法：

❶ 将大米淘洗干净，先用冷水泡2小时左右。

❷ 将鸡蛋洗净，打到碗里，加入温开水，用筷子沿一个方向均匀地搅2分钟左右，打到表面起小泡为止。

❸ 锅内加水，将大米下进去煮成稠粥，再将打好的蛋液转着圈倒入粥里，用勺子搅拌均匀即可。

营养功能：

蛋花粥富含蛋白质、铁、维生素A、维生素B_2、维生素B_6、维生素D、维生素E等营养成分，能促进宝宝健康成长。

相关链接：

好大米米粒整齐饱满，表面富有光泽，闻起来有清香，放到口中嚼的时候能感觉到甜味，大小均匀，没有"腹白"或"腹白"很少（大米腹部不透明的白斑，部分米蛋白质含量较低，含淀粉较多），糠屑、碎米少，没有粘连或结块，也没有虫害和其他杂质。

有些大米的颜色特别白，外表过于鲜亮、光滑，很可能是一些不良商家用矿物油进行上光处理的结果，在购买时一定要仔细鉴别，以免上当。如果在闻或嚼的过程中发现了异味，或是经60℃的热水泡5分钟后能闻到农药味、矿物油味、霉味等气味，都说明大米已经受了污染，不能食用。

陈化米和发黄的大米都不宜给宝宝食用。如果大米的颜色变暗，表面出现灰粉状或白道沟纹、米粒中出现虫尸或被米虫吃空了的碎米，都说明米已经陈化，最好不要给宝宝吃。

香菇火腿蒸鳕鱼 ●●●●●●●●●●●●●●●●●●●●●

原料:

鳕鱼肉100克,金华火腿10克,香菇2个(干、鲜均可),盐少许,料酒适量。

制作方法:

1 将香菇用35℃左右的温水泡1小时左右,淘洗干净泥沙,再除去菌柄,切成细丝(新鲜香菇直接洗干净除去菌柄即可)。

2 将火腿切成细丝备用;鳕鱼洗干净备用。

3 把盐和料酒放到一个小碗里调匀。

4 取一个可以耐高温的盘子,将鳕鱼块放进去,在鳕鱼的表面铺上一层香菇丝和火腿丝,放到开水锅里用大火蒸8分钟左右。也可以使用微波炉来蒸,用大火蒸3分钟左右就可以了。

5 倒入调好的汁,再用大火蒸4分钟(用微波炉的话,用高火蒸1分钟)。取出后去掉鱼刺即可。

营养功能:

香菇具有高蛋白质、低脂肪、多糖、多氨基酸、多维生素的特点。鳕鱼含有丰富的蛋白质、钙、镁、钾、磷、钠、硒、烟酸、胡萝卜素和维生素A、维生素D、维生素E等多种营养元素。火腿含有丰富的蛋白质、脂肪、维生素和多种矿物质,经过长时间的发酵分解,各种营养成分更容易被人体吸收,特别适合宝宝吃。

制作、添加一点通:

调料不要加得太早,否则会使鱼肉的水分流失过多,肉质变老,影响口感;最好选肥瘦各一半的金华火腿,这样火腿中的油加热后会溶解在鱼肉里,使鱼肉口感软嫩,还可以增加香味;吃的时候注意挑干净鱼刺。

相关链接:

香菇的鲜味主要来自于菌盖里所含的鸟苷酸,在泡发干香菇的时候最好用30~40℃的温水,并且要多泡一会儿,使鸟苷酸充分溶解,烹调出来的香菇味道才鲜美。如果泡的时候在水里加一点白糖,更能使鸟苷酸充分释放,味道会更好。但是浸泡的时间不要太长,等菇盖全部软化后要立即捞起来滤干,以减少鸟苷酸的流失,影响口味。

肉末番茄

原料:

新鲜番茄40克,猪瘦肉25克,植物油10克,嫩油菜叶10克,盐少许,料酒适量。

制作方法:

① 将猪肉洗净,剁成碎末,用料酒和少许盐腌10分钟左右。

② 将番茄洗净,用开水烫一下,剥去皮,除去子,切成碎末备用。

③ 将油菜叶洗净,放到开水锅里氽烫一下,捞出来切成碎末。

④ 锅内加入植物油,放到火上烧到八成热,下入肉末炒散,加入番茄翻炒几下,再加入油菜末,加入少量盐,用大火翻炒均匀即可。

营养功能:

猪肉富含蛋白质、脂肪、碳水化合物、维生素、烟酸及钙、磷、铁等营养素,具有滋养肝血、滋阴润燥的作用;番茄和油菜富含维生素,维生素C的含量尤其高,具有清热解毒、平肝生津、健胃消食的作用。这3种食材互相搭配,使菜的营养价值更全面,可以更好地为宝宝的生长发育提供帮助。

虾肉泥

●●●●●●●●●●●●●●●●●●●●●●●●

原料:
鲜虾肉(河虾、海虾均可)50克,香油少许。

制作方法:

① 将鲜虾肉洗净,剁碎,放入碗内上笼蒸熟。

② 加入少许香油拌匀即可。

营养功能:
虾肉含脂肪、碳水化合物、钙、磷、铁、维生素A、维生素B$_1$、维生素B$_2$、烟酸,以及微量元素硒等,补脑益智,促进宝宝大脑发育。

制作、添加一点通:
一定要选择新鲜的虾,虾肉要切碎,如有过敏现象应立即停止喂食。

相关链接:
虾的种类很多,主要分为淡水虾和海虾两大类。青虾、河虾、草虾、小龙虾等属于淡水虾,对虾、明虾、基围虾、琵琶虾、龙虾等属于海虾。不管是淡水虾还是海虾,都具有肉质松软、没有腥味和骨刺、蛋白质含量丰富的特点。此外,虾肉还含有丰富的钙、磷、铁等矿物质,海虾中还含有丰富的碘,对宝宝的健康是很有好处的。

猪肝汤

●●●●●●●●●●●●●●●●●●●●●●●●

原料:
新鲜猪肝30克,土豆半个(50克左右),嫩菠菜叶10克,高汤少许,清水适量。

制作方法:

① 将猪肝洗干净,去掉筋、膜,放在砧板上,用刀或边缘锋利的不锈钢汤匙按同一方向以均衡的力量刮出肝泥和肉泥。

② 土豆洗净,去皮后切成小块,煮至熟软后用小勺压成泥。

③ 将菠菜放到开水锅中焯2~3分钟,捞出来沥干水分,剁成碎末。

④ 锅里加入高汤和适量清水,加入猪肝泥和土豆泥,用小火煮15分钟左右,待汤汁变

稠，把菠菜叶均匀地撒在锅里，熄火即可。

营养功能：

　　菠菜和猪肝都含有丰富的铁质，是宝宝补铁的必选食物，土豆含有丰富的钾和镁，是宝宝补充铁质和其他微量元素的理想选择。

相关链接：

　　菠菜中含有大量草酸，能和钙和锌结合生成草酸钙和草酸锌，降低食物中钙和锌的利用率。在给宝宝吃菠菜之前，一定要先把菠菜放到开水中焯过，去掉大部分草酸再进行烹调。

芝麻糯米粥 ●●●●●●●●●●●●●●●●●●●●

原料：

　　糯米50克，芝麻1大匙，核桃1个，小花生15粒。

制作方法：

　　❶ 将糯米先浸泡1小时，芝麻、核桃和花生（切碎）一起放在锅内炒熟待凉后用干粉机打成粉。

　　❷ 糯米煮沸后，加入芝麻核桃花生粉，小火煮1小时即可。

营养功能：

　　芝麻中脂肪的主要成分是油酸、亚油酸及亚麻酸，都属于不饱和脂肪酸，不含胆固醇，是非常适宜宝宝食用又营养的食物。

制作、添加一点通：

　　芝麻属高钙、高铁食物并含大量的锌等微量元素，能补血补肝润肠。

番茄鱼

原料:

净鱼肉100克,番茄半个,鸡汤半碗,精盐少许。

制作方法:

❶ 将收拾好的鱼放入开水锅内煮熟后,除去骨刺和皮;番茄用开水烫一下,剥去皮,切成碎末。

❷ 将鸡汤倒入锅内,加入鱼肉同煮,稍煮后,加入番茄末、精盐,用小火煮成糊状即可。

营养功能:

番茄中含有大量维生素C,有增强机体抵抗力、防治坏血病、抗感染等作用。

制作、添加一点通:

要选用新鲜的鱼做原料,剔净骨刺,把鱼肉煮烂给宝宝喂食。

南瓜羹

原料:

南瓜10克,肉汤3大匙。

制作方法:

❶ 将南瓜去皮去瓤,切成小块。

❷ 将南瓜放入锅中倒入肉汤煮。

❸ 边煮边将南瓜捣碎,煮至稀软即可。

营养功能:

南瓜能健胃整肠,帮助消化,还可提高宝宝的免疫力,增强机体对疾病的免疫能力。

制作、添加一点通:

南瓜肉煮熟敷贴患处,可消炎止痛。

排骨眉豆粥

原料:

排骨50克，大米25克，眉豆10克，水适量，精盐或糖少许。

制作方法:

① 把排骨剁碎，用精盐腌制半小时。

② 把适量的水煮沸，放米、眉豆、排骨，煮1～1.5小时，调味（精盐或糖少许）即可。

营养功能:

排骨除含蛋白质、脂肪、维生素外，还含有大量磷酸钙、骨胶原、骨黏蛋白等，可为幼儿脑发育提供营养。

制作、添加一点通:

眉豆作为粮食，与粳米一起煮粥最适宜；一次不要吃太多，以免产气胀肚。可改用黄豆、糙米煲排骨粥；或加入大枣5个，栗子100克同煮。

菜花虾末

原料:

虾10克，菜花30克，精盐少许。

制作方法:

① 菜花洗净，放入开水中煮透后切碎。

② 将虾放入开水中煮后剥去皮，切碎，加入精盐少许，使其具有淡咸味，倒在菜花上即可喂食。

营养功能:

菜花含有丰富的维生素C、维生素E及胡萝卜素等；虾米含丰富的蛋白质、不饱和脂肪酸、钙、维生素A、B族维生素等，都是健脑的营养素，可提高宝宝智力。

制作、添加一点通:

宝宝若出现食虾过敏现象，要立即停食。虾为发物，故染有宿疾者不宜食用。正值上火的宝宝也不宜食虾。

相关链接:

　　虾性温，归肝、肾经，具有补肾壮阳、养血固精、化瘀解毒、益气止痛、开胃化痰的功效，对身体虚弱的宝宝来说是非常好的补益食物。但是虾容易引起过敏，如果宝宝吃虾过敏，一定要等到9个月以后再尝试给宝宝添加。过敏性体质的宝宝在吃虾的时候，更要小心谨慎。另外，上火和患皮肤病的宝宝不要吃虾，以免加重病情。

鸡肉土豆泥

原料:

　　土豆1小块（50克左右），鸡胸肉30克，鸡汤50克，牛奶20毫升（冲调好的配方奶也可以）。

制作方法:

① 将鸡胸肉洗净，剁成肉末备用；土豆洗净，去皮后切成小块，煮至熟软后用小勺压成泥。

② 锅内加入鸡汤，加入土豆泥、鸡肉末煮至半熟。

③ 倒在一个稍大点的碗里，用勺子把鸡肉研碎，再倒回锅里。

④ 加入牛奶（或配方奶），继续煮至黏稠即可。

营养功能:

　　土豆含有丰富的钾和镁，鸡肉含有丰富的蛋白质、维生素、烟酸、铁、钙、磷、钠、钾等营养素，能为宝宝提供比较全面的营养，促进宝宝的生长发育。

相关链接:

　　土豆含有丰富的碳水化合物、蛋白质、维生素A、B族维生素、维生素C、纤维素和钙、镁、钾等营养物质，脂肪的含量比较低，具有很高的营养价值，被誉为人类的"第二面包"。土豆中的纤维素比较细嫩，对宝宝的胃肠黏膜不产生什么不良刺激，又容易消化，是预防宝宝便秘的理想食物。

炸香蕉

原料:

香蕉1根,鸡蛋1个。

制作方法:

① 将鸡蛋打散,放精盐少许;香蕉去皮,切块。

② 锅内放油烧至温热,香蕉块裹上鸡蛋浆放入油锅略炸,捞出,装盘。

营养功能:

香蕉营养丰富、热量低,含有称为"智慧之精盐"的磷,香蕉又是色氨酸和维生素B_6的超级来源,含有丰富的矿物质,特别是钾离子的含量较高,常吃有健脑的作用。

制作、添加一点通:

便秘宝宝适宜在早晨空腹吃香蕉,但油炸的香蕉不宜多吃。

相关链接:

香蕉具有清热、生津、润肺、滑肠的功效,对体质燥热的宝宝和由于患热病而出现烦渴、便秘的宝宝来说比较合适。但是脾胃虚寒和因受寒而腹泻的宝宝则不适合吃,因为香蕉性寒,会加重原有的病症。

胡萝卜糊

原料:

胡萝卜1/4个,苹果1/8个,水适量。

制作方法:

① 将胡萝卜洗净之后炖烂,并捣碎;苹果削好皮用擦菜板擦好。

② 将捣碎的胡萝卜和擦好的苹果加适量的水,用小火煮成糊状即可。

营养功能:

宝宝的骨骼发育很关键,胡萝卜因富含胡萝卜素而成为蔬菜中的佼佼者,因为它可以促进幼儿的骨骼健康发育。

制作、添加一点通:

胡萝卜要选用红色的。另外,便秘的宝宝不宜常吃苹果,因苹果中富含鞣酸,与蛋白质结合后会变成鞣酸蛋白质,减慢肠蠕动,延长粪便在肠道内的滞留时间。

奶油豆腐 ●●●●●●●●●●●●●●●●●●●●●●●

原料:

豆腐100克,奶油半杯,白糖少许。

制作方法:

① 将豆腐切成小块。

② 将豆腐与奶油加水同煮,煮熟之后加一点点白糖调味即可。

营养功能:

豆腐中含有大量的蛋白质和钙,含8种人体必需的氨基酸,并且还有不饱和脂肪酸和卵磷脂等。能促进宝宝生长发育。

制作、添加一点通:

奶油不要放得太多,否则容易引起宝宝食欲减退。不要放葱,因为豆腐含有丰富的蛋白质、钙等营养成分,葱中含有大量草酸,一起食用,豆腐中的钙与葱中的草酸会结合形成草酸钙,破坏豆腐中的钙质,影响钙质的吸收。

 玉米汁 ●●●●●●●●●●●●●●●●●●●●●●

原料:

新鲜玉米100克,豌豆50克,清水适量。

制作方法:

① 将玉米、豌豆去皮、去蒂洗净。

② 将处理好的玉米、豌豆打成汁,只取汁,加一点水入锅煮,煮10分钟即可。

营养功能:

玉米中的食物纤维含量很高,可起到刺激胃肠蠕动、加速粪便排泄的作用,可有效防治便秘。

制作、添加一点通:

吃玉米时一定不能单一,要与豆类等调和。玉米、小麦、黄豆均含有丰富的植物蛋白,若三者同食,则更有利于对蛋白质的吸收和利用。

相关链接:

玉米是粗粮中的保健佳品,含有丰富的碳水化合物、蛋白质、脂肪、胡萝卜素、维生素和钙、磷、铁、硒、镁等矿物质,其中维生素含量是大米、小麦的5~10倍。玉米有健脾利湿、开胃益智的作用,对帮助宝宝增强肠胃功能;促进宝宝的智力开发有一定的积极作用。

鸡蛋蔬菜糕

原料:

洋葱20克,胡萝卜20克,菠菜20克,鸡蛋1个。

制作方法:

❶ 将洋葱、胡萝卜、菠菜用开水汆烫,然后切碎。

❷ 将鸡蛋打散后加等量凉开水搅匀,加入蔬菜上锅蒸至软嫩即可。

营养功能:

鸡蛋黄中含有丰富的维生素A、维生素B₂、维生素D、铁及卵磷脂。卵磷脂是脑细胞的重要原料之一,因此能够促进宝宝智力发育。菠菜中含有类胡萝卜素,鸡蛋中含有维生素A,均有保护视力的作用。

制作、添加一点通:

菠菜中含有叶酸,与鸡蛋同食,可提高对鸡蛋中维生素B_{12}的吸收率。但是一次不要喂食太多。

鱼肉松粥

原料:

大米25克,鱼肉松15克,菠菜10克,水1杯,精盐或糖少许。

制作方法:

❶ 将大米淘洗干净,放入锅内,倒入清水用大火煮开,转小火熬至黏稠待用。

❷ 将菠菜用开水烫一下,切成碎末,放入粥内,加入鱼肉松,调好口味(加少许精盐或糖),用小火熬几分钟即可。

营养功能:

菠菜中含有大量的抗氧化剂如维生素E和硒元素,能激活大脑功能,与营养丰富的鱼肉松搭配,可益智补脑,提高记忆力。

制作、添加一点通:

粥要熬烂、熬黏,鱼肉松、菠菜放入粥内一熬即可,不要熬得时间过长。菠菜还含有丰富的食物纤维,能润滑肠道,防止宝宝便秘。

第十个月

① 身心发育特点

	男宝宝	女宝宝
身高	平均73.9厘米（68.9~78.9厘米）	平均72.5厘米（67.7~77.3厘米）
体重	平均9.5千克（7.5~11.5千克）	平均8.9千克（7.0~10.9千克）
头围	平均45.8厘米（43.2~48.4厘米）	平均44.8厘米（42.4~47.2厘米）
胸围	平均45.9厘米（41.9~49.9厘米）	平均44.7厘米（40.7~48.7厘米）

生理特点	长出了4~6颗牙齿。 扶着墙站起来，甚至移动几步。 打开有把手的抽屉、橱柜等。 会叫妈妈，不断重复一个单字或声音。 说一些简单的词语。

心理特点	很喜欢模仿大人的说话与动作。
	理解一些常用词语的意思。
	用动作表达自己的意见。
	探索周围环境。
	喜欢被表扬。

发育特征

10个月的孩子已经能够理解常用词语的意思。并会表示一些词义的动作。10个月的孩子喜欢和成人交往，并模仿成人的举动。当他不愉快时他会显露出很不满意的表情。

10个月的宝宝喜欢模仿着叫妈妈，也开始学迈步学走路。喜欢东瞧瞧西看看，好像在探索周围的环境。在玩的过程中，还喜欢把小手放进带孔的玩具中，并把一件玩具装进另一件玩具中。

2 营养需求

第十个月原则上继续沿用第九个月时的哺喂方式，但可以把哺乳次数进一步降低为不少于两次，让宝宝进食更丰富的食品，以利于各种营养元素的摄入。妈妈可以让宝宝尝试全蛋、软饭和各种绿叶菜，既增加营养又锻炼咀嚼，同时仍要注意微量元素的添加。

对宝宝大脑发育有较大影响的维生素有B族维生素、维生素C、维生素D和维生素E。现代科学研究表明，如果宝宝缺乏这些维生素，则会直接妨碍大脑的发育甚至造成大脑发育畸形。那么，怎样在日常生活中补充这些维生素呢？

❶ 维生素可以使脑神经细胞功能增强，因此，日常生活中要常给宝宝吃一些富含维

生素B₁的食物，如玉米、糙米等粗粮，还有猪肉等。而不能只给宝宝吃精米和精面。缺乏维生素B₆，会造成神经系统功能紊乱，宝宝会出现厌食、烦躁或注意力不集中，因此，日常生活中要多给宝宝吃一些含酵母的食物，如馒头、包子、花卷等面食。

② 维生素C可以保证大脑并使大脑接受外界刺激更加敏感，向外发布命令的线路更加通畅。因此，日常生活中要多给宝宝吃一些富含维生素C的食物，如各类新鲜的水果和蔬菜。

③ 维生素D可以提高神经细胞的反应速度，增强人的判断能力。因此，日常生活中要多给宝宝吃一些含维生素D的鱼类食品。

④ 维生素E可以有效地防止脑细胞的老化，如果宝宝缺乏维生素E，脑细胞膜就会坏死，人会变得呆傻。因此，日常生活中要给孩子补充一些动物肝脏、植物油及含麦芽的食品，如麦芽糖，因为这些食品中含维生素E较多。

3 喂养常识

1 怎样变化食物形态

此阶段的宝宝基本具有咀嚼能力，也喜欢上咀嚼，食物的形态要随之有所变化。

① 稀米粥过渡到稠米粥或水稍多的软饭；

② 面糊过渡到挂面、面包；

③ 肉泥过渡到碎肉；

④ 菜泥过渡到碎菜。

2　要多给宝宝吃水果和蔬菜

在饮食中，果蔬可以提供丰富的维生素、矿物质及纤维素，是维护宝宝正常发育不可或缺的食物。不吃果蔬或吃果蔬比较少的宝宝，可能产生下列生理变化或营养问题：

便秘。 宝宝少吃或不吃果蔬所引发的最常见问题就是便秘。因为纤维素摄取不足，使食物消化吸收后剩余的实体变少，造成肠道蠕动的刺激减少。当肠道蠕动变慢时，就容易产生便秘。粪便在肠道中停留的时间过久，还会产生有害的毒性物质，破坏宝宝肠道内有益菌类的生长环境。

肠道环境改变。 纤维素可以促进肠道中有益菌类的生长，抑制有害菌类的增生。吃果蔬比较少的宝宝，肠道的正常环境可能发生变化，影响肠道细胞的健康生长。

热量摄取过多。 饮食中缺乏纤维素的饱足感，会造成热量摄取过多，导致肥胖。成年后易患多种慢性疾病。

维生素C摄取不足。 维生素C与胶原和结缔组织有关，它可使细胞紧密结合；缺乏维生素C时，可能影响宝宝牙齿、牙龈的健康，导致皮下易出血及身体感染。

维生素A摄取不足。 缺乏维生素A时，宝宝可能出现夜盲症、毛囊性皮肤炎、身体感染等症状，甚至影响宝宝心智的发展。黄、橘色蔬果富含可以在体内转化为维生素A的β–胡萝卜素。

免疫力下降。 蔬果富含抗氧化物的成分（如维生素C、β–胡萝卜素）。摄取不足时，影响细胞组织的健全发展，使免疫力下降，宝宝患病。

为了防治以上问题，妈妈们一定要让宝宝多吃些蔬菜、水果。

3　如何使宝宝的食物多样化

谷类。 添加辅食初期给宝宝制作的粥、米糊、汤面等都属于谷类食物，这类食物是最容易为宝宝接受和消化的食物，也是碳水化合物的主要来源。宝宝长到7～8个月时，牙齿开始萌出，这时在添加粥、米糊、汤面的基础上，可给宝宝一些可帮助磨牙、能促进牙齿生长的烤馒头片、烤面包片等。

动物性食品及豆类。 动物性食物主要指鸡蛋、肉、奶等，豆类指豆腐和豆制品，这些食物含蛋白质丰富，也是宝宝生长发育过程中必需的。动物的肝及血除了提供蛋白质外，还提供足量的铁，可以预防缺铁性贫血。

蔬菜和水果。蔬菜和水果富含宝宝生长发育所需的维生素和矿物质，如胡萝卜含有较丰富的维生素D、维生素C，菠菜含钙、铁、维生素C，绿叶蔬菜含较多的B族维生素，橘子、苹果、西瓜等富含维生素C。对于1岁以内的宝宝，可用鲜果汁、蔬菜水、菜泥、苹果泥、香蕉泥、胡萝卜泥、红心白薯泥、碎菜等方式摄入其所含营养素。

　　油脂和糖。宝宝胃容量小，所吃的食物量少，热能不足，所以应适当摄入油脂、糖等体积小、热量高的食物，但要注意不宜过量，油脂应是植物油而不是动物油。

　　巧妙烹调。烹调宝宝食品时，应注意各种食物颜色的调配；味道不能太咸，不要加味精；食物可做成有趣的形状。另外，食物要细、软、碎、烂，不宜做煎、炒、爆的菜，以利于宝宝消化。

4 如何为宝宝留住食物中的营养

　　宝宝胃容量小，进食量少，但所需要的营养素相对地比成人要多，因此，讲究烹调方法，最大限度地保存食物中的营养素，减少不必要的损失是很重要的。妈妈可从下列几点予以注意：

　　蔬菜要新鲜，先洗后切，水果要吃时再削皮，以防水溶性维生素溶解在水中，以及维生素在空气中被氧化。

　　和捞米饭相比，用容器蒸或焖米饭维生素B$_1$和维生素B$_2$的保存率高。

　　蔬菜最好用大火急炒或慢火煮，这样维生素C的损失少。

　　合理使用调料，如醋，可起到保护蔬菜中B族维生素和维生素C的作用。

　　在做鱼和炖排骨时，加入适量醋，可促使骨骼中的钙质在汤中溶解，有利于人体吸收。

　　少吃油炸食物，因为高温对维生素有破坏作用。

　　用白菜作馅蒸包子或饺子时，将白菜中压出来的水，加些白水煮开，放入少许盐及香油喝下，可防止维生素及矿物质白白丢掉。

5 怎样做到科学断奶

产后10个月，母乳的分泌量及营养成分都减少了很多，而宝宝此时却需要更加丰富的营养，如果不断奶，就会导致宝宝患上佝偻病、贫血等营养不良性疾病。同时，妈妈喂奶的时间太久，会使子宫内膜发生萎缩，引起月经不调，还会因睡眠不好、食欲不振、营养消耗过多造成体力透支。因此，适时、科学地给宝宝断奶对宝宝和妈妈的健康都非常重要。

逐渐加大辅食添加的量。从10个月起，每天先给宝宝减掉一顿奶，添加辅食的量相应加大。过1周左右，如果妈妈感到乳房不太发胀，宝宝消化和吸收的情况也很好，可再减去一顿奶，并加大添加辅食的量，逐渐断奶。减奶最好先减去白天喂的那顿，因为白天有很多吸引宝宝的事情，他不会特别在意妈妈。但在清晨和晚间，宝宝会非常依恋妈妈，需要从吃奶中获得慰藉。断掉白天那顿奶后再逐渐停止夜间喂奶，直至过渡到完全断奶。

妈妈断奶的态度要果断。在断奶的过程中，妈妈既要使宝宝逐步适应饮食的改变，又要采取果断的态度，不要因宝宝一时哭闹就下不了决心，从而拖延断奶时间。而且，反复断奶会接二连三地刺激宝宝的不良情绪，对宝宝的心理健康有害，容易造成其情绪不稳、夜惊、拒食，甚至为日后患心理疾病留下隐患。

不可采取生硬的方法。宝宝不仅把母乳作为食物，而且对母乳有一种特殊的感情，因为它给宝宝带来信任和安全感，所以即便是断奶态度要果断，但也千万不可采用仓促、生硬的方法。这样只会使宝宝的情绪陷入一团糟，因缺乏安全感而大哭大闹，不愿进食，导致宝宝脾胃功能紊乱、食欲不振、面黄肌瘦、夜卧不安，从而影响生长发育，使抗病能力下降。

注意抚慰宝宝的不安情绪。在断奶期间，宝宝会有不安的情绪，妈妈要格外关心和照顾，花较多的时间来陪伴宝宝。

宝宝生病期间不宜断奶。宝宝到了离乳月龄时，若恰逢生病、出牙，或是换保姆、搬家、旅行及妈妈要去上班等情况，最好先不要断奶，否则会增大断奶的难度。给宝宝断奶前，最好带他去医院做一次全面体格检查，宝宝身体状况好，消化能力正常才可以断奶。

6 10个月的宝宝可以吃用水泡过的绿豆饼吗

绿豆饼里面含有淀粉、脂肪、蛋白质、钙、磷、铁、维生素A、维生素B_1、维生素B_2、磷脂等营养物质，还有清热解毒的功效，可以适当地给宝宝吃一点，但是不要太多。另外要注意，最好给宝宝吃自己做的绿豆饼，做的时候少放些糖。如果是买的不建议给宝宝吃，因为市面上的糕点大多含糖量比较高，而且添加了香精、色素等添加剂，对宝宝的生长发育没有益处。

7 宝宝可以吃牡蛎吗

一般来说，10个月的宝宝已经可以吃海鲜了。但是添加的时候还是要从少量开始，并注意宝宝吃了之后的反应。如果不过敏，再慢慢地加量。这时宝宝的消化系统还不够完善，烹调时一定要做熟、煮烂，以便于宝宝消化和吸收。

8 10个月的宝宝每天吃两个鸡蛋羹多吗

鸡蛋虽然有营养，却是一种很容易使宝宝出现过敏的食物。吃得太多一是容易出现过敏反应，二是容易引起宝宝消化不良。10个月大的宝宝每天吃一个鸡蛋就可以，最多可以吃一个半。如果觉得宝宝吃不饱，可以再添加些粥、软面条、蔬菜、鱼、肉等食物，同样可以为宝宝提供丰富的营养。

9 10个月的宝宝可以吃含盐量和大人一样多的食物吗

给宝宝添加辅食有一个很重要的原则就是要少放盐。因为这时宝宝的肾功能发育还不完全，吃盐太多容易加重宝宝肾脏的负担。有些研究证明，从小吃盐比较多的宝宝，长大后得高血压的概率比吃盐少的宝宝要高得多。而且，这时宝宝的味觉很灵敏，大人吃时感觉不到咸的食物，宝宝就已经觉得很咸了。如果给宝宝吃和大人一样咸的食物，一是容易使宝宝丧失对食盐敏锐的味觉，二是容易使宝宝吃盐过量，对以后的生长发育不利。一般来说，1岁以内的宝宝一天盐的摄入量应该不超过1克，这还包括一些蔬菜、水果、肉类食物里本身所含的盐分。所以，给宝宝加盐的时候量一定要少，只要稍微能感觉到一点咸味就可以了。

10 宝宝为什么吃饭总恶心、干呕

首先需要观察一下宝宝是不是积食了。积食的宝宝一般会出现恶心、呕吐、打酸嗝、手足发热、皮肤发黄、精神萎靡、睡觉的时候不停地翻身（有时还会咬牙）的症状。如果观察宝宝的舌苔，会发现很厚，颜色发白，还能闻到宝宝呼出的口气里有酸腐味。如果是这样，可以给宝宝吃一些助消化的药，或有消食作用的食疗膳食，还可以给宝宝进行一下腹部按摩，或是停止给宝宝添加辅食，"饿"上一两天，以上症状就会减轻。如果不是积食，最好还是到医院去检查一下，请医生帮助解决。

一日食物示例

主食： 母乳及其他（稠粥、面条等）

餐次及用量：

母乳： 上午6时，晚上9时

其他主食： 上午8时，中午12时，下午6时

辅食：

温开水、各种鲜榨果汁、鲜水果等：任选一种，120克/次，上午10时

豆腐、鱼松等：1~2汤匙，下午6时

饼干、馒头片等点心：下午3时两餐之间

4 辅食制作与添加

 虾仁金针菇面 ●●●●●●●●●●●●●●●●●●●●●

原料:

龙须面一小把,新鲜金针菇50克,虾仁20克,新鲜菠菜2棵,植物油5克,香油5～8滴,高汤适量,料酒、盐各少许。

制作方法:

① 将虾仁洗干净,煮熟,剁成碎末,加入料酒和盐腌15分钟左右。

② 将菠菜洗干净,放入开水锅中焯2～3分钟,捞出来沥干水,切成碎末备用。

③ 将金针菇洗干净,放入开水锅中氽一下,切成1厘米左右的小段备用。

④ 锅内加入植物油,待油八分热时,下入金针菇,加入少许盐,翻炒至入味。

⑤ 加入高汤（如果没有高汤也可以加清水）,放入虾仁和碎菠菜,煮沸,下入准备好的龙须面,煮至汤稠面软,滴入几滴香油调味,即可出锅。

营养功能:

汤汁鲜香,面条软烂,还可以为宝宝补充丰富的蛋白质、钙、铁、锌等营养物质,除了促进宝宝的生长发育之外,还能增强宝宝的智力。

制作、添加一点通:

金针菇煸炒的时间不要太长,否则会使菇体收缩紧实,失去脆嫩的口感。

虾仁炒蛋

原料：

新鲜鸡蛋1个，新鲜虾仁20克，橄榄油10克，盐少许。

制作方法：

①将鸡蛋洗干净，打入碗中，用筷子搅散。

②将虾仁洗干净，拍碎，剁成细末。

③在蛋液中加入虾仁和盐，调匀。

④将橄榄油加入锅中烧至五成热，倒入蛋液，炒散即可。

营养功能：

虾仁炒蛋含有蛋白质和钙、磷、铁等矿物质，营养丰富，味道鲜美。

相关链接：

鸡蛋的吃法很多，有煮、炒、煎、炸、开水冲、生吃等方法，但对于消化能力还比较弱的宝宝来说，蒸蛋羹、蛋花汤这两种能使蛋白质充分松解的方式最为合适。生鸡蛋里含有阻碍人体吸收蛋白质的物质，还可能含有细菌，不能给宝宝吃。

鱼蛋饼

原料：

洋葱10克，鱼肉20克，鸡蛋半个，黄油、番茄沙司各适量。

制作方法：

①将洋葱切成碎末；鱼肉煮熟，放入碗内研碎。

②将鸡蛋磕入碗内，加入鱼泥、洋葱末调拌均匀，成馅。

③把黄油放入平底锅内溶化，将馅团成小圆饼，放入油锅内煎炸，煎好后把番茄沙司浇在上面即可。

营养功能：

此饼含维生素C和胡萝卜素以及磷脂和固醇类物质，补充大脑所需营养素。

制作、添加一点通：

饼要煎到恰到好处，切不可煎老了。

香菇豆腐汤

原料:

小鸡丁15克,香菇丝10克,豆腐20克,清汤50克,花菜汤半碗,鸡蛋1个。

制作方法:

❶ 清汤煮开后,倒入小鸡丁、香菇丝煮至熟。

❷ 将豆腐切丁,倒入(1)料中,以少许的精盐调味,勾芡煮成稠状。

❸ 花菜汤煮熟倒入(2)料内,淋上鸡蛋汁少许,熄火,盖上锅盖焖至蛋熟即可。

营养功能:

我国古代就已发现香菇类食品有提高脑细胞功能的作用。现代医学认为,香菇含有丰富的精氨酸和赖氨酸,常吃香菇,可健脑益智。

制作、添加一点通:

鸡丁要切细小,香菇切成细丝,花菜一定要汆烫。

相关链接:

香菇以香味浓郁、菇肉厚实、菇面平滑、大小均匀、菇面稍带白霜、菇褶紧实细白、菇柄短而粗、颜色黄褐色或黑褐色,干燥、完整、不发霉的为佳。在购买香菇的时候可以着重看一下香菇的菌盖。如果菌盖顶上有像菊花一样的白色裂纹,菇面又色泽鲜明,朵小、柄短,肉厚质嫩,并有一股浓郁的芳香气味,就是质量最好的香菇,又称为花菇,营养价值最高,比较适合给宝宝吃。有些香菇用水润湿后就发黑,或太过干燥,用手一按就碎,这些都是品质不好的香菇,最好不要购买。市场上有些鲜香菇长得特别肥大,这大多数是在种植的时候使用了激素的结果。这样的香菇会对人体产生不好的影响,最好不要给宝宝吃。

蒸丸子

原料:

肉馅50克, 豌豆10粒, 淀粉适量。

制作方法:

❶ 肉馅加入煮烂的豌豆及淀粉拌匀, 甩打至有弹性, 再分搓成小枣大小的丸状。

❷ 把丸子以中火蒸1小时至肉软, 盛出后用水1大匙、淀粉少许勾芡。

营养功能:

豌豆富含不饱和脂肪酸和大豆磷脂, 有保持血管弹性、健脑和防止脂肪肝形成的作用。

制作、添加一点通:

在豌豆和豆苗中还含有较为丰富的食物纤维, 可以防止便秘, 有清肠作用。

虾仁菜花

原料:

菜花50克, 虾仁3颗, 水1杯, 白糖少许。

制作方法:

❶ 菜花放入开水煮软切碎。

❷ 虾仁切碎, 加白糖、水, 上锅煮成虾汁, 倒入碎菜花, 小火稍煮即可。

营养功能:

虾中镁的含量比较丰富, 镁对心脏活动具有重要的调节作用, 能较好地保护心血管系统。

制作、添加一点通:

虾仁和鸡蛋一样都是优质蛋白质食物, 都是宝宝最佳的补蛋白质食品, 但要注意虾可使某些宝宝过敏。

虾肉泥 ●●●●●●●●●●●●●●●●●●●●●●●

原料:

新鲜虾肉（河虾、海虾均可）50克，香油1克，清水适量，盐少许。

制作方法:

① 将虾肉洗干净，放到碗里，加上少量的水，放到蒸锅里蒸熟。

② 将虾肉捣碎，加入精盐、香油，搅拌均匀即可。

营养功能:

虾肉肉质松软，含有丰富的蛋白质、钙、磷、镁等营养物质，且其易消化，对宝宝来说是极好的补益食品。

制作、添加一点通:

洗虾的时候，注意把虾背上的虾线挑出去。

相关链接:

买虾的时候，要挑选虾体完整、头部与身体连接紧密、甲壳密集、外壳清晰鲜明、肌肉紧实、身体有弹性的，这样的虾是新鲜的，如果虾的颜色发红、肉质疏松，闻起来有腥味，就是不新鲜的虾，不宜购买。

 **芝麻豆腐饼** ●●●●●●●●●●●●●●●●●●●●●●●

原料:

豆腐1/6个，芝麻、豆酱、淀粉各适量。

制作方法:

① 豆腐用开水紧后去水分。

② 研碎豆腐再加入炒熟的芝麻、豆酱、淀粉各一小匙。混合均匀后做成饼状，再放入容器中用锅蒸15分钟即可。

营养功能:

芝麻含有丰富的脂肪、碳水化合物、蛋白质、维生素E、钙和铁等物质，这些都是宝宝大脑发育极为需要的。豆腐中含有丰富的卵磷脂，有益于神经、血管、大脑的发育生长，有健脑的功效。

制作、添加一点通:

可以适当地加点糖，使宝宝产生兴趣。

南瓜拌饭

原料:

南瓜1片，大米50克，白菜叶1片，高汤适量，香油和精盐各少许。

制作方法:

① 南瓜去皮后，切成碎粒。

② 大米洗净，加汤泡后，放在电饭煲内，加水煮，待水开后，加入南瓜粒、白菜叶煮至大米、瓜糜烂，略加香油、精盐调味即可。

营养功能:

此品有驱除蛔虫、绦虫之功效。肥胖宝宝可多食，由于南瓜是一种低脂肪、低热量、低糖类食物，因此，是减肥的理想食品，被人们称为"减肥良药"。

制作、添加一点通:

南瓜最好选择外形完整、带瓜梗、梗部坚硬且有重量感的。如果表面出现黑点，代表内部品质有问题，不要购买。

鱼肉蒸糕

原料:

鱼肉20克，洋葱末10克，鸡蛋清1个，精盐少许。

制作方法:

① 将鱼肉切碎，加洋葱末、鸡蛋清、少许精盐放入搅拌器搅拌好。

② 将拌好的材料捏成有趣的动物形状，放在锅里蒸10分钟。

营养功能:

提供丰富的蛋白质、脂肪及多种微量元素，具有益智健脑、提高身体免疫力的功效。洋葱能稀释血液，改善大脑的血液供应，从而消除心理疲劳和过度紧张。

制作、添加一点通:

一定要蒸熟才能给宝宝喂食。每天吃半个洋葱对宝宝的大脑发育有良好的效果。

牛肉蔬菜燕麦粥

原料:

新鲜牛肉（瘦）50克，新鲜番茄半个（60克左右），大米50克，快煮燕麦片30克左右，新鲜油菜1棵，清水适量，盐少许。

制作方法:

① 将大米淘洗干净，先用冷水泡2小时左右。将燕麦片与半杯冷水混合，泡3小时左右。

② 将牛肉洗干净，用刀剁成极细的蓉，或用料理机绞成肉泥，加入盐腌15分钟左右。

③ 将油菜洗干净，放入开水锅里汆烫一下，捞出来沥干水，切成碎末备用；番茄洗干净，用开水烫一下，去掉皮和子，切成碎末备用。

④ 锅内加水，加入泡好的大米、燕麦和牛肉，先煮30分钟。加入油菜和番茄，边煮边搅拌，再煮5分钟左右即可。

营养功能:

燕麦含有大量的优质蛋白质，并富含宝宝生长发育的8种必需氨基酸、脂肪、铁、锌、维生素等营养物质，其中B族维生素的含量居各种谷类食物之首。牛肉里含有大量的铁，番茄和油菜含有丰富的维生素，能为宝宝补充足够的营养，促进宝宝的健康成长。

制作、添加一点通:

最好在一天内吃完。过敏体质的宝宝添加的时候要谨慎，注意从少量开始，并密切观察有没有过敏反应。

相关链接:

最好选择颗粒差不多大小的燕麦片，这样煮成的燕麦粥溶解程度相同，不会产生粗糙的口感。不要选择透明包装的燕麦片。因为这样的包装不但其中的麦片容易受潮，也容易使营养成分流失。最好选择用锡纸包装的燕麦。一定要注意看包装上的蛋白质含量。如果含量在8%以下，说明燕麦片的比例过低，必须和牛奶、鸡蛋、豆制品等蛋白质丰富的食品一起食用。

糖水樱桃

原料:

熟透樱桃100克，绵白糖15克，水适量。

制作方法:

① 将樱桃洗净，去核去蒂，放入锅内，加入绵白糖及水50克，用小火煮15分钟，煮烂备用。

② 将樱桃搅烂，倒入水杯内，凉凉后喂食。

营养功能:

樱桃含有丰富的蛋白质、碳水化合物、钙、磷、铁、维生素A、B族维生素、维生素C等营养成分，都是大脑所必需的营养物质。

第十一个月

① 身心发育特点

	男宝宝	女宝宝
身高	平均75.3厘米（70.1~80.5厘米）	平均74.0厘米（68.8~79.2厘米）
体重	平均9.8千克（7.7~11.9千克）	平均9.2千克（7.2~11.2千克）
头围	平均46.3厘米（43.7~48.9厘米）	平均45.2厘米（42.6~47.8厘米）
胸围	平均46.2厘米（42.2~50.2厘米）	平均45.1厘米（41.1~49.1厘米）
生理特点	长出4~6颗牙齿，4颗上牙，2颗下牙。 会转身，失去平衡时能抓住周边物体。 独自站立几秒。 扔掉抓在手里的东西。 蹲下来捡东西。 翻开、合上书。	

心理特点	会随着音乐摇晃扭动。 重复没有具体意义的短句，有几个字能让人听懂。 听到简单要求，能作出反应。 喜欢捉迷藏。 探求欲望增强，仔细观察玩具。 懂得因果关系。

发育特征

这个时期的宝宝喜欢和爸妈依恋在一起玩游戏、看书画，听大人给他讲故事。喜欢玩藏东西的游戏。喜欢认真仔细地摆弄玩具和观赏实物，边玩边咿咿呀呀地说着什么。有时发出的音节让人莫名其妙。这个时期的孩子喜欢的活动很多，除了翻书、听故事外，还喜欢玩搭积木、滚皮球，还会用棍子够玩具。如果听到喜欢的歌谣就会做出相应的动作来。11个月的孩子，每日活动是很丰富的，在动作上从爬、站立到学行走的技能日益增加，他的好奇心也随之增强。

2 营养需求

婴儿期最后两个月是宝宝身体生长较迅速的时期，需要更多的碳水化合物、脂肪和蛋白质。11个月的宝宝普遍已长出了上、下中切牙，能咬下较硬的食物，相应的这个阶段的哺喂也要逐步向幼儿方式过渡，餐数适当减少，每餐量增加。

这个时期的宝宝，可以喂宝宝燕麦粥。燕麦营养丰富，又易于消化吸收，很适合这一时期的宝宝。注意不要用那种用开水冲泡的速溶型麦片粥，该食品中含麦片、奶粉较少，同时加入了其他人造添加剂，口味偏甜，不太适合这一时期的宝宝。应选用纯燕麦片，将水烧开，加入适量麦片（可根据宝宝月龄由稀到稠），用筷子不停搅动。可以淋入事先打散的鸡蛋液，加入排骨汤、鸡汤，或加入碎菜末均可，以调剂口味，最后可略加些盐和香油。此粥鲜香滑软，很可口且营养丰富，易消化。

喂养常识

1 辅食后期添加辅食有什么益处

宝宝出生后9～11个月，属于辅食后期，在这个阶段继续合理添加辅食，对宝宝的正常生长和发育依然有着重要意义。

这一阶段宝宝体内主要的能量来源于辅食。在这个时期，宝宝体内每天所需摄入的热量将主要来源于辅食。宝宝也进入了断奶时期，在这样的转换时期，不但要更加重视辅食的营养和注重食材的变化，连喂养的时间也要与成人"同步"，进行一日三餐、有规律的饮食了。当然，如果每次的食量过多或过硬，宝宝也会因不停地咀嚼而产生疲劳感。此时妈妈安排辅食应遵循营养均衡的原则，并按宝宝的实际需求量进行哺养。

补充断奶时期不足的铁元素。断奶期，宝宝每天的吃奶量会逐量减少。因此，很有可能发生缺铁现象，这时妈妈在为宝宝准备辅食时，要尤为注重选择含铁量较高的食物。菠菜、猪肝等食物都是此时的首选。此外，有很多品牌婴儿配方奶粉中也注重了铁元素的补充。

2 11个月的宝宝可以随意添加辅食吗

宝宝11个月了，也算个小大人了，添加辅食也有半年时间，但也不能随意添加辅食。请注意不要添加以下食物：

刺激性太强的食品。含有咖啡因及酒精的饮品，会影响神经系统的发育；汽水、清凉饮料容易造成宝宝食欲不振；辣椒、胡椒、大葱、大蒜、生姜、咖喱粉、酸菜等食物，极易损害宝宝娇嫩的口腔、食管、胃黏膜。

高糖、高脂类食物。饮料、巧克力、麦乳精、可乐、太甜的乳酸饮料等含糖太多的食物，油炸食品、肥肉等高脂类食品，都易导致宝宝肥胖。

不易消化的食品。如章鱼、墨鱼、竹笋、糯米制品等均不易消化。

太咸、太腻的食品。咸鱼、咸肉、咸菜及酱菜等食物太咸，酱油煮的小虾、肥肉、煎炒、油炸食品太腻，宝宝食后极易引起呕吐、消化不良。

小粒食品及带壳、有渣食品。花生米、黄豆、核桃仁、瓜子、鱼刺、虾的硬皮、排骨的骨渣等，都可以会卡在宝宝的喉头或误入气管。

未经卫生部门检查的私制食品。如糖葫芦、棉花糖、花生糖、爆米花，食后易造成宝宝消化道感染。

3　怎样通过饮食防治宝宝腹泻　

宝宝腹泻比较常见，但并非不能预防。一般来说，只要注意调整饮食的结构、卫生、规律，腹泻是可以避免的，轻度的腹泻也可以停止。

应保证辅食卫生。在准备食物和喂食前，妈妈和宝宝均应洗手；食物制作后应马上食用，吃剩的食物要储存适当，以免变质；用洁净的餐具盛放食物；喂宝宝的时候，用洁净的碗和杯子；因奶瓶不易清洁，应尽量避免使用。

辅食添加要合理。由于宝宝消化系统发育不成熟，调节功能差，消化酶分泌少，活性低，所以开始添加辅食时应注意循序渐进，由少到多，由半流食逐渐过渡到固体食物。特别是脂肪类不易消化的食物不应过早添加。

喂养辅食应有规律。1岁以内的宝宝每天可以吃5顿，早、中、晚3次正餐，中间加2次点心或水果。喂食过多、过少、不规律，都可导致宝宝消化系统紊乱而出现腹泻。

如果宝宝腹泻次数持续增加，排出的大便呈水样、腥臭，精神萎靡，拒奶，则应立即到医院就诊。

4　宝宝食用豆浆有哪些禁忌　

忌加鸡蛋。鸡蛋中的蛋白容易与豆浆中的胰蛋白结合，使豆浆失去营养价值。

忌加红糖。红糖中的有机酸会和豆浆中的蛋白质结合，产生变性的沉淀物，这种沉淀物对人体有害。

忌喝太多。容易引起过食性蛋白质消化不良，出现腹胀、腹泻症状。

忌喝未熟豆浆。生豆浆中不仅含有胰蛋白酶抑制物、皂苷和维生素A抑制物，而且还含有丰富的蛋白质、脂肪和碳水化合物，是微生物生长的理想条件。因而，给宝宝喝的豆浆必须煮熟。

5 宝宝秋季吃什么辅食可防燥

秋天天气干燥，宝宝体内容易产生火气，小便少，神经系统容易紊乱，宝宝的情绪也常随之变得躁动不安，所以，秋季给宝宝的辅食应选择含有丰富维生素A、维生素E，能清火、湿润的食品，对改善秋燥症状大有好处。

南瓜。南瓜所含的β－胡萝卜素,可由人体吸收后转化为维生素A，吃南瓜可以防止宝宝嘴唇干裂、流鼻血及皮肤干燥等症状，可以增强机体免疫力，改善秋燥症状。小点的宝宝。可以做点南瓜糊；大些的宝宝，可用南瓜拌饭。给宝宝吃南瓜要适量，一天的量不宜超过一顿主食，也不要太少。

藕。鲜藕中含有很多容易吸收的碳水化合物、维生素和微量元素等，宝宝食之能清热生津、润肺止咳，还能补五脏。6~12个月的宝宝，可把藕切成小片，上锅蒸熟后捣成泥给宝宝吃。

水果。秋季是盛产水果的季节，苹果、梨、柑橘、石榴、葡萄等能生津止渴、开胃消食的水果都适合宝宝吃。

坚果和绿叶蔬菜。坚果和绿叶蔬菜是镁和叶酸的最好来源，缺少锌和叶酸的宝宝容易出现焦虑情绪。镁是重要的强心物质，可以让心脏在干燥的季节保证足够的动力。叶酸则可以保证血液质量，从而改善神经系统的营养吸收。所以，秋季可以给宝宝适量吃点胡桃、瓜子、榛子、菠菜、芹菜、生菜等。

豆类和谷类。豆类和谷类含有B族维生素，维生素B$_1$是人体神经末梢的重要物质，维生素B$_6$有稳定细胞状态、提供各种细胞能量的作用。维生素B$_1$和维生素B$_6$在粗粮和豆类里面含量最为丰富，宝宝秋季可以每周吃3~5次软软的粗粮米饭或用大麦、薏米、玉米粒、

红豆、黄豆和大米等熬成的粥。另外，糙米饼干、糙米蛋糕、全麦面包等都可以常吃一些。

含脂肪酸和色氨酸的食物。脂肪酸和色氨酸能消除秋季烦躁情绪，有影响大脑神经的作用，补充这些营养，可以让宝宝多吃点海鱼、胡桃、牛奶、榛子、杏仁和香蕉等。

6 宝宝已经11个月了，能吃奶酪吗

奶酪虽然营养价值比较高，却含有过多的饱和脂肪酸。饱和脂肪酸是一种比较难以消化的物质，11个月的宝宝消化功能还不够健全，贸然摄入难以消化的饱和脂肪酸，很可能会引起消化不良。所以妈妈们还是不要性急，最好等到1周岁以后，再循序渐进地把它添加在宝宝的食物当中，让宝宝在有能力消化吸收的前提下从奶酪的营养中得益。

7 宝宝能吃芋头吗

芋头富含蛋白质、钙、磷、铁、钾、镁、钠、胡萝卜素、烟酸、B族维生素、皂苷等多种营养成分，能增强人体的免疫功能，还具有帮助消化、增进食欲、补中益气的功效，宝宝吃是很好的。11个月的宝宝咀嚼能力有了很大的进步，已经可以吃煮芋头了，还可以用芋头煮粥，味道也不错。但是要注意的是，生芋头有微毒，必须要蒸熟煮透才能吃。还有就是芋头不能和香蕉一起吃，如果吃了会腹胀，对宝宝的身体也不好。

8 宝宝为什么不宜喝豆奶

豆奶含有丰富的蛋白质和卵磷脂、皂苷等营养成分，此外还含有较多的微量元素和B族维生素，不失为一种比较好的营养品。但是，豆奶所含的蛋白质主要是植物蛋白，而植物蛋白在人体内的转化过程很复杂，对于消化功能还没有完全发育成熟的宝宝来说是很难消化和吸收的，如果长期喝豆奶的话，很可能使宝宝无法很好地吸收营养，反而造成营养不良。豆奶中含的铝、锰等微量元素也比较多，这些元素如果摄入过多，将会影响宝宝的神经系统发育，对宝宝的成长不利。而豆奶中的类黄酮会使长期服用豆奶的女宝宝出现青春期提前和性早熟，也不利于宝宝的健康成长。

9　能用葡萄糖代替白糖给宝宝增加甜味吗

虽然葡萄糖里含的单糖不必经过消化就能够直接被人利用，有利于宝宝吸收，却容易使宝宝的胃肠缺乏锻炼而"懒惰"起来，造成其消化功能的减退，反而影响宝宝对其他营养素的吸收。葡萄糖一般用于为消化功能差的低血糖患者补充糖分，作为日常食品反而不如白糖、红糖或冰糖。所以，还是少给宝宝吃葡萄糖。

10　宝宝吃粥的时候干呕是怎么回事

这是由于宝宝以前一直吃比较容易吞咽的流质、半流质食物，吞咽能力比较低，对固体食物不适应引起的。不建议把粥再煮烂一些。因为这种现象本来就是宝宝缺乏锻炼引起的，如果把粥煮得更烂，宝宝的吞咽能力得不到锻炼，将总是不能接受固体食物，如果觉得宝宝难受，可以一次少给宝宝一点食物，等宝宝完全咽下去了再喂下一口。这时还要注意训练宝宝的咀嚼动作。在吃饭的时候，妈妈可以先给宝宝做示范，让宝宝照着模仿。给宝宝添加的食物硬度上也要有所提高，具体硬度可以以"肉丸子"为准。

一日食物示例

主食：母乳及其他（稠粥、鸡蛋、菜肉粥、菜泥、豆腐、面条等）

餐次及用量：

母乳：上午6时，晚上10时

稠粥或菜肉粥1小碗，菜泥3～4汤匙，鸡蛋半个：上午10时

面片或面条1小碗、各种蔬菜碎叶、肉末、肉汤等：下午6时

辅食：

水、果汁、水果等：120克/次，上午10时

豆浆、牛奶等：100克/次，下午2时

饼干、馒头片等点心：两餐之间

4 辅食制作与添加

 豌豆肉丁软饭 ●●●●●●●●●●●●●●●●●

原料：

糯米50克，猪五花肉20克，新鲜豌豆20克，植物油10毫升，清水适量，盐少许。

制作方法：

① 将糯米淘洗干净，用冷水泡2小时左右。

② 将猪五花肉洗干净，切成小丁，用盐腌2～3分钟；将豌豆洗干净，剁成碎末备用。

③ 锅内加入植物油，待油八成热时把肉下进去煸炒出香味。

④ 锅内加入150毫升水，加入泡好的糯米、肉丁和豌豆，先用大火煮沸，再用小火焖半个小时即可（也可以用电饭锅来焖，只要把准备好的米、肉丁、豌豆和水放到锅里，按下"煮饭"键就不用管了。饭好了电饭锅会自动跳开，然后在保温状态下再焖10分钟就可以了）。

营养功能：

糯米软滑香浓，且含有蛋白质、脂肪、碳水化合物、钙、磷、铁、维生素B_1、维生素B_2、烟酸及淀粉等营养物质，具有补中益气、健脾养胃的功效，是极佳的强壮食品。豌豆含丰富的蛋白质、脂肪、碳水化合物、纤维素、胡萝卜素、维生素C、维生素B_1、维生素B_2和钙、磷、铁等矿物质，具有益气、止血、清肠、助消化及治疗由胃虚所引起的呕吐的作用。豌豆里所含的赤霉素和植物凝素等物质还具有抗菌消炎、促进新陈代谢的作用。

相关链接：

选购豌豆首先要看豌豆新不新鲜，这时可以抓一把豌豆握一下：如果豆荚沙沙作响，说明豌豆很新鲜；如果没有响声，说明新鲜度不高。还要注意观察豌豆的外形，如果荚果（豆粒处凸出来的部分）呈扁圆形，表示豌豆正处于最佳成熟期；如果荚果呈正扁圆形，豌豆背上的"筋"已经凹了进去，说明豌豆已经太老，最好不要选用。

肉松软米饭

原料:

大米75克,鸡胸肉20克,胡萝卜1片,清水适量,盐、白糖、料酒各少许。

制作方法:

① 将大米淘洗干净,加入150毫升水,放入锅中焖成比较软的米饭。

② 将鸡胸肉洗净,剁成极细的末,加入盐、白糖、料酒拌匀,放到锅里蒸熟。

③ 把炒锅烧热,不加油,把鸡肉倒入锅里炒干,再放到搅拌机里打成鸡肉松。

④ 把制好的鸡肉松放在米饭上,加入少量的水,用小火再焖3~5分钟。

⑤ 盛到小碗里,把胡萝卜切成花形,放在碗边上作装饰即可。

营养功能:

鸡肉鲜香,米饭软烂,既能锻炼宝宝的咀嚼能力,又能为宝宝补充营养,促进宝宝的生长发育。

制作、添加一点通:

鸡肉一定要烂,米饭一定要熟。

相关链接:

没有经过精磨的大米一般很硬,不容易煮软,如果先把米泡上一段时间,煮起来就快多了。但是泡米的水一定不能扔,要和米一起下锅,因为大米表层的营养成分都在这里面呢。

鸡肝肉饼

原料：

豆腐50克，鸡肝1只，猪肉100克，鸡蛋清1个。

制作方法：

① 豆腐放入开水中煮2分钟，捞起滴干水，搓成蓉。

② 鸡肝洗净，抹干水剁细；猪肉洗净，抹干水剁细。

③ 猪肉、鸡肝、豆腐同盛大碗内，加入鸡蛋清拌匀，加入调味料（精盐或糖）拌匀，放在碟上，做成圆饼形，蒸7分钟至熟即可。

营养功能：

提供蛋白质与丰富的维生素A，能保护眼睛，维持正常视力，防止眼睛干涩、疲劳。

制作、添加一点通：

肝中铁质丰富，是补血食品中最常用的食物。

 鸡血羹

原料：

鸡血1块，鸡汤半碗，淀粉和精盐各少许。

制作方法：

① 将鸡血切成小块；鸡汤加淀粉、精盐搅拌匀。

② 将鸡汤加热，边加热边搅拌；放入鸡血块煮沸后，继续边煮边搅约5分钟，即可。

营养功能：

鸡血有祛风、活血、通络的作用。可治小儿惊风，目赤流泪，痈疽疮癣。

制作、添加一点通：

煮的时候一定要边热边搅，以免烧糊结块。

玉米荷兰豆汤

原料：

新鲜玉米100克，荷兰豆50克，排骨150克，水适量。

制作方法：

① 排骨用热水汆烫，锅内加适量水（不要太多，汤浓一点）熬汤。

② 将材料一起放入，煮开后用小火炖1小时，肉可以研碎与汤同喂，也可以做粥。

营养功能：

荷兰豆为鲜豆类，蛋白质、钙质丰富；玉米是杂粮，B族维生素充足，热量高。有利于正值长身体的宝宝食用。

制作、添加一点通：

这个汤的另一种做法：玉米、荷兰豆一起打汁，等排骨炖好时放入汁，煮沸5分钟即可。玉米与荷兰豆均含有丰富的植物蛋白质，同食有利于对蛋白质的吸收和利用。

蛋皮寿司

原料：

米饭半小碗，鸡蛋1个，番茄半个，胡萝卜10克，洋葱和精盐各少许。

制作方法：

① 调蛋皮一张，并把蔬菜切碎末。

② 在炒锅中加油炒胡萝卜和洋葱末，而后加入米饭和番茄，用精盐调味。

③ 平铺蛋皮，将炒好的米饭摊在上面，仔细卷好，切小段。

营养功能：

蛋皮寿司可提供丰富的维生素C、胡萝卜素、磷脂和固醇类物质，是促进宝宝大脑细胞发育的绝佳品。

制作、添加一点通：

调蛋皮时，在蛋液里加少许淀粉可让蛋皮较有弹性，不易破裂。

猪肝茄子

原料:

猪肝50克，茄子150克，面粉50克，番茄1个，生抽、精盐、白糖、水淀粉和水各适量。

制作方法:

❶ 猪肝洗净，放在生抽、精盐、糖制成的腌料中腌10分钟，去水后切成碎粒。

❷ 茄子连皮洗干净，放在水中煮软，捞起剥皮，压成泥状，加入猪肝粒、面粉搅拌成糊状，用手捏成厚块，放进油锅中煎至两面呈金黄色。

❸ 番茄洗净，用开水烫一下，剥去外皮，切块，放进锅中略炒，用水淀粉勾芡，淋在肝上即成。

营养功能:

茄子含有蛋白质、脂肪、碳水化合物、维生素及钙、磷、铁等多种营养成分，特别是生物类黄酮（维生素P）的含量很高，能够帮助宝宝增强对传染病的抵抗力。茄子里还含有比较丰富的维生素E，对宝宝的生长发育具有很好的促进作用。另外，茄子和富含维生素C的番茄一起烹煮，可以大大提高维生素C在人体内的消化吸收率。

制作、添加一点通:

猪肝制成的厚块不能煎至皮太硬脆，这样不易消化。

相关链接:

怎样挑选优质茄子？一看颜色：优质茄子的表皮通常颜色较深，色泽也更加均匀。比如，紫茄子上不能有白色的纹路，哪怕只有一点点，都是变老的征兆；白茄子当然得特别白，有黄丝、斑点，口感肯定不好。二看光滑度：表皮越光滑的茄子越新鲜，表皮萎缩、起皱，是茄子缺水或搁置太久的象征。三看弹性：茄子并不是越软越好，而应该是软硬适中。买的时候可以用手指在几个不同的部位轻轻按几下，能感觉到肉质厚实和弹性的茄子就是优质茄子。四掂重量：老茄子皮厚肉紧，肉坚子实，自然比较重，这时候的茄子不但口感不好，营养价值也会降低，当然不能买。所以，买茄子的时候最好先用手掂一掂，如果感到沉甸甸的，肯定是老茄子，就别买了。

第十二个月

① 身心发育特点

	男宝宝	女宝宝
身高	平均77.3厘米（71.9~82.7厘米）	平均75.9厘米（70.3~81.5厘米）
体重	平均10.1千克（8.0~12.2千克）	平均9.5千克（7.4~11.6千克）
头围	平均46.5厘米（43.9~49.1厘米）	平均45.4厘米（43.0~47.8厘米）
胸围	平均46.5厘米（42.5~50.5厘米）	平均45.4厘米（41.4~49.4厘米）

生理特点	体重为出生时的3倍。 能摇摇晃晃走上几步。 喜欢往上爬，可以爬出婴儿床。 能完成大人提出的简单要求。 学说话，拍手。 睡眠时间13~14小时。

心理特点	学唱歌曲，随儿歌做表演动作。
	长时间集中注意力听别人讲话，并作出反应。
	记忆力增强，能认出经常见到的人。
	用动作表达自己的意见。
	独立性增强，愿意自己吃东西或走路或一个人玩。

发育特征

　　12个月的孩子不但会说爸爸、妈妈、奶奶等，还会使用一些单音节动词如拿、给、掉、打、抱等。发音还不太准确，常常说一些让人莫名其妙的言语，或用一些手势和姿态来表示。12个月的孩子，虽然能刚刚独自走两步，但是总想蹒跚地到处跑。喜欢到户外去活动，观察外边的世界，喜欢模仿大人做一些家务事。如果家长让他帮助拿一些东西，他会很高兴地尽力拿给你，并渴望得到大人的赞美。

2 营养需求

　　很多12个月大的宝宝已经或即将断母乳了，食品结构也会有较大的变化，这时食物的营养应该更全面和充分，除了瘦肉、蛋、鱼、豆浆外，还要有蔬菜和水果。食物要经常变换花样，巧妙搭配。

　　断奶后的宝宝应和平时一样，白天除了给宝宝喝奶之外，还可以给宝宝喝少量1:1的稀释鲜果汁和白开水。如果是在1岁以前断奶，应当喝婴儿配方奶粉，一岁以后的宝宝喝母乳的量逐渐减少，要逐渐增加喝牛奶的量，但每天的总量基本不变（1~2岁幼儿应当每日600毫升左右）。

　　断奶后宝宝全天的饮食安排：一日五餐，早、中、晚三顿正餐，两顿点心，强调平衡膳食和粗细、米面、荤素搭配，以碎、软、烂为原则。

吃营养丰富、细软、容易消化的食物。1岁的宝宝咀嚼能力和消化能力都很弱，吃粗糙的食品不易消化，易导致腹泻。所以，要给宝宝吃一些软、烂的食品。一般来讲，主食可吃软饭、烂面条、米粥、小馄饨等，副食可吃肉末、碎菜及蛋羹等。值得一提的是，牛奶是宝宝断奶后每天的必需食物，因为它不仅易消化，而且有着极为丰富的营养，能提供给宝宝身体发育所需要的各种营养素。避免吃刺激性的食物。刚断奶的宝宝在味觉上还不能适应刺激性的食品，其消化道对刺激性强的食物也很难适应。因此，不宜让宝宝吃辛辣刺激性食物。

3 喂养常识

1 何时适合断奶

如果宝宝饮食已成规律，食量和品种增多，营养供应能满足身体生长发育的需要，便可以考虑断奶。最容易断奶的时间是宝宝8~10个月大。断奶最好选择春秋两季，在宝宝身体健康时断奶。夏季宝宝食欲差，且容易发生消化道疾病；冬季宝宝的活动少，抵抗力较差，传染病和流行性疾病较多。用药物或辣椒水、黄连涂乳头的方法来强迫宝宝不喝母乳，会给宝宝造成精神刺激。妈妈为了给宝宝断奶而暂时母子分开，宝宝受到的精神打击更大。平时喂奶时不要总是妈妈一个人忙碌，让爸爸等其他亲密的人也参与进来，这样在断奶时，宝宝比较容易适应，真正断奶需要的时间其实也就是两三天，这两三天一过去宝宝就会适应以米饭等为主食，牛奶等代乳品为辅的生活了。

2 如何烹调12个月大的宝宝的辅食

12个月的宝宝虽可接受大部分食品，但消化系统的功能尚未发育完善，所以仍需坚持合理烹调辅食。

辅食要安全、易消化。给宝宝喂食的食物也必须做到细、软、烂；面食以发面为好，面条要软、烂；米应做成粥或软饭；肉菜要切碎；花生、栗子、核桃要制成泥、酱；鱼、鸡、鸭要去骨、去刺，切碎后再食用；水果类应去皮、去核后再喂。

烹调要科学。尽量保留食物中的营养，熬粥时不要放碱，否则会破坏食物中的水溶性维生素；油炸食物会大量破坏其内含的维生素B_1及维生素B_2；肉汤中含有脂溶性维生素，要做到既吃肉又喝汤，才会获得肉食的各种营养素。

3 12个月大的宝宝怎么吃水果

水果削皮就能吃了。给这个月龄的宝宝吃水果，一般只要削了皮就能吃了。对宝宝来说没有什么特别好的水果，既新鲜又好吃的时令水果都可以给宝宝吃。

给宝宝吃无子水果。给宝宝吃带子的水果，像番茄中的小子，做不到一个一个地都除去后给宝宝吃时，应尽量给宝宝吃无子的部分；西瓜、葡萄等水果的子比较大，容易卡在宝宝的食管造成危险，一定要去掉子后再给宝宝吃。

吃水果后宝宝大便异样莫惊慌。即使是在宝宝很健康的时候，有时给宝宝新添加一种水果（如西瓜）后，宝宝的大便中都可见到带颜色的、像是原样排出的东西，遇到这种情况，妈妈也不必惊慌，这是因为宝宝的肠道一下子还不能适应这些食物、不能把这些食物完全消化掉。

4 如何根据宝宝的体质选用水果

给宝宝选用水果时，要注意与体质、身体状况相宜。舌苔厚、便秘、体质偏热的宝宝，最好给吃凉性水果，如梨、西瓜、香蕉、猕猴桃、芒果等，它们可败火；而荔枝、柑橘吃多了却可引起上火，因此不宜给体热的宝宝多吃。消化不良的宝宝应吃熟苹果泥，而食用配方奶便秘的宝宝则适宜吃生苹果泥。

5 断奶后如何科学安排宝宝的饮食

主食以谷类为主。每天吃米粥、软面条、麦片粥、软米饭或玉米粥中的任何一种，2～4小碗（100～200克）。此外，还应该适当给宝宝添加一些点心。

补充蛋白质和钙。断奶后宝宝就少了一种优质蛋白质的来源，而这种蛋白质又是宝宝生长发育必不可少的。牛奶是断奶后宝宝理想的蛋白质和钙的来源之一，所以，断奶后除了给宝宝吃鱼、肉、蛋外，每天还一定要喝牛奶，同时，每天吃高蛋白质的食物25～30克，可任选以下一种：鱼肉小半碗，小肉丸子2～10个，鸡蛋1个，炖豆腐小半碗。

吃足量的水果。把水果制作成果汁、果泥或果酱，也可切成小块。普通水果每天给宝宝吃半个到1个，草莓2～10个，瓜

1～3块，香蕉1～3根，每天50～100克。

吃足量的蔬菜。把蔬菜制作成菜泥，或切成小块煮烂，每天大约半碗（50～100克），与主食一起吃。

增加进餐次数。宝宝的胃很小，可对于热量和营养的需要却相对很大，不能一餐吃得太多，最好的方法是每天进5～6次餐。

食物宜制作得细、软、烂、碎。因为1岁左右的宝宝只长出6～8颗牙齿，胃肠功能还未发育完善。而且食物种类要多样，这样才能得到丰富均衡的营养。

注重食物的色、香、味，增强宝宝进食的兴趣。可适当加些盐、醋、酱油，但不要加味精、人工色素、辣椒、八角等调味品。

6 怎样给宝宝吃点心

断奶后，宝宝尚不能一次消化许多食物，一天光吃几顿饭，尚不能保证生长发育所需的营养，除吃奶和已经添加过的辅食外，还应添加一些点心。给宝宝吃点心应注意：

选一些易消化的米面食品作点心。此时宝宝的消化能力虽已大大进步，但与成人相比还有很大差距，不能随意给宝宝吃任何成人能吃的食物。给宝宝吃的点心，要选择易消化的米面类的点心，糯米做的点心不易消化，也易让宝宝噎着，最好不要给宝宝吃。

不选太咸、太甜、太油腻的点心。此类点心不易消化，还会加重宝宝肝肾的负担，再者，甜食吃多了不仅会影响宝宝的食欲，也会大大增加宝宝患龋病的概率。

不选存放时间过长的点心。有些含奶油、果酱、豆沙、肉末的点心存放时间过长，或制作方法中不注意卫生，会滋生细菌，容易引起宝宝肠胃感染、腹泻。

点心是作为正餐的补充。点心味道香甜，口感好，宝宝往往很喜欢吃，容易吃多了而减少其他食物的量，尤其是对正餐的兴趣。妈妈一定要掌握这一点，在两餐之间宝宝有饥饿感、想吃东西时，适当加点心给宝宝吃，但如果加点心影响了宝宝的正常食欲，就最好不要加或少加。

加点心最好定时。点心也应该每天定时，不能随时都喂。比如在饭后1~2小时适量吃些点心，是利于宝宝健康的；吃点心也要有规律，比如上午10时，下午3时，不能给宝宝吃耐饥的点心，否则，下餐饭宝宝就不想吃了。

7 宝宝能吃生葵花子吗

葵花子的确含有维生素E、铁、锌等营养物质，此外还含有丰富的脂肪、钾、镁、维生素B_1、维生素A、生物类黄酮（维生素P）等营养物质，不但可以预防贫血，还是维生素B_1和维生素E 的良好来源。但是这只是相对于成人而言的，对宝宝来说，葵花子因为比较硬，不容易被嚼碎，特别容易被卡在食管里，给宝宝造成极大的痛苦。所以，要想为宝宝补充维生素E 、铁和锌，最好是采取其他的办法，不要给宝宝吃葵花子。

8 麦乳精可以代替奶粉喂养宝宝吗

1周岁以内的宝宝所需的营养成分中最主要的就是蛋白质，而牛奶或奶粉中的蛋白质含量丰富，正好可以满足宝宝的需要。麦乳精是用麦芽糖、乳制品、麦精蔗糖、可可等原料加工制成的，蛋白质含量仅是奶粉的1/3，并且有很大一部分是宝宝不容易吸收利用的植物蛋白，相比起来营养价值要低得多。并且，1岁以内的宝宝对蛋白质、脂肪和糖的比例要求是1：0.83：3.55，而麦乳精中这三者的比例却是1：2.7：9，脂肪和糖的含量过高，不利于宝宝的消化吸收。所以，最好不要用麦乳精代替奶粉喂养宝宝。

9 宝宝快1周岁了喝奶怎么还会喝呛

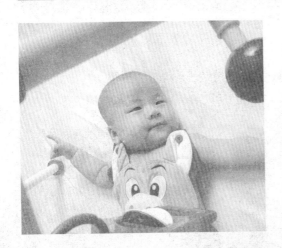

宝宝吃奶时呛到除了和奶嘴太松、变形或破裂有关外，还和宝宝本身有关。随着月龄的增加，宝宝的需求量也大了，力气也大了些，吃一口奶吸出来的奶量就更多了，偶尔呛到也是很正常的。这时就要给宝宝添加各种营养丰富的辅食，以满足宝宝日益增长的营养需求。另外，在喂奶的时候可把奶瓶拿斜一点，减少一点流量，防止宝宝被呛到。

10 给宝宝喝的牛奶该煮多长时间

不要煮太长时间。因为牛奶中的蛋白质在加热时会发生很大的变化，如果煮的时间太长，会使蛋白质由溶液状态变为凝胶状态，不容易被宝宝消化和吸收。牛奶中含有的磷是以非常不稳定的磷酸盐的形式存在的，如果加热过度，也会沉淀出来，不能被宝宝吸收和利用。其实，最好的煮牛奶办法是把牛奶加温到61.1~62.8℃加热半小时，或加温到71.7℃时加热15~30分钟。如果达不到以上的精确控制，也可以在牛奶煮开后再加热2~3分钟，但煮开的时间千万不能太长。

11 宝宝能吃芒果吗

芒果含有丰富的维生素、胡萝卜素、蛋白质、硒、钙、磷、钾等营养物质，适当地给宝宝吃一点是有好处的。但是注意不要多吃，因为芒果比较容易引起过敏，轻的嘴上会起红色的水疱，严重的话还会引起喉头水肿、过敏性休克，威胁到宝宝的生命安全。如果想给宝宝添加芒果，最好先从果汁加起。如果宝宝喝了没有反应，再少量地给宝宝吃一点果肉。添加过程中一定要严密观察宝宝有没有过敏反应。

12 宝宝能"自我断奶"吗

1岁以下的宝宝有时候会出现没有任何明显理由突然拒绝吃奶的情况，通常被称为"罢奶"。这和宝宝的生长速度放慢，对营养物质的需求量减少，对奶的需求量本能地减少有关系。这个过程大概会持续1周，在医学上称为"生理性厌奶期"。这段时间过去后，随着运动量的增加，奶量又会恢复正常。这并不是"自我断奶"，所以不能贸然给宝宝断奶。一般来说，"自我断奶"是在宝宝已经吃了很多固体食物，身体已经适应了通过母乳以外的食物摄取营养的情况下发生的。这种情况通常要到1周岁以上才会发生。

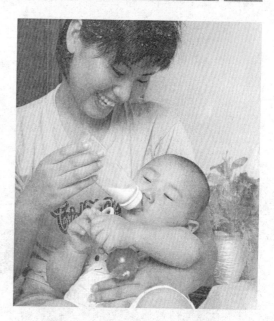

一日食物示例

主食： 母乳及其他（稠粥、面食、鱼泥、肝泥、菜泥、肉松等）

餐次及用量：

母乳： 上午6时，晚上10时

面包片、馒头片加稀烂粥，加碎菜1～2汤匙：上午10时

面片、面条加肉末、肉汤：下午2时

稠粥加蛋泥、蛋羹、鱼肉，或豆腐脑加鱼松：下午6时

辅食：

水、果汁、水果等：120克/次，下午2时

4 辅食制作与添加

 龙眼莲子粥 ●●●●●●●●●●●●●●●●●●●

原料:

大米（或糯米）50克，龙眼肉2个，莲子（去心）10克，干大枣3~5颗，清水适量。

制作方法:

① 大米（或糯米）淘洗干净，用冷水泡2小时左右。

② 莲子冲洗干净，用干粉机磨碎。

③ 大枣剖成两半，去掉核，剁成碎末备用；龙眼肉剁成碎末备用。

④ 大米（或糯米）连水加入锅里，先用大火烧沸，再用小火熬30分钟左右，加入龙眼肉、莲子、大枣，煮5分钟左右即可。

营养功能:

龙眼、莲子富含蛋白质、葡萄糖、磷、钙、铁及维生素A、B族维生素等营养物质，不但有助于宝宝脑细胞的发育，还可以开胃健脾，很适合宝宝吃。

相关链接:

新鲜的龙眼肉质爽滑鲜嫩，汁多甜蜜，口感极佳，龙眼制成干果后，蛋白质和碳水化合物及矿物质含量较鲜果明显提高。

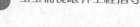 鲜肉馄饨

原料:

新鲜猪肉50克,嫩葱叶5克,馄饨皮10张,香油5~10滴,高汤适量,紫菜少许,盐少许。

制作方法:

① 紫菜用温水泡发,洗干净泥沙,切成碎末备用。

② 肉洗净,剁成极细的肉蓉;将葱叶洗净,剁成极细的末。

③ 肉蓉里加入葱末、香油和盐拌匀。

④ 挑起肉馅,放到馄饨皮内包好。

⑤ 入高汤,煮沸,下入馄饨煮熟,然后撒入准备好的紫菜末,煮1分钟左右,盛出即可。

营养功能:

味香汤鲜,口感软滑柔嫩,很能激起宝宝的食欲。

制作、添加一点通:

葱不要加得太多,有一点点味道就可以了。

相关链接:

同样的猪肉,肉色较红表示肉比较老,肉质粗硬,最好不要购买;颜色淡红色者肉质较柔软,品质也比较优良。如果猪肉的皮肤部分有大小不等的出血点或斑块,说明是得了瘟病的病猪肉,绝对不能购买。去皮肉可以重点观察肉的脂肪和腱膜,如有出血点,就是病猪肉。还可以拔一根猪毛观察一下毛根。如果毛根发红说明是病猪肉;如果毛根白净,就是正常的猪肉。

碎菜牛肉

原料：

新鲜的嫩牛肉30克，新鲜番茄30克，嫩菠菜叶20克，胡萝卜15克，黄油10克，清水、高汤各适量，盐少许。

制作方法：

① 牛肉洗净切碎，放到锅里煮熟；胡萝卜洗净，去皮，切成1厘米见方的丁，放到锅里煮软备用。

② 菠菜叶洗干净，放到开水锅里焯2～3分钟，捞出来沥干水，切成碎末备用。

③ 番茄用开水烫一下，去掉皮、子，切成碎末备用。

④ 黄油入锅内烧热，依次下入胡萝卜、番茄、碎牛肉、菠菜翻炒均匀，加入高汤和盐，用火煮至肉烂即可。

营养功能：

富含优质蛋白质、胡萝卜素、维生素B_1、维生素B_2、维生素C和钙、磷、铁、硒等多种营养素，能为宝宝提供比较全面的营养。

制作、添加一点通：

煮的时候火一定要小，并要不停地搅拌，防止煳锅。

相关链接：

牛肉是一种高能量、高蛋白质、低脂肪、味道鲜美的肉类，素有"肉中骄子"的美誉。每100克牛肉中含有522.94焦（125千卡）的热量、19.9克蛋白质、4.2克脂肪、7微克维生素A、5.6毫克烟酸、23毫克钙、168毫克磷、216毫克钾、84.2毫克钠、20毫克镁、3.3毫克铁、4.73毫克锌。此外，还含有铜、硒、锰等微量元素，是一种营养丰富的优质食品。

苹果薯泥

原料:

红薯50克,苹果50克,白糖少许。

制作方法:

① 红薯洗干净,削去皮,切成小块,放到锅里煮软。

② 苹果洗干净,去皮、去核,切成小块,放到锅里煮软。

③ 红薯和苹果混合到一起,用小勺捣成泥(也可以放到榨汁机里打成泥)。

④ 加入少许白糖,拌匀即可。

营养功能:

口感软烂,口味香甜,还含有丰富的碳水化合物、蛋白质、钙、铁及多种维生素,能调节人体的酸碱平衡,维护宝宝的健康。

制作、添加一点通:

一定要把红薯和苹果煮烂,否则不容易捣成泥。吃苹果薯泥的前后5小时里都不要吃柿子,否则会使宝宝的胃酸分泌增多,和柿子中的鞣质、果胶起反应,会生成沉淀物,对宝宝的健康不利。另外,不要和水产品一起吃。

苹果土豆糊

原料:

土豆1/3个,苹果1/8个,海带清汤三大匙。

制作方法:

① (去皮)炖烂之后捣成土豆泥,苹果(去皮)用擦菜板擦好。

② 泥和海带清汤倒入锅中煮。

③ 在①中的苹果中加入适量的水,用另外的锅煮;煮至稀粥样时即可将火关掉,将苹果糊放在土豆泥上即可食用。

营养功能:

此品含有多种维生素、矿物质、碳水化合物、脂肪等,是构成大脑所必需的营养成分。苹果中的锌对宝宝的记忆有益,能增强宝宝的记忆力。

太阳豆腐

原料:

豆腐1/4块，鹌鹑蛋1个，胡萝卜泥二大匙，姜末、蒜末、精盐、水淀粉各少许。

制作方法:

① 把豆腐放入盘中，用刻器刻一小坑，把鹌鹑蛋打入小坑中；胡萝卜泥围在豆腐旁；放入蒸锅蒸10分钟取出。

② 油加热后，将姜末、蒜末炒香，加精盐，加水淀粉搅成稀稠汁，淋在盘中，即可食用。

营养功能:

豆腐中含有大量的蛋白质和钙，含8种人体必需的氨基酸，并且还有不饱和脂肪酸和卵磷脂等。有益于神经、血管、大脑的发育生长，有健脑的功效。

制作、添加一点通:

最好不要放葱，葱中含有大量草酸，豆腐中的钙与葱中的草酸会结合形成草酸钙，破坏豆腐中的钙质，影响钙质的吸收。

煎鱼饼

原料:

鱼肉50克，鸡蛋1个，牛奶50克，洋葱、淀粉、精盐各少许。

制作方法:

① 鱼肉去骨刺剁成泥，洋葱切末。

② 将鱼泥加洋葱末、淀粉、奶、蛋、精盐搅成糊状有黏性的鱼馅。

③ 平底锅置火上烧热、加油，将鱼馅制成小圆饼放入锅里煎熟。

营养功能:

此饼含有足够的蛋白质和丰富的脂肪及铁、钙、磷、锌及维生素A，都是益智健脑的上好营养。

制作、添加一点通:

营养丰富，可经常做给宝宝食用。宝宝若不喜欢洋葱，可用其他蔬菜代替，比如菠菜，也是健脑佳品。

肉末卷心菜

原料：

猪瘦肉15克，嫩卷心菜叶15克，白洋葱5克，植物油5毫升，盐、水淀粉少许，高汤适量。

制作方法：

① 菜叶洗干净，放到开水锅里汆烫一下，切成碎末。

② 洋葱洗干净，切成碎末备用；猪瘦肉洗干净，剁成肉末。

③ 入植物油，待油八分热时下入肉末煸炒至断生，加入高汤和洋葱末，用中火煮至洋葱熟软。

④ 入卷心菜，煮2～3分钟。加入盐调味，再用水淀粉勾上一层薄芡，出锅即可。

营养功能：

卷心菜含有多种人体必需的氨基酸，还含有维生素B_1、维生素B_2、维生素C、维生素U及胡萝卜素、叶酸、烟酸和钾、钠、钙等营养物质，具有预防巨幼细胞贫血、杀菌、消炎、增强人体免疫力的作用。猪肉含有丰富的铁、优质蛋白质和人体必需的脂肪酸，还能提供促进本身所含的有机铁吸收的半胱氨酸，对改善和预防缺铁性贫血特别有好处。

制作、添加一点通：

卷心菜一定要先用开水汆烫，不要生着下锅，否则影响菜的味道。一定要等洋葱熟软后再下卷心菜，否则洋葱不容易被宝宝消化。吃海带等含碘的食物时不要吃卷心菜，因为卷心菜含有一种有机氰化物，能抑制碘的吸收。腹胀的宝宝不要吃，容易产生胀气。

相关链接：

卷心菜有尖头、平头、圆头3种类型，其中平头、圆头两种类型的质量比较好，尖头型较差。同类型卷心菜中，菜球越紧实的卷心菜质量越好；相同重量的卷心菜相比较，体积越小的质量越好。叶球坚实但顶部隆起的卷心菜开始抽薹，口感、营养都开始变差，也不要买。

桃仁稠粥

原料：

大米（或糯米）50克，熟核桃仁10克，白糖少许，清水适量。

制作方法：

① （糯米）淘洗干净，用冷水泡2小时左右。

② 桃仁放到料理机里打成粉，拣去皮。

③ （糯米）连水倒入锅里，先用大火煮开，再用小火熬成比较稠的粥。

④ 放到粥里，用小火煮5分钟左右，加煮边搅拌，最后加入一点点白糖调味即可。

营养功能：

富含蛋白质、脂肪、钙、磷、锌等多种营养素，其中核桃仁所含的不饱和脂肪酸对宝宝的大脑发育极为有益。

制作、添加一点通：

核桃里面含的油脂比较多，一次不要吃太多，以免对宝宝的脾胃不利。

相关链接:

自制熟核桃仁: 把生核桃仁放到一个没有水的锅里, 不放油, 用中小火干炒到闻到核桃香味即可。也可把生核桃仁放到微波炉的玻璃盘上用中小火烤2～4分钟。

虾仁珍珠汤

原料:

面粉40克, 新鲜鸡蛋1个, 虾仁20克, 嫩菠菜叶10克, 高汤200毫升, 香油2毫升, 盐少许。

制作方法:

① 虾仁洗净, 用水泡软, 切成小丁备用。将嫩菠菜叶择洗干净, 放到开水锅中焯2～3分钟, 捞出来沥干水, 切成碎末备用。将鸡蛋洗干净, 打到碗里, 将蛋清和蛋黄分开。

② 面粉小筛筛过, 装到一个干净的盆里, 加入鸡蛋清, 和成稍硬的面团。

③ 加少许干面粉, 取出面团揉匀, 用擀面杖擀成薄皮, 切成比黄豆粒稍小的丁, 搓成小球。

④ 入高汤, 下入虾仁、盐, 用大火烧开, 再下入面疙瘩, 煮熟。

⑤ 蛋黄用筷子搅散, 转着圈倒入锅里, 用小火煮熟, 加入菠菜末, 淋上香油, 即可出锅。

营养功能:

口感滑润, 汤鲜味美, 含有丰富的蛋白质、碳水化合物、铁、多种维生素及其他矿物质, 能促进宝宝的生长发育, 还有帮助宝宝预防贫血的作用。

制作、添加一点通:

面疙瘩一定要搓得小一点, 越小越有利于宝宝消化吸收。

干酪胡萝卜饼 ●●●●●●●●●●●●●●●●●●●●●

原料:

胡萝卜1/4个，干酪50克，鸡蛋1/4个，蛋糕粉（面粉）30克，牛奶20毫升，香菜末少许。

制作方法:

① 胡萝卜用擦菜板擦碎，干酪捣碎；将鸡蛋加入牛奶中调匀。

② 蛋糕粉、胡萝卜、干酪、香菜末放入鸡蛋糊中搅匀。

③ 准备好的材料用匙盛入煎锅，用油煎成饼。

营养功能:

胡萝卜可以提供丰富的胡萝卜素，并且胡萝卜素在人体内还能够转化成对视力有益的维生素A，调节视网膜感光物质的合成，有益于维护眼睛的健康。

制作、添加一点通:

胡萝卜擦得越细越好。

相关链接:

胡萝卜味甘，性平，有健脾和胃、补益肝肾、清热解毒、透疹、降气、止咳的功效，对肠胃不好、便秘、食欲不振、咳嗽的宝宝来说是很好的食疗食物。胡萝卜所含的胡萝卜素能够转化成维生素A，对因为维生素A缺乏而患夜盲症的宝宝来说更是不可多得的食疗佳品。胡萝卜还有透疹的作用，对正在出麻疹的宝宝来说也是一种比较好的食物。

金色红薯球 ●●●●●●●●●●●●●●●●●●●●●

原料:

红心红薯1/3个（100克左右），红豆沙30克，植物油200克（实耗30克左右），清水适量。

制作方法:

① 红薯洗干净，削去皮，用清水煮熟，再用小勺捣成红薯泥。

② 1/4份红薯泥，用手捏成团后压扁，在中间放一点豆沙，再像包包子一样合起来，搓成一个小球。

③ 把红薯泥装上豆沙，搓成一个个小球。

④ 锅入植物油，烧热，将火关到最小，将搓好的红薯球放进油锅里炸成金黄色。

⑤ 晾凉，就可以给宝宝吃了。

营养功能：

红薯含有丰富的碳水化合物、胡萝卜素、纤维素、亚油酸、维生素A、B族维生素、维生素C、维生素E及钾、铁、铜、硒、钙等10多种微量元素，营养价值很高，被营养学家称为营养最均衡的保健食品，唯一的不足是缺少蛋白质和脂质。红豆里恰恰含有蛋白质和脂肪。此外，还含有B族维生素、叶酸、钾、铁、磷等营养素。两者搭配，正好能取长补短，使宝宝获得比较全面的营养。

制作、添加一点通：

红薯一定要煮透，否则里面的"气化酶"不能被破坏，容易使宝宝发生腹胀。长了黑斑和发了芽的红薯能使人中毒，不要给宝宝吃。红薯和柿子相克，两者的食用时间最少要间隔5小时以上。不要和羊肉、鲤鱼等食物同吃。

红小豆泥

原料：

红小豆30克，红糖20克，清水适量，植物油少许。

制作方法：

① 红小豆拣去杂质，用清水洗净。

② 红小豆放到加了冷水的锅里，先用大火烧开，再盖上盖，改用小火焖至熟烂。

③ 锅架到火上烧干，加入植物油，下入红糖炒至溶化。

④ 加入准备好的豆泥，改用小火翻炒均匀即可。

营养功能：

红小豆是一种高蛋白质、低脂肪、高营养、多功能的小杂粮，蛋白质的含量约占全豆的20%左右。此外，红小豆还含有丰富的B族维生素、铁、钾、纤维素、多元酚等营养物质，具有生津液、利小便、消胀、止吐等食疗功效，对金黄色葡萄球菌、福氏痢疾杆菌及伤寒杆菌等致病菌有明显的抑制作用。

制作、添加一点通：

红小豆一定要煮烂。炒豆泥时火要小，并且要不停地从锅底搅炒，以免将豆泥炒焦而生出苦味。

鸡蛋牛奶糊

原料:
鸡蛋1个,牛奶1杯,白糖少许。

制作方法:

① 鸡蛋的蛋清与蛋黄分开,将蛋清抽打至起泡后待用。

② 加入牛奶、蛋黄和白糖,混合均匀,用小火煮片刻,用小勺将起泡泡的蛋清一勺一勺地加入牛奶蛋黄锅中,稍煮即可。

营养功能:
鸡蛋含丰富的优质蛋白和蛋氨酸以及微量元素,如钾、钠、镁、磷,特别是蛋黄中的铁质达7毫克/100克。铁能增强人体的免疫系统,增强宝宝的免疫力,使宝宝健康成长。

制作、添加一点通:
蛋清不宜多吃,容易过敏。

相关链接:
牛奶不能煮沸太久。在加热到60～62℃时,牛奶中的蛋白质就会出现脱水现象,变得不容易消化。高温加热的时间太长,还会使牛奶中的磷酸盐变沉淀,并会使牛奶生成少量的甲酸,使牛奶变酸。所以,煮牛奶的时候,千万不能使牛奶沸腾过久。正确的做法是:把牛奶用大火煮开,然后端离火口,等牛奶停止沸腾后再加热。这样反复三次,既能杀灭牛奶中的病菌,又可以保证牛奶的营养成分不被破坏。

鸡肝粥

原料:
大白菜末1汤匙,鸡肝半个,粥少许。

制作方法:

① 洗净切碎后,加少许水煮熟,然后研成泥。

② 鸡肝洗净,以汤匙除筋刮泥后蒸熟;鸡肝泥及大白菜泥拌入粥中即可。

营养功能:
鸡肝含蛋白质与丰富的维生素,能保护眼睛,维持正常视力,补充宝宝大脑发育所需营养。

制作、添加一点通:
尽可能不加精盐或其他调味料。肝中铁质丰富,是补血食品中最常用的食物。

烧鱼肉

原料:

鱼肉150克,白糖、水、葱、姜和精盐各适量。

制作方法:

❶ 鱼肉洗净,用精盐、葱、姜浸透。

❷ 将鱼入锅煎片刻,加少量白糖和水,加盖焖烧约15分钟即可。

营养功能:

鱼肉富含蛋白质、钙、锌和维生素A、维生素E等,有利于宝宝生长发育。

制作、添加一点通:

不可天天喂食,一周两次为宜,以免宝宝挑食。

肉末茄子糊

原料:

茄子1只,肉末10克,海味汤、酱油和白糖各适量。

制作方法:

❶ 茄子削皮后切成小块,下开水汆烫。

❷ 肉末和茄子一起放锅中,加入海味汤、酱油和白糖用中火煮烂即可。

营养功能:

茄子营养丰富,含有丰富的碳水化合物、矿物质以及多种维生素等,特别是紫色茄子含有大量维生素,有防治微血管脆裂出血、促进伤口愈合的作用。

制作、添加一点通:

夏天能去火的蔬菜中,以茄子效果最好。茄子能去热解痛,是口腔炎的特效药,但是茄子属于凉性食物,消化不良、容易腹泻的宝宝不宜多食。

肉末胡萝卜汤

原料:

瘦猪肉50克，胡萝卜150克，白糖、精盐、酱油等调料各少许。

制作方法:

❶ 瘦猪肉洗净剁成细末，加精盐和调料，蒸熟或炒熟。

❷ 胡萝卜洗净，切成大块，放入锅中加水煮烂，捞出挤压成糊状，再放回原锅中煮沸，用白糖调味。

❸ 将熟肉末加入胡萝卜汤中拌匀。

营养功能:

胡萝卜里富含的胡萝卜素是脂溶性维生素，和肉类一起烹调，可促进其吸收。

制作、添加一点通:

有的胡萝卜根部发绿，有苦味，不能吃，最好削去。

相关链接:

胡萝卜不同的部位所含的营养是不一样的：顶部向下1/3处维生素C含量最多；中段含糖比较多；尾部含有较多的淀粉酶和芥子油之类的物质，可帮助消化，增进宝宝的食欲。

红薯鸡蛋粥

原料:

红薯1/6个，鸡蛋1个，牛奶两大匙。

制作方法:

❶ 将红薯去皮、蒸烂，并捣成泥状。

❷ 鸡蛋煮熟之后把蛋黄捣碎。

❸ 薯泥加牛奶用小火煮，并不时地搅动；黏稠时放入蛋黄，搅匀即可。

营养功能:

红薯含有大量的碳水化合物、膳食纤维、胡萝卜素、维生素A等各种维生素及钾、铁、铜、钙等矿物质，能有效地为人体所吸收，防治营养不良症。

制作、添加一点通:

红薯里所含的蛋白质和脂肪比较少，牛奶中含有丰富的蛋白质和脂肪，正好可以进行营养互补。

② 良好的进食习惯早培养

　　如果宝宝没有良好的饮食习惯，再好的营养餐也会打折扣。婴幼儿期是宝宝生长发育的关键期，摄取丰富的营养是保证其身体健康发育的前提，让孩子生活有规律，定时定量进餐是家长的心愿。培养孩子良好的进餐习惯要循序渐进，持之以恒。注重孩子独立进餐习惯的培养，形成良好的进餐习惯，这不仅能使孩子摆脱依赖的习惯，还会让孩子获得一些生活能力的锻炼，有利于其身心健康的发展。

宝宝应有哪些良好的饮食习惯

注意饮食卫生。 俗话说"病从口入"，许多疾病尤其是胃肠道疾病大部分是因不注意饮食卫生引起的。因此妈妈应从小培养宝宝良好的饮食卫生习惯，如饭前便后洗手、饭后漱口、不喝生水、不吃不干净和不新鲜的食品。

按时进餐。 胃的排空时间是有一定规律性的，1～2个月的宝宝吃母乳，一般每隔2～3个小时哺乳1次，以后随着胃容量逐渐增大，每次哺乳量增多，胃排空时间逐渐延长，到4～5个月时就会自然地形成3～4小时哺乳1次的习惯。5个月后随着辅食的添加，主食也从流质过渡到半流质、固体食品，胃排空的时间逐渐延长，1～2岁时每日可安排进食5次，2岁后便逐渐过

渡到一日3次主餐，另外定时加餐。

定位进餐。 从5～6个月开始添饭菜时起，每次都让宝宝坐在固定的场所和座位上，并让宝宝使用自己的餐具。宝宝每次坐下后，看到这些餐具便通过条件反射知道该吃东西了，就会有口唇吸吮反应及唾液分泌，让宝宝做好生理和心理上的准备。

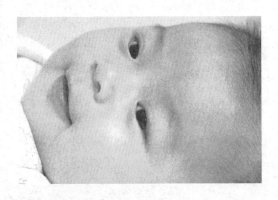

怎样养成宝宝良好的进餐习惯

让宝宝自己吃饭。 开始添加辅食时由妈妈拿勺喂，慢慢地宝宝能自己吃饭时，就不用喂了。自己吃饭不仅能引起宝宝极大的兴趣，还能增强食欲。

让宝宝定点吃饭。 学步早的宝宝，一定要让他坐在一个固定的位置吃饭，不能边吃边玩，也不能跑来跑去，否则既会分散宝宝进餐的注意力，进餐时间过长也会影响消化吸收。

饭前不宜吃零食。 宝宝的胃容量很小，消化能力有限，饭前吃零食会让宝宝在吃饭时没有饥饿感而不想吃饭。

不许挑食，不能偏食。 如果宝宝不爱吃什么食物，妈妈千万不要呵斥和强迫，不妨

给宝宝讲清道理或讲有关的童话故事（自己编的也可以），让宝宝明白吃的好处和不吃的坏处，家长也千万不要在饭桌上谈论自己不爱吃的菜，这对宝宝有很大影响。

不要暴食。好吃的东西要适量地吃，特别对食欲好的宝宝要有一定的限制，否则宝宝会出现胃肠道疾病或者"吃伤了"，以后再也不吃了。

 # 怎样训练宝宝自己用餐具吃饭

宝宝六七个月时就已经开始吃"手抓饭"了，到了10个月时，宝宝手指比以前更灵活，大拇指和其他4个手指能对指了，基本可以自己抓握东西、取东西了，这时就应该让宝宝自己动手用简单的餐具进餐。其实，训练宝宝自己吃饭，并没有想象中那么困难，只要妈妈多点耐心，多点包容心，是很容易办到的。具体如下：

学用汤匙、叉子。 10个月时，妈妈可以让宝宝试着使用婴幼儿专用的小汤匙来吃辅食。由于宝宝的手指灵活度尚且不是很好，所以，一开始多半会采取握姿，妈妈可以从旁协助。如果宝宝不小心将汤匙摔在地上，妈妈也要有耐心地引导，不可以严厉地指责宝宝，以免宝宝排斥学习；到了宝宝1岁左右，通常就可以灵活运用汤匙了。

学用碗。 到了10个月左右，妈妈就可以准备底部宽广、较轻的碗让宝宝试着使用。不过，由于宝宝的力气较小，所以装在碗里的东西最好不要超过1/3，以免过重或容易溢出；为了避免宝宝烫伤，装的食物也不宜太热。拿碗时，只要让宝宝用双手握住碗两旁的把手就可以了。此外，宝宝可能不懂一口一口地喝，妈妈可以从旁协助，调整一次喝的量。

学用杯子。 宝宝1岁左右，妈妈就可以使用学习杯来教导宝宝使用杯子了。一开始应让宝宝两手扶在杯子1/3的位置，再小心端起，以避免内容物洒出来。到了宝宝3岁左右，宝宝就可以自己端汤而不洒出来了。

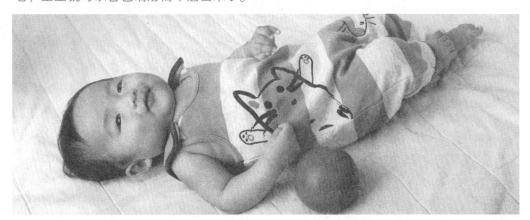

要教宝宝细嚼慢咽

有的宝宝饿了或者急着要去玩，吃起饭来狼吞虎咽，囫囵吞枣，把未经充分咀嚼磨碎的食物吞入胃内，这样对身体是十分有害的。宝宝有狼吞虎咽的进食习惯时，妈妈一定要及早帮助宝宝纠正，教宝宝学会细嚼慢咽。

可促进颌骨的发育。咀嚼能刺激面部颌骨的发育，增加颌骨的宽度，增强咀嚼功能。如宝宝颌骨生长发育不好，会发生颌面畸形、牙列不齐、咬合错位等。

有助于预防牙齿疾病。咀嚼增加食物对牙齿、牙龈的摩擦，可达到清洁牙齿和按摩牙龈的目的，从而加速了牙齿、牙周组织的新陈代谢，提高抗病能力，减少牙病的发生。

有助于食物的消化。咀嚼时牙齿把食物嚼碎，唾液充分地将食物湿润并混合成食团，便于吞咽。同时唾液中含有淀粉酶，能将食物中的淀粉分解为麦芽糖。食物在嘴里咀嚼时通过条件反射引起胃液分泌增加，有助于食物的消化。

有利于营养物质的吸收。有试验证明，细细咀嚼的人比不细细咀嚼的人能多吸收蛋白质13％、脂肪12％、纤维素43％，所以，细嚼慢咽对于营养素的吸收是大有好处的。

 # 餐前餐后不吃水果，要在两餐之间吃

水果中有不少单糖物质，极易被小肠吸收，但若是积在胃中，就很容易形成胀气，以至引起便秘。所以，在饱餐之后不要马上给宝宝食用水果。而且也不主张在餐前给宝宝吃，因宝宝的胃容量还比较小，如果在餐前食用，就会占据一定的胃空间，由此影响正餐的营养素的摄入。食用水果的时间应安排在两餐之间，或是午睡醒来后，这样可让宝宝把水果当小点心吃。每次给宝宝的适宜水果量为50～100克，并且要根据宝宝的月龄和消化能力，把水果制成适合宝宝消化吸收的形态。如1～3个月的小宝宝，最好喝果汁，4～9个月宝宝则可吃果泥，10～11个月的宝宝可以吃削好的水果片，12个月以后，就可以把削完皮的水果直接给宝宝吃了。

宝宝不要偏食

小宝宝喜欢凭直觉判断食物的好坏。如果有些食物外观不好看，或是吃起来味道不是很好的话，他们通常就认为这种食物不好，因而不喜欢。还有的妈妈不注意喂养方法，经常使宝宝在不愉快的氛围中吃某种食物，也会使宝宝对该食物形成不好的印象，从而拒绝吃那种食物。如果碰到这种情况，妈妈首先要做到的是不能着急，不要因为担心宝宝得不到足够的营养而强迫宝宝进餐。宝宝喜欢吃的食物要经常给他吃，使宝宝对吃东西产生兴趣。不喜欢的东西既不要强迫也不能放弃，而是要采取少量多餐的方式，一点一点地给宝宝吃。同时要注意在食物的色、香、味和进餐氛围上下工夫，让宝宝在愉快的心情下进餐，并把吃东西当成一件快乐的事。只要有足够的耐心，多尝试，宝宝偏食的情况自然会得到缓解。

如何让宝宝爱上辅食

示范如何咀嚼食物。最初喂辅食时，宝宝因为不习惯咀嚼，往往会用舌头将食物往外推。这时妈妈要给宝宝示范如何咀嚼食物并且吞下去；可以放慢速度多试几次，让宝宝有更多的学习机会。

别喂太多或太快。一次喂食太多不但易引起消化不良，而且会使宝宝对食物产生排斥，所以，妈妈应按宝宝的食量喂食，速度不要太快，喂完食物后，应让宝宝休息一下，不要有剧烈的活动，也不要马上喂奶。

品尝各种新口味。饮食富于变化能刺激宝宝的食欲。妈妈可以在宝宝原本喜欢的食物中加入新材料，分量和种类应由少到多；逐渐增加辅食种类，让宝宝养成不挑食的好习惯；宝宝讨厌某种食物，妈妈应在烹调方式上多换花样；宝宝长牙后喜

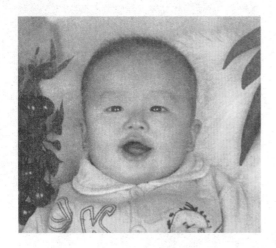

段时间再让宝宝吃。在此期间，可以喂给宝宝营养成分相似的替换品。

别在宝宝面前品评食物。模仿是宝宝的天性，大人的一言一行、一举一动都会成为宝宝模仿的对象，所以妈妈不应在宝宝面前挑食及品评食物的好坏，以免养成宝宝偏食的习惯。

重视宝宝的独立心。宝宝在半岁之后渐渐有了独立心，会尝试自己动手吃饭，这时，妈妈不应武断地坚持给宝宝喂食，而应鼓励宝宝自己拿汤匙进食，也可烹制易于宝宝手拿的食物，甚至在小手洗干净的前提下可以允许宝宝用手抓饭吃，久而久之，宝宝的欲望既得到了满足，食欲也会更加旺盛。

欢咬有嚼感的食物，不妨在这时把水果泥改成水果片；食物也要注意色彩搭配，以激起宝宝的食欲，但口味不宜太浓。

学会食物代换。宝宝对食物的喜好并不是绝对的，如果宝宝排斥某种食物，妈妈不应将其彻底封杀，也许宝宝只是暂时性不喜欢，正确的做法是先停止喂食，隔

除此之外，妈妈还要学会合理喂养宝宝的方法。

① 有声喂养法

婴儿到6个月以后，就可以用小匙喂奶类和粥类，婴儿还不习惯往往会啼哭或者拒食，此时可采用有声喂养法。方法之一，说话哄孩子，使孩子分散注意力。大人就要张开嘴巴"啊、啊"地叫唤；方法之二，打开收音机或录音机，一边听音乐，一边进食；方法之三，有响声的玩具，分散孩子的注意力，也可让孩子自己玩耍。

有些人认为喂养时和婴幼儿说话，孩子会因此把食物呛到气管里，其实这种担心是多余的。只要不用对话的形式，让孩子听听吃吃，完全不会出问题。相反，孩子大哭大吵，如果硬塞硬喂，倒可能会呛到气管里去的。

② 怎样让宝宝顺利进食

不要随便给宝宝换餐具和座位，尽可能为宝宝准备自己的餐具和安排固定的就餐位置。

注意给宝宝安排丰富的多样化的食物，食物单调必然造成宝宝营养失调。为了避免改变饭菜花样时宝宝的反抗心理，家长在安排新花样的饭菜时，事先要告诉宝宝，如在准备饭菜时让宝宝参与一些活动，择菜、挑菜，并且告诉宝宝新食物有哪些特点，如准备吃胡萝卜，可告诉宝宝：胡萝卜颜色多漂亮，营养最好了。吃饭时可告诉宝宝小白兔最爱吃胡萝卜，宝宝也喜欢吃，对不对？让宝宝乐意配合。

当宝宝出现拒食时，不要强迫宝宝，否则可能造成宝宝厌食，对宝宝不愿意吃的食物，可以等下一次。如果家里经常吃这种食物，父母吃得津津有味，对模仿性强的宝宝来说很快就会接受。同时还可以将这种菜做成馅。千万不要因宝宝不吃某种食物，就不再为他准备。

 ## 纠正不良习惯，保护牙齿

在宝宝成长发育的过程中，一些不良的口腔习惯会直接影响到牙齿的排列和上下颌骨的发育，严重的甚至会影响美观。固定用一侧咀嚼食物，容易造成单侧咀嚼肌肥大，而不经常用的一侧则局部肌肉萎缩，从而导致宝宝面部两侧发育不对称。长期含着奶嘴睡觉，会使宝宝上颌骨受压、下颌前突。频繁舔牙齿，会使宝宝正在生长的牙齿受到阻力，导致上下前牙不能互相接触。

 ## 怎样改掉宝宝边吃边玩的毛病

宝宝吃饭时边吃边玩，很大的原因在于大人的引导不当。在宝宝刚开始学习吃饭的时候，有的妈妈为了让宝宝多吃饭，采取用玩具吸引或做游戏的方式鼓励宝宝多吃，久而久之就会使宝宝形成"吃饭的时候应该玩"的印象，从而养成边吃边玩的坏习惯。对于这种情况不能心急，更不能盲目地训斥，而是要从培养宝宝良好的吃饭习惯入手，慢慢地把这个毛病改过来。

宝宝提供一个良好的吃饭氛围。尽量在一个固定的时间吃饭，不要饥一顿饱一顿，以使宝宝的身体形成规律，一到吃饭时间就有饥饿感，从而顾不上受外界的影响而专心致志地吃饭。在吃饭前1小时内不要给宝宝吃零食，吃饭时要把玩具从他身边拿开，也不要开着电视，更不要边吃饭边逗宝宝玩耍。

给宝宝设置一个固定的进餐位置。在吃饭前督促宝宝洗好手，做好一切和吃饭有关的准备，让宝宝形成"要吃饭了"的概念，从心理上对吃饭重视起来。

为宝宝准备的食物最好经过精心烹调。色、香、味突出，能吸引宝宝的注意力，激发宝宝的就餐积极性。如果觉得宝宝吃饭的节奏太慢，可以提醒宝宝，并给宝宝做一下示范，让宝宝在比较中发现自己的不足，但不要大声地训斥宝宝，也不要单纯用比赛的方法加快宝宝的吃饭速度。

如果采取了各种办法还是不好好吃饭，说明宝宝已经不饿了。这时最好把宝宝的饭碗端走，不必勉强他吃，如果担心宝宝会饿，可以把下一顿饭稍稍提前一点。这样在下一顿饭的时候，宝宝就会因为饥饿而有食欲，自然会乖乖地吃饭。

 # 给宝宝多喂水

水是人体中不可缺少的重要组成部分，也是组成细胞的重要成分，人体的新陈代谢，如营养物质的输送、废物的排泄，体温的调节、呼吸等都离不开水。水被摄入人体后，有1%～2%存在体内供组织生长的需要，其余经过肾脏、皮肤、呼吸、肠道等器官排出体外。

水的需要量与人体的代谢和饮食成分相关，由于宝宝新陈代谢旺盛，每天对水的需求量按体重计算，相对于大人来说比较大。比如，1岁以下的宝宝每天水的需要量为每千克体重120～160毫升，而成人则为每千克体重40毫升。所以，除正常饮食外，宝宝可能还要经常喝水。另外，母乳中含盐量较低，但牛奶中含蛋白质和盐较多，故用牛乳喂养的宝宝需要多喂一些水，来补充代谢的需要。总之，宝宝年龄越小，水的需要量就相对要多。

给宝宝喝水有讲究

一般婴幼儿每日每千克体重需要120～150毫升水，如5千克的宝宝，每日需水量是600～750毫升，这里包括喂奶量在内。除此之外，给宝宝喂水有以下几个方面需要家长注意：

❶ 由于宝宝的味觉比成人灵敏得多，因此不能喂过甜的水。有人做过实验，用高浓度的糖水喂宝宝，最初可加快肠蠕动，但不久就转为抑制，使宝宝腹部胀满。给新生儿喂糖水浓度最好以5%～10%为宜，成人品尝时在似甜非甜之间。

❷ 不少家长喜欢用果汁、汽水或其他饮料代替白开水给宝宝解渴或补充水分。这种做法是不妥的。饮料里往往含有较多糖分和电解质，口感很好，但易滞留胃部产生不良刺激，影响消化和食欲，还会加重肾脏负担。而白开水易代谢，因此宝宝口渴时，只要给喝些白开水就行了，偶尔尝尝饮料之类，最好也用白开水冲淡后再喝。

❸ 不要给宝宝喝冰水。宝宝天性好动，活动后往往浑身是汗，喜欢喝冰水。大量喝冰水容易引起胃黏膜血管收缩，使胃肠的蠕动加快，甚至引起肠痉挛，导致腹痛、腹泻，是不应提倡的做法。饭前不要给宝宝喝水。此时给宝宝喝水会稀释胃液，不利于食物消化。而且宝宝喝得肚子胀鼓鼓的会影响食欲。恰当的方法是在饭前半小时，让宝宝喝少量水，以增加口腔内唾液分泌，帮助消化。

❹ 室温下存放超过3天的饮用水，尤其是保温瓶里的开水，易被细菌污染，不宜给宝宝喝。这种水可产生具有毒性的亚硝酸盐，在体内与有机胺结合形成亚硝胺，是一种危险的致癌物质，并且喝多了可使血液里运送氧的红细胞数量减少，造成组织缺氧。

❺ 最好的饮料是白开水。不少家长用各种新奇昂贵的甜果汁、汽水或其他饮料代替白开水给宝宝解渴，这不妥当。饮料里面含有大量的糖分和较多的电解质，喝下去后不像白开水那样很快就离开胃部，而会长时间滞留，对胃部产生不良刺激。

❻ 饭前不要给宝宝喂水。饭前喝水可使胃液稀释，不利于食物消化，喝得胃部鼓鼓的，也影响食欲。恰当的方法是，在饭前半小时让宝宝喝少量水，以增加其口腔内唾液的分泌，有助于消化。

❼ 睡前不要给宝宝喂水。年龄较小的宝宝在夜间深睡后，还不能自己完全控制排尿，若在睡前喝水多了，很容易遗尿。即使不遗尿，一夜起床几次小便，也影响睡眠。

最重要的是养成宝宝良好的喝水习惯。首先，喝水不要过快，不要一下子喝得过多。否则不利于吸收，还会造成急性胃扩张，出现上腹部不适症状。

培养宝宝自主进食的好习惯

通常，宝宝在成长了一段时间后，就会产生自我意识，并开始对周围环境、事件感兴趣，到1岁左右，就开始不满足于别人喂食，开始对自己吃饭发生浓厚的兴趣。他会用手抓食物或从家人手里拿走勺子，这些都是很好的信号。此时家人就要精心为宝宝准备可以自己吃的食物。

主食。妈妈可以准备一些煮好的蔬菜，如切成小块的四季豆、胡萝卜、西葫芦、去筋的嫩菜豆、红薯和土豆等，当宝宝开始抢勺子和筷子时，家人不妨给宝宝这些小块食物。

零食。可以为宝宝准备一些小的或切成两半的草莓和切成片的生梨、桃子、香蕉、西瓜等，但要注意确保水果很熟并去皮。另外也可以选择全麦饼干、面包等食物，但量要少，质要精，花样要经常变化。

宝宝吃零食时，家人可以喂，也可以让宝宝自己抓着吃，一般宝宝喜欢自己吃，家人不妨就放心地让他自我熟悉一下。重要的是要以正餐为主，零食为辅，还必须正确掌握宝宝吃零食的时间，可在每天中、晚饭之间，给宝宝一些点心或水果，但量不要过多，应占总供热量的1/10左右。而餐前1小时内最好避免给宝宝吃零食，否则会影响其正餐进食。睡前不要吃零食，尤其是甜食，不然易导致宝宝患龋病。

温馨提示

太甜、太油的糕点、糖果、水果罐头和巧克力不宜经常作为宝宝的零食。这些零食含糖量高，油脂多，不易被宝宝消化，且经常食用易引起肥胖。冷饮和汽水不宜作零食，更不能让宝宝多吃，以免造成消化功能紊乱。

 # 培养宝宝按时进餐习惯

要培养宝宝按时进餐的习惯，因为胃排空的时间是有一定规律的，

1~2个月的宝宝吃母乳，一般每隔2~3小时吃1次，以后随着胃容量逐渐增大，每次哺乳量增多，胃排空时间逐渐延长，到4~5个月时就会自然地形成3~4小时哺乳1次的习惯。5~6个月后随着辅食的添加，饮食也从流质过渡到半流质、固体食品，胃排空的时间逐渐延长，1~2岁时每日可安排进食5次，2岁后便逐渐过渡到一日3次主餐，另外定时加餐。每日如此，进食时胃已经排空，有饥饿感，食欲好，食物消化吸收也好。

纠正宝宝挑食的5个妙招

确保宝宝有固定的吃饭时间。避免让宝宝一边吃饭，一边看电视。这样不仅影响宝宝吃饭时注意力集中，而且对消化不利。

营造正式吃饭的气氛，可以让宝宝坐在高椅上和父母一起进餐，但不要让宝宝在椅子上玩玩具。

尽量鼓励宝宝尝试各种食物，开始时可以给较少的分量。

要用语言赞美宝宝不愿吃的食物，并带头品尝、故意做出津津有味的样子，不过，父母也不要表现得过分积极，否则宝宝会一直让父母吃这些东西。

宝宝对吃饭有了兴趣后，父母还应在做菜时变换花样，以防宝宝对某种食物产生厌烦心理。

温馨提示

改正宝宝挑食，千万不能使用"逼"的方法，而是要了解宝宝挑食的原因，从心理方面诱导。要尽量把宝宝吃饭的时间当作和宝宝交流的重要时间，尤其是对上班族妈妈来说。因为妈妈上班，宝宝一天都见不到妈妈，当晚上妈妈回来时，宝宝很想和妈妈玩耍一会，如果妈妈把用餐当成一家人交流的机会，那宝宝可能会很乐意与父母一起正常用餐。

多吃鱼，宝宝会更加聪明

鱼有极佳的蛋白质来源，它不但能增进幼儿的成长发育，而且如果有伤口还可以使其伤口很快好起来。而鱼类的蛋白质含有人体所需的九种氨基酸，这些蛋白质含其他营养素非常丰富。鱼类还含有适量的4种水溶性B族维生素：维生素B_6、维生素B_{12}、生物素及烟酸。而且鱼类也是矿物质的重要来源，其磷、铜、碘、钠、钾、镁、铁、氟元素非常多。

对于刚满1岁的宝宝来说，体重一般已经达到出生时的3倍，身高达到出生时的1倍半，其间宝宝大脑的早期发育也最快，应该多给宝宝添加富含优质蛋白、油酸及亚油酸等不饱和脂肪酸及二十二碳六烯酸（DHA）的婴幼儿辅食，让宝宝更加健康和聪明。

鱼油的二十碳五烯酸（EPA）、DHA对胎儿及婴儿脑部也有很大的影响，它们在体内主要存在于脑部、视网膜；鱼类中所含的EPA、DHA较多，适量摄取有助于婴幼儿脑部发育，鱼肉比其他动物的肉更好，是很好的健脑食物。

与一般畜肉相比，鱼中脂肪含量比低了许多，其中所含的ω-3系列脂肪酸，以二十碳五烯酸及二十二碳六烯酸含量最多。此外，鱼油中还含有丰富的脂溶性维生素A和维生素D，特别是鱼的肝脏部分含量最多，而珍贵的鲑鱼、鲨鱼与青鱼中更是含有大量的维生素D。

临海国家日本曾在20世纪90年代立法，要求人们在日常食物及饮水中添加脑活性物质DHA等，随后的调查资料表明，日本人的智商比70年代平均提高了7%。

我们也应当在婴幼儿的生长过程中及时添加这些营养成分，让下一代健康成长。为解决喂食鱼肉时鱼刺的困扰，可以选择工业化生产的不添加人工色素、香精、防腐剂的纯天然辅食(如深海金枪鱼泥和各种宜儿鱼宝)，这些产品鱼肉纤维细而短，结构松软，肉质细嫩，适合宝宝吸收，配方科学、合理，比家庭制作更大限度地保存了深海水域鱼类的优质营养成分。

选购鱼类的注意事项有：肉质要有弹性；鱼鳃呈淡红色或暗红色；眼球微凸且黑白清晰；外观完整，无鳞片脱落现象；无腥臭味者为新鲜的；父母在喂食幼儿时要注意把鱼刺去掉。

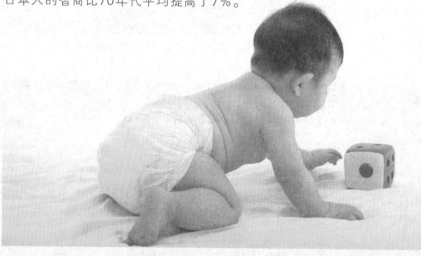

 正确引导宝宝的饮食口味

通常，喜欢重口味的宝宝，往往调味品食用较多，钠的摄取量也随之增加，久而久之，就造成血压上升、血脂升高。更让人担心的是，由于儿时形成的饮食习惯很难改变，这样的宝宝在长大后，不仅高血压、高血脂的情况没有得到改善，而且已发展到不同程度的心、脑、肾和血管损害。因此，要想保证宝宝的健康，应从小就培养宝宝饮食清淡的口味。

① 在宝宝出生后的6个月内，父母都不要在宝宝的食物中加盐，以后逐渐增加，到3岁后才能接近成人口味。有些妈妈担心不加盐口味不好，宝宝不爱吃，会"没力气、没脚劲"，喂宝宝时总喜欢自己先尝尝咸淡。其实，宝宝对咸的敏感度远高于成人，这种敏感度随年龄增长而逐渐降低，如果以父母觉得"正好"的咸淡来喂宝宝就过咸了。

② 在日常生活中，要注意培养宝宝喝白开水的习惯，不要给宝宝喝糖水。6个月后尽量不给宝宝喝果汁，改为啃食水果，同咸味一样，甜味也是越吃越重的。而且宝宝与生俱来就喜欢甜、鲜味，不喜欢苦、涩、酸味。在喂食过程中，遇到涩涩的绿叶蔬菜水、酸酸的果汁水或淡淡的营养米粉，宝宝可能会出现难看的表情或用舌头顶出来。妈妈不必担心，这不是宝宝不愿吃、不喜欢吃，不要因此放弃或是加糖。如果什么都加糖，不仅味道单一、影响味觉发育，而且增加了热量，为肥胖埋下隐患。

③ 应反复多次尝试帮助宝宝接受新的口味和新的食物，必要时可尝试10～15次。对已经有口味偏好的宝宝，更要耐心地慢慢纠正，如慢慢减淡食物口味，把清淡的食物做得更有趣，和其他宝宝一起吃，营造良好的进食环境等。

温馨提示

经常给宝宝吃较咸的食物，会让宝宝对咸度产生耐受，越吃越咸。研究证实，盐吃得越多，宝宝患高血压的风险就越大。而且在3岁之前，宝宝肾脏排钠功能还不完善，过量的钠盐对宝宝的肾脏是一种负担。

改变"嗜肉宝宝"饮食有妙招

如果宝宝特别不爱吃青菜，父母可以试试以下方法：

烹调时，要注意到宝宝的年龄特点。宝宝年龄小，牙齿发育不好，咀嚼能力差，所以做菜时父母要讲究烹调技术和方法，要适合宝宝的年龄特点。例如，将菜切得碎些，炖得烂些。还可以通过搭配宝宝喜欢的颜色蔬菜，变换花样的做法，引起宝宝的食欲。

饭前可给宝宝讲解各种菜的营养价值及

蔬菜是人体矿物质的来源。蔬菜中含有的主要矿物质是钙、铁、磷等。如菠菜、芹菜、卷心菜、白菜、胡萝卜等含有丰富的铁盐；洋葱、丝瓜、茄子等含有较多的磷；绿叶蔬菜含有丰富的钙；海带、紫菜含有丰富的碘。

对幼儿身体发育的作用。平时尽量少给宝宝吃零食，并且多让宝宝参加体育锻炼。

对不愿吃菜的宝宝可先让宝宝喝菜汤，适应之后逐渐加菜，尽量少盛多添。如果不爱吃菜的宝宝有一天将父母精心准备的菜汤吃了，父母应鼓励，以增强宝宝的自信心。

年龄稍大些的宝宝还可让宝宝和父母一起买菜、择菜、洗菜，父母炒菜时让他在一旁当助手。由于宝宝亲自参与，容易产生自豪感，吃起来也就格外香。

怎样培养宝宝爱吃蔬菜的习惯

一般来说，宝宝从小没吃惯的东西，长大后也不一定能接受。特别是到了1岁后，宝宝对蔬菜已经流露出明显的好恶，不爱吃蔬菜的宝宝逐渐多起来。因此，培养宝宝爱吃蔬菜的习惯一定要从婴儿时期开始，避免日后厌食蔬菜。

从婴儿期开始，适时为宝宝添加蔬菜辅食。一开始添加时，可以喂宝宝一些蔬菜汁或用蔬菜煮的水，如番茄汁、黄瓜汁、胡萝卜汁、绿叶青菜水等；逐渐喂养一些蔬菜泥，可把添加的蔬菜辅食制作成胡萝卜泥、土豆泥等；到宝宝牙齿逐渐长出后，他们的咀嚼力越来越强，可以给他们吃一些碎菜，如把各种各样的蔬菜剁碎后放入粥或软米饭、面条中。这种循序渐

进的培养方法，使宝宝很容易接受，通常不会在长大后出现讨厌吃蔬菜的问题了。

蔬菜不仅含有丰富的营养，还能在咀嚼中给宝宝提供丰富的口感体验。专家研究认为，蔬菜鲜脆、辛烈、清苦等诸般滋味，与幼儿日后形成良好的性格及很强的环境适应能力有密切的关系，拒绝蔬菜的幼儿往往有不愿意接受周围环境的倾向。一般而言，幼年时对食物的种类尝试得越多，成年后对生活的包容性就越大，适应环境的能力也越强。

❸ 养育健康宝宝 把好"口"关!

　　健康是父母送给宝宝最好的礼物。养育健康的宝宝，不是简单地给宝宝吃、喝，而是需要一些方法。其实，宝宝从出生到成长的每个阶段，人工喂养应该注意些什么？添加辅食有哪些原则和禁忌？制作辅食的方法等一系列的问题，困扰着年轻的父母。本章就告诉父母们怎样为宝宝选择安全的、科学的、合理的食品，怎样从"口"上把好关，做宝宝饮食安全的卫士！

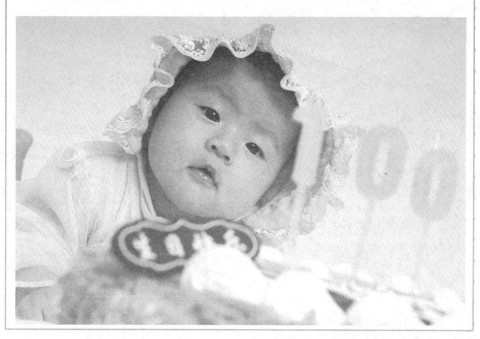

1~3岁饮食问题

1 每天喝多少乳品或豆浆？

1~2杯乳品或豆浆，相当于250~500毫升。乳品或豆浆容易被宝宝消化吸收，可为宝宝提供足够的优质蛋白质和其他营养素，又是食物中钙的主要来源。

2 每天添加多少高蛋白食物？

高蛋白质食物是优质蛋白质的主要来源。可从以下食品选择一种：鱼肉小半碗、小肉丸子2~10个、鸡蛋1个或炖豆腐小半碗。2岁后，高蛋白质食物和豆制品可增加25克。

3 每天吃多少主食？

主食以谷类食物为主，是蛋白质、热量的主要来源。可选择米粥、面条、麦片粥、玉米粥或软米饭中的一种，每天吃2~4小碗。2岁后主食可添加50克左右。

4 每天吃多少水果？

新鲜水果也是维生素和矿物质的主要来源。可选择苹果、柑橘、桃子、香蕉、番茄、梨子、猕猴桃、草莓、西瓜和甜瓜等水果，制作成果汁、果泥或果酱，也可切成小条小块吃。普通水果每天给宝宝吃半个到1个，草莓2~10个，甜瓜1~3块，香蕉1~3根。

5 每天吃多少蔬菜？

新鲜蔬菜是维生素和矿物质的主要来源。宝宝每天应吃50~100克蔬菜，大约小半碗，应该和主食一同吃。可选择胡萝卜、油菜、小白菜、菠菜、豌豆尖、马铃薯、南瓜、红薯等蔬菜，切碎煮烂或切成小条小块煮烂吃。

6 每周吃多少动物肝或血？

动物肝或血富含铁，每周添加1~2次动物肝和血，25~30克，可预防1~3岁宝宝容易发生的缺铁性贫血。

7 给宝宝做饭时，用什么油比较好？

评价脂肪对人体的营养价值主要根据其必需脂肪酸的含量、不饱和脂肪酸的含量以及脂溶性维生素的含量决定。

从必需脂肪酸的含量看，植物油含必需脂肪酸比动物油高，植物油中葵花子油、豆油、花生油、玉米油含量较高；从不饱和脂肪酸的含量看，橄榄油、茶油、葵花子油、芝麻油、核桃油含量较高；从脂溶性维生素的含量看，植物油均含有较多的维生素E；从性价比看，豆油、花生油价廉物美，而橄榄油、核桃油比较昂贵。总而言之，应尽量少食或不食用动物油（包括猪油、牛油、黄油等）。

另外，烹调油也应多样化，应经常更换种类，食用多种植物油。

8 给宝宝制作食物可以加一点盐吗？

可以加盐，但一定要适量。因为儿童期常吃过咸的食物易导致成年期高血压发病率增加；吃盐过多还是导致上呼吸道感染的诱因，因为高盐饮食可能抑制黏膜上皮细胞的增生，使其丧失抗病能力。因此应从小培养宝宝口味清淡的好习惯。另外，对患有心脏病、肾炎和呼吸道感染的

宝宝，更应严格控制饮食中的盐摄入量。

9 是不是大多数食物里都可以给宝宝加一点点糖？

并不是这样，而且恰恰相反，给宝宝制作的大多数辅食里不要加糖。这样不仅保持了食物原有的口味，让宝宝尝试到各种食物的天然味道，而且还能从小培养宝宝少吃甜食的良好饮食习惯。因为如果宝宝从加辅食开始就较少吃到过甜的食物，就会自然而然地适应少糖的饮食；反之，如果此时宝宝的食物都加糖，宝宝就会逐渐适应过甜饮食，以后遇到不含糖的食物自然就表现出拒绝，形成挑食的习惯，同时也为日后宝宝的肥胖埋下了隐患。

1~3岁宝宝的营养需求

1～3岁的幼儿正处在快速生长发育的时期，对各种营养素的需求相对较高，同时幼儿机体各项生理功能也在逐步发育完善，但是对外界不良刺激的防御性能仍然较差，因此对于幼儿膳食安排，不能完全与成人相同，需要特别关照。

1～3岁宝宝每天应摄取热量4184.00~5439.20千焦（1 000~1 300千卡）。

宝宝的活动量相对增加，一定要保

证充足的热量。如果长期热量不足，其他的营养素在体内就不能很好地被利用，宝宝的生长发育就会受到严重影响，如果组织器官发育不良、体重下降、身体日渐消瘦，宝宝就很容易生病。但也不可让热量供给超过身体的消耗，不然就会以脂肪形式储存起来。时间一久会引起肥胖，增加患各种疾病的危险性。

1~3岁的宝宝每天应摄取蛋白质35~45克。1~3岁是宝宝智力发育的关键时期。

宝宝在刚出生时，脑重约为成人的1/3，但在2岁时就已增重到成人的2/3。脑的发育成熟离不开良好的食物，特别是优质蛋白质。如果在这一时期蛋白质摄取量不足，宝宝的大脑发育就会受到阻碍，从而影响宝宝的记忆力和理解力。因此，每天蛋白质的摄取量应占总热量的12%~14%。

1~3岁的宝宝每天应摄取占总热量50%的碳水化合物。碳水化合物的摄取量，要根据宝宝的性别、饮食习惯、生活水平、环境情况及活动量来确定。通常，活动量大的宝宝消耗热能多，需求量大。一般来说，碳水化合物的摄取量应占总热量的50%。如果摄取不足，就会造成热量不足，使宝宝出现生长发育迟缓、体重减轻，但也不能摄入过多。

1~3岁宝宝每天应摄取占总热量25%~30%的脂肪。宝宝的大脑及神经系统，正处于生长发育时期。除了需要蛋白质外，还需要足够的脂肪。特别是必需脂肪酸（植物油中含量高），是宝宝生长发育必需的营养，需求量比成年人大。但同时也应避免脂肪摄入过量，否则会使热量过剩，致使脂肪沉积在体内，引起体重增加，使身体肥胖起来。

1~3岁的宝宝每天摄取必需的维生素，最好每天补充400国际单位的维生素D。当然，夏天宝宝较多户外活动时，可以暂不补充，待冬季晒太阳少时再补充。同时，还应该注意维生素A、维生素B_1、维生素C的摄入。

1~3岁宝宝每天应该摄取必需的矿物质，主要是指钙、磷、铁、锌等元素。钙对1~3岁宝宝的生长发育尤为重要。因为，骨骼中钙、磷沉积增加，需要更多的钙质。通常来讲，宝宝每天需要600~800毫克。磷广泛地存在于食物中，只要饮食中的钙和蛋白质含量充足，那么磷就会得到满足，没有必要规定摄入量。宝宝的饮食逐渐开始多样化，加入谷类食物会增加磷的比例，使钙较难吸收；加入蔬菜类的食物，其中的纤维也会妨碍钙的吸收。因此，每天可给宝宝补充100~200毫克钙，同时，应注意多摄入富含铁和锌的食物。1~3岁的宝宝，每天对铁和锌的需要量分别为10毫克，否则容易发生缺铁性贫血和缺锌症。

1~3岁宝宝饮食安排原则

1~3岁的宝宝将陆续长出十几颗牙齿，主要食物也逐渐从以奶类为主转向以混合食物为主，而此时宝宝的消化系统尚未成熟，因此还不能给宝宝吃大人的食物，要根据宝宝的生理特点和营养需求，为他制作可口的食物，保证获得均衡营养。应该注意的是：

宝宝的胃容量有限，宜少吃多餐。1岁半以前可以给宝宝三餐以外加两次点心，点心时间可在下午和夜间；1岁半以后减为三餐一点，点心时间可在下午。但是加点心时要注意一是点心要适量，不能过多，二是时间不能距正餐太近，以免影响正餐食欲，更不能随意给宝宝零食，否则时间长了会造成宝宝营养失衡。

多吃蔬菜、水果。宝宝每天营养的主要来源之一就是蔬菜，特别是橙绿色蔬菜，如番茄、胡萝卜、油菜、柿子椒等。可以把这些蔬菜加工成细碎软烂的菜末炒熟调味，给宝宝拌在饭里喂食。要注意水果也应给宝宝吃，但是水果不能代替蔬菜，1~3岁的宝宝每天应吃蔬菜、水果共150~250克。

适量摄入动植物蛋白质。在肉类、鱼类、豆类和蛋类中含有大量优质蛋白质，可以用这些食物炖汤，或用肉末、鱼丸、豆腐、鸡蛋羹等容易消化的食物喂宝宝。1~3岁的宝宝每天应吃肉类40~50克，豆制品25~50克，鸡蛋1个。

适量摄入牛奶。牛奶中营养丰富，特别是富含钙质，利于宝宝吸收，因此这一时期牛奶仍是宝宝不可缺少的食物，每天应保证摄入250~500毫升。

粗粮细粮都要吃，可以避免维生素B_1缺乏症。主食可以吃软米饭、粥、小馒头、小馄饨、小饺子、小包子等，吃得不太多也没有关系，每天的摄入量在150克左右即可。

断奶前后如何喂食有利于长牙

有关科学家研究发现，不少小学生牙齿生长不齐，并非主要是钙质或维生素D缺乏的问题，而是由于下腭发育不良所致。下颌骨发育差易造成牙齿不能很好嵌进牙槽骨，势必相互挤压，重叠生长。研究者认为，婴儿期少咀嚼硬物正是导致下颌骨发育不良的重要原因之一。比如，如今的果酱、蛋糕、面包等之类的软食，婴儿吃进几乎不用咀嚼就下肚了，下颌骨和牙床都得不到有利的锻炼。

所以，妈妈应该注意，婴儿要在断奶前后就应常喂些干饭、条形饼干、香蕉、苹果片或红薯片之类较硬的食物。此时婴儿虽牙齿并未长齐，但不断地咀嚼可以锻炼牙齿和牙龈的韧性，摩擦和清洁牙面，从而促进牙齿的坚固和预防牙周病的发生，而且还可以促进下腭部坚韧和面部肌肉的正常发育，对宝宝消化功能的完善及面部美观都有益处。研究证明，婴儿硬食吃得少，不仅对牙齿生长不利，随之而来还有功能障碍、发育不良，长大成人后，易患胃病、偏头痛等病症。

食 "苦" 味食品，对宝宝健康有利

辛、甘、苦、酸、咸是饮食的五种味道，也就是人们常说的五味，只有摄入的五味平衡，人才会健康。但是，现在儿童摄取的咸、甜之味过多，很容易引发其他疾病，给儿童造成体质下降的危害。为了改变五味失衡，应给宝宝吃些苦味食品。

吃苦味食品好处很多：

可以促进食欲。苦味以其清新、爽口而能刺激舌头的味蕾，激活味觉神经；刺激唾液腺，增进唾液分泌；刺激胃液和胆汁的分泌，加强消化功能。这一系列作用结合起来，便会增进宝宝的食欲，对增强体质、提高免疫力非常有益。

可以清心健脑。苦味食品可去心中烦热，具有清心作用，使头脑清醒。

可以促进造血功能。苦味食品可使肠道内的细菌保持正常的平衡状态。这种抑制有害菌、帮助有益菌的功能，有益于肠道功能的发挥，尤其对肠道和骨髓的造血功能有帮助，这样可以改善儿童的贫血状态。

可以泄热、排毒。在我国医学上认为，苦味属阴，有疏泄作用，可疏泄内热过盛引发的烦躁不安，还可以通便，把体内毒素排出，使小儿不生疮疖，减少患病的概率。

其实，苦味食品很多，家长可以给小儿选择食用。其中以蔬菜和野菜居多，如莴苣叶、莴苣、苦瓜、萝卜叶、苔菜、杏仁、莲子心等。

 # 宝宝每天吃鸡蛋要注意什么

鸡蛋被认为是营养丰富的食品，它含有蛋白质、脂肪、卵黄素、卵磷脂、维生素和铁、钙、钾等人体所需要的矿物质，其中卵磷脂和卵黄素是婴幼儿身体发育特别需要的物质。

婴幼儿是宝宝体格发育迅速增长的时期，此期的食物应含营养物质丰富和易于消化，以供生长的需要。特别是蛋白质，它是机体组成一切细胞和组织的基本物质，并参与体内的血浆蛋白、血红蛋白、激素、维生素、抗体和酶的生成和代谢。与成人相比，婴幼儿蛋白质需求相对为多，如一旦摄入不足，则可使机体抵抗力降低、消瘦、发育缓慢，甚至发生贫血和水肿等疾病。

鸡蛋是含蛋白质极为丰富的食物之一，且来源供应充足，喂养小儿极为方便。鸡蛋中的蛋白质含有多种供人体生长发育的"必需氨基酸"，蛋黄中还含有较多的磷脂和胆固醇，维生素A、维生素D、维生素B$_1$、维生素B$_2$等，以及铁、磷、硫等矿物质含量也比较多，故非常适合幼儿食用。所以过去一直有"要想宝宝长得好，必须肉蛋保"的说法。

婴儿补充铁质需要吃蛋黄，开始时也只能将1/4个蛋黄研碎，放在奶糕中食用，以后逐渐加至0.5~1个。由于鸡蛋内缺乏维生素C和碳水化合物，所以在小儿时期不能单纯以鸡蛋喂养，还要配合其他食物加以调配和补充。否则，尽管鸡蛋的营养价值比较高，单一喂养也会造成其他营养素的不足。如果食入太多，宝宝的胃肠负担不了，会导致消化吸收功能障碍，引起消化不良和营养不良。

根据月龄不同，宝宝每天吃鸡蛋的量也应适当调适，同时还要吃一些其他含蛋白质较高的食物和蔬菜，这样才能保证宝宝体格的健康成长。1~2岁的宝宝，每天需要蛋白质40克左右，除普通食物外，每天

添加1~1.5个鸡蛋就足够了。

小儿体内各种脏器都很娇嫩、脆弱，尤其是消化器官，经不起强烈的刺激，鸡蛋是一种难以消化的食物，不要认为吃得越多越好。给宝宝吃鸡蛋，一定要煮熟，以吃蒸蛋为好，不宜用开水冲鸡蛋，更不能给宝宝吃生鸡蛋。

宝宝吃胡萝卜要适量

一般来说，宝宝出生4~6个月后，因为消化功能的完善，妈妈就可以为其添加辅食了。胡萝卜泥当然是很重要的一种辅

食。胡萝卜营养价值很高，含有丰富的胡萝卜素，在蔬菜中名列前茅。胡萝卜素在小肠壁以及肝细胞中可转变为维生素A并供

人体利用，正常人平时所需要的维生素A有70%是由胡萝卜素转变而来的。维生素A在皮肤和黏膜的完整性，提高免疫功能，防止呼吸道、泌尿系统感染，促进小儿生长发育，参与视网膜中感光物质的形成方面，具有重要作用。

当妈妈的可以这样做：将胡萝卜洗干净后，去皮及中间的硬心，切成小块，加适量的水煮烂，用调匙压成泥状，加少许糖或盐，调入奶糕或米糊同食。将胡萝卜炒肉，然后放入榨汁机打成泥状，还可适量加入鱼汤之类。味道好，营养也丰富。或将新鲜胡萝卜洗干净，用榨汁机打成泥状。

有的妈妈认为，既然胡萝卜营养丰富，宝宝又爱吃，那就给他吃大量的胡萝卜好啦。这种做法是完全错误的。胡萝卜吃得过多，宝宝会患高胡萝卜素血症，宝宝的皮肤会发黄。胡萝卜里含有大量的胡萝卜素，如果在短时间内吃了大量的胡萝卜，那么摄入的胡萝卜素就会过多，肝脏来不及将其转化成维生素A，多余的胡萝卜素就会随着血液流到全身各处，这时宝宝可出现手掌、足掌和鼻尖、鼻唇沟、前额等处皮肤黄染，但无其他症状。严重者黄染部位可遍及全身，同时宝宝可能出现恶心、呕吐、食欲不振、全身乏力等症状。

有些宝宝会出现中医所说的"上火"表现，如舌炎、牙周炎、咽喉炎等。不过，如果宝宝出现高胡萝卜素血症，妈妈也不必太过紧张。因为只要停吃胡萝卜几天，宝宝的皮肤黄色就会褪去。当然啦，毕竟高胡萝卜素血症是个病理过程，如果宝宝真有这种情况出现，妈妈就不要给宝宝持续地大量食用胡萝卜了。因此，给宝宝吃胡萝卜要适量。

配方奶粉可以作为母乳替代食品

为宝宝断奶并不意味着断了所有的奶制品，为宝宝断了母乳以后应怎样选择奶粉呢？对于没有母乳而采用人工喂养的婴儿来说，配方奶粉或母乳化奶粉就是宝宝最佳的母乳替代食品。主要原因有以下几点：

❶ 配方奶粉是以牛奶为原料、母乳成分为依据进行调配的产品，改变了牛奶中不适合宝宝生理状况的成分，同时又弥补了母乳中所缺乏的某些营养素，是非常优良的替代品；

❷ 配方奶粉在制作方法中，通过理化方式改变牛奶中某些成分的形状，使其在宝宝胃内凝块较小，更易消化吸收；

❸ 配方奶粉中增加了不饱和脂肪酸的含量，强化了某些矿物质和维生素，如铁、锌、维生素A、维生素D；

❹ 配方奶粉在制作方法中调整了某些矿物质的比例，如钙、磷、钠、钾、氯等，减轻了宝宝的肾脏负荷，保证了宝宝的安全和健康；

❺ 配方奶粉中增加了乳清蛋白与酪蛋白的比例，使之更符合宝宝生长发育的特点；

❻ 在一些配方奶粉中，增加了婴儿所需要的牛磺酸，有利于宝宝的心、脑发育；

❼ 配方奶降低了牛奶中的蛋白质总量，调整了某些矿物质的比例，如钙、磷、钠、钾、氯等，减轻了肾脏的负荷。

因此，配方奶粉保证了宝宝的食用安全与健康。

宝宝为什么拒食

许多新妈妈在尝试给宝宝添加辅助食品时，常会碰到宝宝"拒食"的问题。宝宝"拒食"是有原因的。

生理方面的原因。在添加辅助食品

前，宝宝一直是"吮吸"母乳或配方奶等流质食物，而在宝宝4个月大需要添加辅食时，宝宝要通过勺子把半流质的食物吃到嘴里再"吞咽"下去。对宝宝来说，"吮吸"与"吞咽"是截然不同的两件事，需要一个逐渐学习和适应的过程。宝宝要尝试用舌尖把米粉、果泥、菜泥等食物送到口腔后部，再咽下去。而习惯了吮吸的宝宝，在吃奶时舌头是向外顶的。所以，宝宝在初次进食半固体食物时把食物"吐"出来是很正常的，应该多给宝宝尝试几次，让宝宝慢慢学习这一技巧。有时妈妈在自己制作食物时，食物性状过稠或口味过重，也有可能造成宝宝拒吃。

心理方面的原因。很多妈妈在宝宝过于饥饿甚至烦躁不安时尝试添加辅食，这样做很容易遭到宝宝的拒吃，甚至哭闹，更有的妈妈逼迫宝宝进食，几次以后，宝宝看见碗和勺就会本能地感到反感。因此，辅助食品添加的时机很重要，最好选择在哺乳后尚未吃饱或两次吃奶之间，妈妈和宝宝情绪都较好时添加辅食。从1勺开始，等到宝宝想多吃一些时再增加喂量，一般经过1周左右宝宝就可以度过适应期了。在宝宝适应后，逐渐增加辅食的品种，培养宝宝适应多种食物的能力，从小养成良好的饮食习惯。如果宝宝坚决不吃，也可过几天或1周后再试。只要妈妈有耐心和技巧，宝宝就能顺利掌握固体食物的进食技巧，为今后成功地过渡到进食成人食物打下扎实的基础。

宝宝吃奶睡着怎么办

许多宝宝一吃奶就会睡着，过不多久却又醒来哭吵着要吃奶，吃了一会儿又睡着了。婴儿吃不好，睡不足，影响健康，妈妈也得不到很好的休息。

面对这种情况，妈妈可在宝宝睡着时轻轻揉他的耳垂，或用手指弹他的足底，将宝宝弄醒后继续喂哺。如果宝宝实在不醒，也不要勉强，让宝宝在小床上睡，过不多久宝宝醒来可继续喂食。如此连续四五次之后，由于数次吸乳，宝宝

所需乳量已得到满足，就会睡较长时间，甚至四五个小时不醒。这时也不必把宝宝唤醒，等到宝宝饥饿时自会醒来，虽然这样喂奶的时间规律被打乱，但并不会影响宝宝的吃奶量。这种喂奶的方法实际上就是"按需喂奶"。等到宝宝满月后，这种一吃奶就睡觉的情况会逐渐改变，那时再建立按时喂奶的习惯也不晚。

如果经观察，宝宝一吃奶就睡着是因为母乳不足、吮吸太累所致，就应及时补充牛奶，否则，每次吸乳均吃不饱，会影响宝宝健康。两者必须加以区别对待。

　科学烹调，减少营养素的流失　

尽量减少米中维生素的损失。淘米时，最好根据米的清洁程度进行恰当清洗，不要用流动的水冲洗，也不要用热水烫洗，更不要用手用力搓洗。米淘洗的遍数越多，营养素损失也越多。特别是在水温较高，或在水中浸泡的时间过久时，维生素的损失会更严重。烹调时，米类以蒸或煮的方法为最佳。

蛋、肉、鱼尽量不要油炸。直接用油炸肉食类食物，可严重破坏其中的维生素。油炸鱼或肉时，如果在它们的表面上挂糊，就可避免食物与温度很高的油直接接触，使食物的营养素得到保护，减少营养损失。给宝宝吃红烧或清炖的肉或鱼时，应该连汤带汁一同吃。如果是肉食，要尽量炒着吃。

蔬菜烹调前要科学处理。如果蔬菜切的块过小或过碎，其中的一部分维生素C就会被空气氧化而破坏掉。过度地浸泡蔬菜也会导致营养素的损失。因此，烹调蔬菜时最好不要先切后洗。煮菜时汤不要太多，尽量浓一些，以便宝宝把菜和汤一起吃进去，从而减少营养素的损失。焯菜时要等到水沸了再下锅。做汤时等到水沸了再下菜，不要煮得太久。

为宝宝正确选择零食

零食是指正餐以外所进食的食物和饮料。宝宝爱吃零食，适量给宝宝吃一些零食，可及时补充宝宝的热量以满足身体需要，也会给宝宝带来快乐。但一定要适量，时间合适、量合适、食物选择恰当，不然会影响宝宝的正常饮食。

零食时间。因为宝宝的胃容量相对较小，而消耗量却相对很大，每餐所进食的食物，往往还没到下一次进餐时间就已基本消耗殆尽。因此，可在两餐之间给宝宝提供一些易消化的零食，而不要在餐前半小时到1小时之内吃，否则不仅影响正餐的食欲，对宝宝的牙齿也很不利。

零食的量。在给予宝宝零食时，一定要控制好数量，只要让宝宝不感到饥饿即可。如果吃多了，宝宝到该吃正餐的时候就没有胃口了。

注意卫生。吃零食前一定要洗手，每次吃完后，最好喝一点温开水，并要漱漱口或刷刷牙。

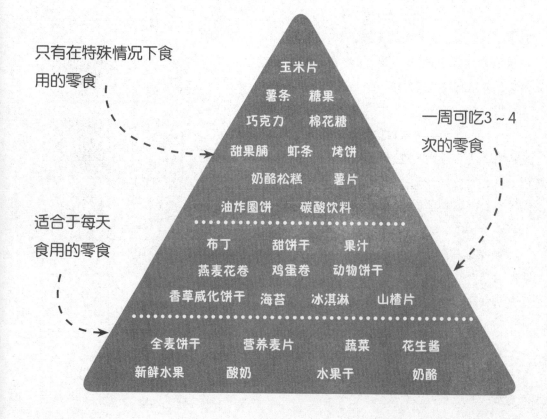

只有在特殊情况下食用的零食

适合于每天食用的零食

一周可吃3～4次的零食

玉米片
薯条　糖果
巧克力　棉花糖
甜果脯　虾条　烤饼
奶酪松糕　薯片
油炸圈饼　碳酸饮料

布丁　甜饼干　果汁
燕麦花卷　鸡蛋卷　动物饼干
香草威化饼干　海苔　冰淇淋　山楂片

全麦饼干　营养麦片　蔬菜　花生酱
新鲜水果　酸奶　水果干　奶酪

零食品种。究竟哪些零食是有营养的呢，这些食物该以什么样的频率给宝宝吃呢？我们设计了儿童零食金字塔，它可以帮你制定每周的零食计划。

 # 断奶注意事项

断奶，传统的方式往往是当决定给宝宝断奶时，就突然中止哺乳，或者采取母亲与宝宝隔离几天等方式。如果此时在宝宝断奶后缺乏正确的喂养，蛋白质得不到足量供应，长此下去，往往造成宝宝的蛋白质缺乏；可出现宝宝生长停顿、表情淡漠、头发由黑变棕、由棕变红、兴奋性增加，容易哭闹、哭声不响亮、细弱无力、腹泻等症状。这种宝宝脂肪并不少，看上去营养还可以，并不消瘦，但皮肤常有水肿，肌肉萎缩，有时还可见到皮肤色素沉着和脱屑，有的宝宝因为皮肤干燥而形成特殊的裂纹鳞状皮肤。检查可发现肝脏肿大。这些都是由于断奶不当引起的不良现象，医学上成为断奶综合征。

其实，有些妈妈把断奶理解为一个截断过程是错误的。宝宝如突然断奶而改喂粥及其他辅食时，心理上和精神上的不适应要比消化道的不适应远为严重。如果妈妈因断奶而与宝宝暂时放开，则宝宝精神上受到的打击更大。蛋白质摄入不足和精神上的不安，会使宝宝消瘦，抵抗力下降，易患发热、感冒、腹泻等病，预防断奶综合征的关键在于合理喂养和断奶后注意补充足够的蛋白质。

不要一下子断奶，这样宝宝难受，妈妈也要奶胀而难受，每天减少喂奶次数，渐渐用奶粉代替。这样妈妈分泌奶水也会越来越少，宝宝也不会很痛苦。

断奶后，母亲仍有不同程度的奶胀，可用吸奶器吸出，同时用生麦芽60克、生山楂30克煎当茶饮，3～4天即可回奶。这是一个渐进的过程，需要一定的时间让宝宝逐渐适应，也就是在添加辅食的基础上，逐步过渡到普通饮食，以利于宝宝的消化吸收、利用、代谢，保证其日常生活及生长发育的营养需要。

正确的断奶方法是将宝宝期以母乳为主的饮食逐步过渡到以糊、粥、饭为主，以及添加各种辅助食品至接近成人饮食的过程。正常发育的宝宝1岁左右就该断奶，最好不超过1岁半。断奶也应考虑适当的季节，宝宝有病或天气过冷、过热，都不宜给宝宝断奶。因为这段时间宝宝的消化功能弱，容易造成消化不良，最好选择宝宝身体健康、气候适宜的春秋两季。

断乳后，宝宝每日需要热量4602~5821千焦（1 100～1 200千卡），蛋白质35～40

克，需要量较大。由于宝宝消化功能较差，不宜进食固体食品，应在原辅食的基础上，逐渐增添新品种，逐渐由流质、半流质饮食改为固体食物，首选质地软、易消化的食物。鉴于此，婴幼儿的饮食可包括乳制品、谷类等。烹调时应将食物切碎、烧烂，可用煮、炖、烧、蒸等方法，不宜油炸及使用刺激性配料。

断乳后宝宝进食次数，一般每日4～5餐，分早、中、晚餐及午前点、午后点。早餐要保证质量，午餐宜清淡些。例如，早餐可供应牛乳或豆浆、蛋或肉包等；中餐可为烂饭、鱼肉、青菜，再加鸡蛋虾皮汤等；晚餐可进食瘦肉、碎菜面等；午前点可给些水果，如香蕉、苹果片、鸭梨片等；午后为饼干及糖水等。每日菜谱尽量做到多轮换、多翻新，注意荤素搭配，避免餐餐相同。此外，烹调技术及方法，也会影响宝宝的饮食习惯及食欲。若色、香、味俱全，可促进婴幼儿食欲，增多食物摄入，加强消化及吸收功能。

 # 怎样冲调配方奶粉

由于宝宝的消化能力是有限的，所以，在为其调配配方乳时一定要仔细阅读产品说明书，不能随意冲调。调配过浓宝宝难以消化，容易增加宝宝的肠胃负担，冲调过稀则会影响宝宝的正常生长发育。正确的冲调比例，应基本按照产品说明书的比例冲调，然后根据宝宝喂养后的体重、情绪、排泄、睡眠等情况做适当的调整。配方奶粉一定要合理加水冲调成牛奶后才可以给新生儿吃，其方法有两种：

❶ 按重量配制：奶粉∶水＝1∶7，即1克奶粉加7克水配成牛奶。如30克奶粉加水210毫升，但这种方法不太实用。

❷ 按容量配制：在实际应用时常用容积计算，按奶粉∶水＝1∶4的容积比例配制，即1平匙奶粉加4平匙水，可冲成与新鲜牛奶相同的浓度。冲时先取一个上下粗细一样或有刻度的奶瓶加入一定量的奶粉，然后加4倍奶粉体积的水。如果月龄是1个月内的新生儿，那么这种牛奶浓度对于新生儿来说太浓了，需要按稀释鲜牛奶的方法加水稀释。

家长在给宝宝冲调奶粉时，应该避免冲成的牛奶过浓或过淡。牛奶太浓会引起小儿消化不良、失水、氮质血症而致肾功能衰竭；牛奶太稀，则长时间喂养后可导致小儿营养不良。此外，在冲调过程中，如果是速溶奶粉，把所要的水直接冲入奶粉就可以了。如果不是速溶奶粉，则先把奶粉加少许冷开水搅拌成糊状，直至没有凝块和颗粒，再加入一定量的温开水（不能用开水），这样就可以喂给宝宝吃了。

冲调配方奶粉，具体操作如下：

❶ 家长在冲调奶粉前，应用香皂和清水将双手洗干净。

❷ 将干净的奶杯、奶瓶、奶盖及奶嘴置入锅内，用清水浸没。盖上锅盖煮沸10分钟，冷却。

❸ 在另外一个水壶中将饮用水煮沸后，晾至40℃将所需要适量的温开水倒入消毒后的奶瓶中。

❹ 打开奶粉罐，根据罐上的说明，用罐内的专用量匙量取适量的奶粉。

❺ 量取奶粉后加入一定的温开水。

冲调配方奶粉的过程中，需注意的事项：

奶粉最好现配现吃，不要将已冲调好的奶粉再次煮开。因为这样会使奶粉中所含的蛋白质、维生素等营养物质的结构发生变化，从而失去原有的营养价值。

最好不要自行增加奶粉的浓度或在奶粉中添加辅助品。因为这样会增加宝宝的肠道负担，导致其消化系统紊乱，引起便秘或腹泻，严重的还会引起坏死性小肠结肠炎。

喂宝宝奶粉时不要再添加额外的饮用水。因为只要按适当的比例调制奶粉，正常情况下宝宝是不会"上火"的。

当宝宝患病服药时，不可将药物加到奶粉中喂服。

奶粉应储存在干燥、通风、避光处，温度不宜超过15℃，否则会影响其质量。

冲泡所用的开水必须完全煮开，不要使用电热水瓶热水等，因其未达沸点或煮沸时间不够达不到最佳的效果；冲泡开水必须调至适当的温度（以40～60℃为宜），并将水滴至手腕内侧，感觉与体温差不多方可；

如果一次冲泡多量的奶水时，则需将泡好的奶水立即放入冰箱内储存，并于一天内吃完，千万不可将奶水放在室温中，否则容易使奶变质，而影响宝宝的正常发育。

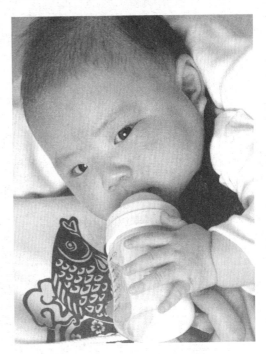

宝宝要适当吃些粗粮

　　粗粮即五谷杂粮，是相对于我们平时吃的大米、白面等细粮而言，主要包括谷类中的玉米、小米、紫米、高粱、燕麦、荞麦、麦麸以及各种干豆类，如黄豆、青豆、红豆、绿豆等。粗粮的营养价值并不比细粮差，甚至在某些方面还超过细粮，比如纤维素。而流行病学调查资料表明，饮食中如果缺乏纤维素，将容易诱发结肠癌、胆石症、糖尿病等。因此，宝宝的膳食不要过于精细，要适当吃点粗粮。宝宝7个月后就可以吃一点粗粮了，但添加需科学合理。

　　酌情、适量。 如宝宝患有胃肠道疾病时，要吃易消化的低膳食纤维饭菜，以防止发生消化不良、腹泻或腹部疼痛等症状。1岁以内的宝宝，每天粗粮的摄入量不可过多，以10～15克为宜。对比较胖或经常便秘的宝宝，可适当增加膳食纤维摄入量。

　　粗粮细作。 为使粗粮变得可口，以增进宝宝的食欲、提高宝宝对粗粮营养的吸收率，从而满足宝宝身体发育的需求，妈妈可以把粗粮磨成面粉、压成泥、熬成粥，或与其他食物混合加工成花样翻新的美味食品。

　　科学混吃。 科学地混吃食物可以弥补粗粮中的植物蛋白质所含的赖氨酸、蛋氨酸、色氨酸、苏氨酸低于动物蛋白质这一缺陷，取长补短。如八宝稀饭、腊八粥、玉米红薯粥、小米山药粥等，都是很好的混合食品，既提高了营养价值，又有利于宝宝胃肠道消化吸收。

　　多样化。 食物中任何营养素都是和其他营养素一起发挥作用的，所以宝宝的日常饮食应全面、均衡、多样化，限制脂肪、糖、盐的摄入量，适当增加粗粮、蔬菜和水果的比例，并保证优质蛋白质、碳水化合物、多种维生素及矿物质的摄入。只有这样，才能保证宝宝的营养均衡合理，有益于宝宝健康地生长发育。

如何为宝宝创造良好的进餐氛围

为给宝宝创造一个良好的进餐氛围，爸爸妈妈可以从以下几个方面努力：

要从饭前情绪培养起。饭前要让宝宝保持愉快和稳定的情绪，不要做影响宝宝情绪的事情，如不要让宝宝在饭前猛玩，或者大声哭泣，如果宝宝比较疲劳，可以先休息一会再就餐。

吃饭时千万不要训斥宝宝。同时爸爸妈妈不要讲一些不愉快的事情，否则这些不好的情绪也会传染给宝宝。

爸爸妈妈不要为了刻意创造"愉快"的气氛，在吃饭时逗宝宝笑。这样不仅会使宝宝的消化液分泌减少，影响食欲，还可能使宝宝将食物呛入气管而发生意外。

正确应对挑食、厌食。如果宝宝已经有挑食、厌食的习惯，在进餐时不要大惊小怪，而应顺其自然。要在平时进行教育，同时在饮食结构上进行合理的调整。

对宝宝进餐时的一些好的行为要及时加以赞扬，以提高其进餐的积极性。

人工喂养需注意的事项

宝宝生下后，妈妈没有奶水或奶水不足，或因患有某些疾病而不能母乳喂养等情况下，都需要进行人工喂养，而人工喂养的首选食品是牛奶。但是，缺少育儿经验的年轻父母，不知道如何用牛奶喂养宝宝，结果不但不能充分利用牛奶的营养，反而会影响宝宝的健康。在此，介绍一下用牛奶喂养宝宝的注意事项，供家长们参考。

不要过量。每个宝宝对牛奶的需要量个体差异很大，妈妈应该灵活掌握，以吃饱并能消化为宜，不必严格限制。一般来说，以牛奶为主食的宝宝每天喝牛奶不得超过1 000毫升，否则大便中会有隐性出血，时间一长容易发生贫血。

不必兑水。过去，在给新生儿、婴儿喂牛奶时，先让小儿吃兑水的稀牛奶，近年这种做法已被否定。营养学家认为，这种喂奶方法对小儿并不好，因为3个月以下宝宝肾脏功能尚未健全，体内水积存过多，容易导致水中毒。实践证明，只要宝宝吃后不吐泻，就应喂纯牛奶，这样喂养的宝宝体重增长较快。

牛奶"怕酸"。用牛奶喂养的宝宝，容易出现大便干结、排便困难，有的家长为了减轻宝宝的痛苦，让他们多饮果汁等饮料。其实，因喝牛奶引起的大便干结，只要酌情减少奶量，再增加一些糖，问题就会解决。如果让宝宝经常饮用果汁，不但效果不好，而且还会影响他们的健康。原因是牛奶中某些蛋白质，遇到这些弱酸性饮料会形成凝胶物质，变得不易消化吸收。饮用果汁等的时间，要与喂牛奶时间隔开，一般以喂牛奶后一小时为宜。

不宜多吃糖。这是因为牛乳中所含的碳水化合物比母乳要少，想要使牛乳提高热量，就必须用加糖的方法来弥补。加糖量是每100毫升牛乳加5~8克。加糖绝不是因为校味，不可随便乱加。当婴儿逐渐长大，在每日膳食中逐渐补充淀粉类食品，如奶糕、粥、面条等，加在牛奶中的糖就可适当减少。因为淀粉也是碳水化合物，可以弥补牛乳中碳水化合物的不足。

对于幼儿来说，喝牛奶没有加糖的规定，淡牛奶也可饮用，若吃甜牛奶的习惯已经养成，少加些糖也无妨，但加糖太多则要影响胃口，而且多吃糖容易发生龋病，不利于牙齿的健康。同时，过多的糖在体内会转化成脂肪积存起来，久而久之，致使幼儿患肥胖症，对健康也不利。

不要掺米汤，也不宜用炼乳、麦乳精、糕干粉、米面糊等食品来代替母乳或牛羊奶。有些家长喜欢在牛奶中掺些米汤、米粥，再喂给宝宝吃，这也是一种错误吃法。将牛奶与米汤掺和后置于不同温度下，会损失维生素A，而宝宝如果长期维

生素A摄入不足，就会出现发育迟缓、体弱多病等，所以最好把牛奶、奶粉与米汤等分开喂宝宝。

炼乳、麦乳精、糕干粉、米面糊等食品都以含碳水化合物为主，蛋白质含量不足，长期用这些食品喂婴儿会使婴儿发生虚胖，营养不良、贫血、抵抗力下降等现象。

不要多饮冰牛奶。很多家长图方便或怕买不到牛奶，往往一次买很多袋装鲜牛奶，然后放入冰箱内随吃随取。要知道，牛奶在零下0.55℃即可结冰。牛奶结冰后，质量将受到严重影响。牛奶中的脂肪、蛋白质分离，干酪素呈微粒状态分散于牛奶中。即使再加热溶化，牛奶的味道也明显变薄，营养价值大大降低。因此，不要多饮冰冻牛奶。另外，冰牛奶会增加肠胃蠕动，引起轻度腹泻。患有伤风感冒的小儿，饮冰牛奶还会加重病情。

试温两法。喂宝宝牛奶前，一定要试一试牛奶的温度。以下是两种试奶温的方法：

❶ 可先滴几滴牛奶在大人手腕上，因为手腕部对温度较为敏感。如果感到滴下的牛奶温度不冷不热，说明牛奶的温度和手腕皮肤温度相似，大约为37℃，那就可以给宝宝吃了。

❷ 把奶瓶贴在面颊部试温，如果不感到烫或冷，说明与体温接近，可以喂给宝宝吃。

科学保温。很多父母为了方便，常常将煮沸的牛奶放在保温杯内，宝宝啼哭要吃奶时，就可将牛奶倒入奶瓶中喂。这样做是很方便，但并不科学。因为牛奶煮开后，温度会逐渐下降，其中含有的蛋白质及碳水化合物，是细菌很好的培养基。在牛奶中，细菌每20分钟就能繁殖一代，3～4小时后就可使牛奶变质，对宝宝健康威胁很大。另外，保温杯中恒定的温度，可破坏牛奶中的维生素等，也会直接影响宝宝的健康。

宝宝拒绝蔬菜和水果怎么办

蔬菜、水果可以为人体提供丰富的维生素、矿物质及纤维素，是维护宝宝正常发育不可或缺的食物。可一些宝宝不喜欢吃蔬菜、水果。这时妈妈应找出原因，想一想适合自己宝宝的解决方法，让宝宝慢慢接受。

一口饭菜在口中含了好久。观察看看，是不是因为有青菜在里边。如果是，下一口食物可选择宝宝喜欢的食物。有时可将宝宝喜欢吃的食物与蔬菜混合在饭中，一起喂食。

咬不下去。蔬菜因纤维素的存在，宝宝咀嚼较费力，可能容易放弃吃这类的食物。制作餐点时，记得选择新鲜幼嫩的原料，或将食物煮得较软，便于宝宝进食。

吞不下去。一些金针菇、豆芽及纤维太长的蔬菜，直接吞食容易造成宝宝吞咽困难或产生呕吐的动作，建议制作时应先切细或剁碎。

呕吐的动作。部分的蔬果含有特殊气味：如苦瓜、荠菜、荔枝，宝宝可能不太

接受，可减少供应的量或等宝宝较大时再试。

太酸了。大部分的宝宝可能无法接受太酸的水果，可将水果放得较熟以后再吃。也可试试混合甜的水果加些酸奶打成果汁（不滤汁），或是做成果冻吸引宝宝尝试。

只要找出以上原因并采取相应对策，相信宝宝会爱上吃蔬菜、水果的。

怎样避免喂出肥胖儿

肥胖发生原因虽与遗传有关，但最直接的原因可能是妈妈缺乏科学的喂养知识，给宝宝过分增加营养，过多进食，造成热量过剩，从而导致肥胖，所以合理喂养是避免宝宝肥胖的主要措施。

根据宝宝的具体情况合理添加辅食。 开始添加辅食后，宝宝的代谢水平不同，可根据体格发育情况，在正常范围内让宝宝顺其自然选择进食的多少，不必按"标签"过度喂养。

减少糖、脂肪的摄取量。 糖和脂肪为人体热量的主要来源，所以给宝宝喂高热量食物时要有所控制，减少油、脂肪、糖等的摄入，少吃油炸类食物。

供给足够的蛋白质。 蛋白质是宝宝生长发育不可缺少的营养物质之一，以1~2克/千克为适量，可选择瘦肉、鱼、虾、豆制品等作为补充蛋白质的来源。

矿物质不可少。 矿物质是人体的重要组成部分。它在体内不能合成，只能从食物中摄取，如钙、铁、锌、碘等直接影响宝宝的生长发育，所以饮食中不可缺少。

维生素要适量。 维生素是维持人体健康所必需的营养素之一，供给不足或过量，都会产生疾病。维生素一般不能在体内合成，主要是从食物中摄取，对宝宝健康影响最大的有维生素A、维生素D、维生素E、维生素K、B族维生素、维生素C等。

1~6个月的宝宝

定时喂奶、奶量个体化。 用配方奶或者母乳与配方奶混合喂养的宝宝，应固定喂养时间，最好每4小时喂一次奶；奶量以宝宝自己喝饱为准，既不要用其他同龄宝宝的奶量为标准，也不要刻意按照奶粉包装上建议的量来"强制性达标"。

正确喝水，不让"甜水"成为宝宝超重的帮凶。 从出生时起就应培养宝宝喝白水的习惯，不让他们"早恋"上甜水，以免带来额外的热量摄入，使体重增加更快。

让奶粉和辅食"划清界限"。 添加了辅食后，宝宝对奶的兴趣会减少，父母不要为了保证奶量就把奶粉冲调成浓于标准浓度，更不要过早在奶中添加米粉等辅食，对于6个月的宝宝，应该让米粉和蛋黄或菜泥的组合单独成为一顿"正餐"了，这对饮食习惯的培养很重要。

原味辅食自己动手（DIY），不让罐装辅食为宝宝的体重"添砖加瓦"。 妈妈最好自己给宝宝制作菜泥、米糊之类的食品，不要过多依赖于各种市售的罐装婴儿泥糊类食品。

缓解宝宝的"饥饿感"。 对于食欲旺盛的胖宝宝，增加饮水量以及蔬菜和豆类在辅食中的比例，可以有效增加"饱腹感"。

请胖墩宝宝离水果远一点。 如果宝宝已经超重，上下午的水果点心就绝对成为了"累赘"。

7～12个月的宝宝

不让"汤"来帮助宝宝"虚胖一场"。大量的脂肪不仅干扰钙吸收，影响消化能力，增加体内脂肪，还会减少宝宝对"白味"食物的兴趣，助长"挑食"的不良饮食习惯。其实，原汁原味的粥、面、菜、肉是最适宜宝宝的辅食，肉汤偶尔为之（一周1～2次）即可，而且还应撇去浮在表面上的白油。

午餐"瘦"一些、晚餐"素"一些。肉类最好集中在午餐添加，宜选择鸡胸、猪里脊肉、鱼虾等高蛋白质低脂肪的肉类；而晚餐的菜单中则最好以木耳、嫩香菇、洋葱、香菜、绿叶菜、瓜茄类菜、豆腐等为主。

避免淀粉类辅食在胖宝宝饮食中比例太大。土豆、红薯、山药、芋头、藕等食物，尽管营养价值高，但由于易"嚼"且含有大量淀粉，因此容易被吃多，故而容易"助长"宝宝的体重。因此，妈妈要适当减少它们在宝宝菜单中出现的频率，且最好是搭配绿叶菜而不是大量的肉类一起吃。

控制水果只"吃"不"喝"。每天半个苹果量的水果就足矣；如果是葡萄、荔枝等高甜度的水果，则更不要太多。此外，果汁特别是市售的瓶装果汁的热量密度，远高于新鲜水果，且"穿肠而过"的速度太快，喝了既长肉又不管饱，还对牙齿不利，因此不宜给宝宝多食用。

管住"油"和"糖"，减少小点心。磨牙棒和小饼干固然是锻炼宝宝咀嚼能力的好工具，但也常常是含油或糖较高的食品，不宜给宝宝多吃。妈妈可以用烤馒头干、面包片等做替代品。

适量吃粗粮。各种杂豆、燕麦、莜麦、薏苡仁等杂粮远比精米精面更能增加宝宝的饱腹感、加速代谢废物排泄，待宝宝的胃肠能够接受时，可以做成烂粥烂饭给胖宝宝食用。

温馨提示

　　每个宝宝的生长速度都有自己的特点，体重不是衡量宝宝是否太胖的唯一标准，按月龄的生长发育曲线图特别是身高、体重发育曲线图更有说服力。建议妈妈定期带宝宝去做保健检查，让医生应用综合指标来评判宝宝的肥胖程度。

添加辅食三大原则及四忌

1 小量试喂，逐样尝试

即先加一种，小量开始，逐渐加量，由少到多，由稀到稠，由淡到浓，由细到粗，由一种到多种，循序渐进。不要几种辅食一起添加，应先试一种，隔3~5天再加另一种。这样可以使宝宝有逐渐适应的过程。

2 注意观察

添加辅食后要注意观察宝宝的皮肤，看看有无过敏反应，如皮肤红肿、有湿疹，应停止添加这种辅食。此外，还要注意观察宝宝的大便，如大便不正常也应暂停添加这种辅食，待其大便正常，无消化不良症状后，再逐渐添加，但量要小。添加过程中，如果宝宝对一种食品无不良反应时，再添加新品种的食物。

3 要有耐心

宝宝从吃流质食物(奶类)过渡到吃固体食物有一个适应和学习过程。吃流质食物主要是吸吮的动作，而吃米粉等固体食物，更多地要靠吞咽动作，所以宝宝刚开始学会吞咽米粉，功能尚不完善，有一部分会吐出来。这并不表示宝宝不愿意吃米粉，仍应坚持每天喂米粉1~2次。米粉调稀薄一点，用勺子将米粉放在宝宝舌头的前半部分，1周左右宝宝就可以适应，吞咽会

逐渐顺利。

营养不良是宝宝常见的疾病，1岁以下的宝宝发病率尤高。除了先天因素(如早产、双胎、大体重、先天畸形等)外，绝大部分营养不良是因后天的喂养有问题，尤其是辅食添加不合理所致。常见的有以下几种情况。

过早。刚离开母体的宝宝，消化器官很娇嫩，消化腺不发达，分泌功能差，许多消化酶尚未形成，此时还不具备消化辅食的功能。如果过早添加辅食，会增加宝宝消化功能的负担，消化不了的辅食不是滞留在腹中"发酵"，造成腹胀、便秘、厌食，就是增加肠蠕动，使大便量和次数增加，最后导致腹泻。因此，出生4个月以内的宝宝忌过早添加辅食。

过晚。有些家长怕宝宝消化不了，对添加辅食过于谨慎。宝宝早已过了4个月，还只是吃母乳或牛奶、奶粉。殊不知宝宝已长大，对营养、能量的需要增加了，光吃母乳或牛奶、奶粉已不能满足其生长发育的需要，应合理添加辅食了。同时，宝宝的消化器官功能已逐渐健全，味觉器官也发育了，已具备添加辅食的条件。另外，此时宝宝从母体中获得的免疫力已基本消耗殆尽，而自身的抵抗力正需要通过增加营养来产生，此时若不及时添加辅食，宝宝不仅生长发育会受到影响，还会因缺乏抵抗力而导致疾病。因此，对出生4个月以

后的宝宝要开始适当添加辅食。

过滥。宝宝虽能添加辅食了，但消化器官毕竟还很柔嫩，不能操之过急，应视其消化功能的情况逐渐添加。如果任意添加，同样会造成宝宝消化不良或肥胖。让宝宝随心所欲，要吃什么给什么，想多少给多少，又会造成营养不平衡，并养成偏食、挑食等不良饮食习惯，可见添加辅食过滥同样也是不合适的。

过细。有些父母过于谨慎，给宝宝吃的自制辅食或市售的宝宝营养食品都很精细，使宝宝的咀嚼功能得不到应有的训练，不利于其牙齿的萌出和萌出后牙齿的排列。食物未经咀嚼也不会产生味觉既勾不起宝宝的食欲，也不利于味觉的发育，面颊发育同样受影响。这样，宝宝只能吃粥和面条，不会吃饭菜，制作稍有疏忽，就会感到恶心呕吐，于是干脆不吃或者吃了也要吐渣。长期下去，宝宝的生长当然不会理想，还会影响大脑智力的发育。

 ## 几种做宝宝辅食的方法

做果汁。可使用果汁挤压器挤汁，也可用纱布挤汁，或放在小碗里用小勺压出果汁。如鲜橘汁，可将新鲜橘子洗净，剥下橘肉，放在碗里用小勺压出橘汁，除去残渣后即可。做番茄汁时，将新鲜番茄洗净，用开水烫一下，去皮，包在纱布里挤出果汁，也可放在碗里用小勺挤压，将汁倒出即可。

需要注意的是，做果汁时一定要保持双手及使用器具干净，能煮沸消毒的要事先消毒好再用。刚做出的果汁可加温水稀释或加少许糖后再给宝宝饮用。不要从市场上购买成品果汁给宝宝喝，因为这些果汁大部分含糖量较高，且有不同浓度的防腐剂。自制果汁中含有丰富的维生素C和矿物质。

做菜汤。将新鲜蔬菜如白菜、菠菜、油菜、黄豆芽、萝卜、胡萝卜等，洗净切碎。先将锅内放水适量烧开，加入洗净切碎的蔬菜并煮开，再用小火煮3~5分钟，豆芽、胡萝卜则需煮烂，放凉后，用汤匙挤压蔬菜取汤即可。或用果汁挤压器挤出汤汁，放适量盐即可。这种菜汤中含有丰富的维生素C、B族维生素，胡萝卜素及矿物质，如钙、磷、铁等。

做米汤。将锅内水烧开后，放入淘洗干净的小米或大米，煮开，再用小火煮成烂粥，撇出米汤即可食用，也可加入菜汤等一起食用。米汤汤味香甜，含有丰富的蛋白质、脂肪、碳水化合物及钙、磷、铁，维生素C、B族维生素等。

做鱼泥。将鲜鱼洗净、去鳞、去除内脏，加少许盐后放在锅里清蒸，然后去皮、刺，将鱼肉挑放在碗里，用汤匙挤压成泥状，也可从红烧鱼上挑取鱼肉制作，可将鱼泥加入稀粥中一起喂给宝宝吃。鱼肉中含有丰富的蛋白质、脂肪及钙、磷、锌等。

做肝泥。将生猪肝洗净后放入锅内，加水、大料、葱段、姜片、精盐、酱油，烧开后将猪肝捞出，再放在干净的板上剁碎成细小颗粒即可。可放入稀粥或面条中一起食用。肝脏中含有丰富的优质蛋白质、脂肪、钙、磷、铁及维生素，是防治营养性贫血的佳品。

蒸鸡蛋羹。将鸡蛋打入碗中，加入适量水（约为鸡蛋的2倍）和少许盐，调匀，放入锅中蒸成凝固状即熟。给8~9个月的宝宝吃时可事先放入适量植物油，可直接用小勺喂给宝宝吃。鸡蛋羹软嫩可口，营养价值高，含丰富的蛋白质、脂肪，尤其是蛋黄中含有卵磷脂及铁、钙、磷、维生素A、维生素D，B族维生素等，既可营养大脑，又能满足宝宝对铁的需要。

做菜泥。将新鲜的绿叶蔬菜、胡萝卜、土豆洗净切碎，放入锅内，加盖煮开15分钟，也可清蒸。熟后盛在碗里，用小勺搅成泥状即可，可放入稀粥中一起食用。

 # 宝宝辅食添加技艺

"适口、适量、适应"这三项辅食添加技艺，具体说来，就是辅食添加一定要遵循由少到多，由单一到多样，由泥状–糊状–固体状递进的原则。下面10项是给您的友善提醒：

① 添加初期一次只喂一种新食物，以便判别此种食物是否能被宝宝接受。若宝宝产生不良反应，如过敏，您能很容易找出问题所在。

② 辅食的分量应由少到多，由稀到浓。先从浓度低的液体食物开始添加，再慢慢改为泥状，最后是固体食物。

③ 遵照进度给予宝宝各类食物，以免宝宝身体负担过大，引起消化不良。

④ 最好的喂养方式，是将食物装在碗中或杯内，用汤匙一口一口地慢慢喂，训练宝宝开始适应大人的饮食方式。当宝宝具有稳定的抓握力之后，可以练习宝宝自己拿汤匙。

⑤ 可以把米粉或麦粉作为添加的第一种辅食。切勿把米粉直接加入奶瓶中让宝宝吸食，应调成糊状，用汤匙喂给宝宝吃。

⑥ 每次喂一种新食物后，必须注意宝宝的粪便及皮肤有无异常现象，如腹泻、呕吐、皮肤出疹子或潮红等。若宝宝在三五天内没有发生上述不良反应，可以让他再尝试其他新食物；若有任何异常反应，应立即停止喂宝宝吃这种食物，并带宝宝去看医生。

⑦ 最好选在宝宝喝奶之前喂他辅食，这样他不会因为已吃饱而拒吃辅食。

⑧ 采取少量多餐的方式，避免过度喂食。

⑨ 喂完辅食，注意给宝宝补充水分。

⑩ 每个宝宝的气质不同，有些个性较温和，吃东西速度慢，您千万不要责骂催促，只要想办法让宝宝的注意力集中在"吃"这件事上就可以了。

4 合理摄取营养素 让宝宝更健康

　　为了生长发育的需要，宝宝需要食物；为了宝宝的健康，无论宝宝有多大，食物中都应含有充足的蛋白质、维生素、碳水化合物和矿物质。至少在4个月以前，婴儿主要靠吃奶吸收这些营养。过了4个月，等宝宝开始吃更多辅助食物的时候，只要父母给宝宝准备合理、均衡的膳食，宝宝就能得到所需的全部营养。

　　大多数的营养素可以靠一日三餐来提供，适当地补充一些营养素对孩子是很有好处的。不过，量和方法很重要。孩子发育需要的营养素，很多都能在天然食品中得到。

水

水是人体六大营养素之一，也是人体的重要组成部分，对于成人而言，人体内的水占到了人体体重的60%，对于宝宝则还会更多些。水是保持人体内环境稳定的基础，在保持人体体温平衡和维持人体新陈代谢等方面，起着非同小可的作用。体内如果缺少水，轻者会使人容易疲劳，形成代谢障碍；严重者会出现代谢紊乱，甚至危及生命。

宝宝处于生长发育阶段，代谢旺盛，对水的需求量大。因此，家长应注意科学地给他们补充水分。

那么宝宝究竟应喝多少水呢？这要视月龄而定，并非越多越好。在新生儿期，宝宝的肾脏发育尚未完善。所以喝水量要严格掌握，一次20毫升即已足够。随着月龄增长，喝水量也要相应增多。一般而言，吃母乳的宝宝需水量相对少，而喝牛奶的宝宝需水量就多一些。到了1岁，宝宝活动量大了，需水量也相应增多。此时，应让宝宝每天至少喝3次水，每次水量在100～200毫升。天气干燥及夏天时还要相应增加。过了1岁，宝宝每天的饮水量就应在500毫升以上了。

不少年轻父母用各种新奇昂贵的甜果汁、汽水或其他饮料代替白开水给宝宝喝，其实这样做并不妥当。饮料里面含有大量的糖分和较多的电解质，喝下去后并不会像白开水那样很快就离开胃部，它反而会长时间滞留，对胃部产生不良刺激。下面是一些常见的市售饮料的成分分析：

1 汽 水

汽水又称"碳酸水"，是由糖、水、柠檬酸、小苏打制成，亦有充二氧化碳的。根据品名不同，在其中还会添加不同的香精和色素。宝宝常喝碳酸饮料对身体内钙的吸收不利。国外的可乐型饮料中还含有咖啡因，宝宝更不宜喝。

2 果 汁

果汁一般分为原果汁和果味型饮料两种，原果汁是鲜水果直接压榨而来，由于来源受限，所以价格高、品种少。包装好的原果汁饮料在制作方法中，通常要加入一定的防腐剂。大多数名为果汁的饮料都是果味型果汁，是由水、糖、乳化果味香精及相应的色素制成。有时，在这些饮料中也会加入少量的原果汁，但由于制备和运输过程中，其中的氨基酸和维生素损失许多，已没有什么营养上的实际意义。

③　乳酸菌饮料

乳酸菌饮料也存在着上述问题。活菌在制备和运输上都较直接加乳酸的复杂，所以，经常可遇到的是加乳酸而非含乳酸活菌的饮料。

④　太空水、矿泉水

太空水为纯水，矿泉水含有一定的微量元素，两者均不含糖。这些水又是市场上的走俏商品。但是，在生产中如果被污染，则对宝宝不利，所以，父母要慎重考虑，它们并不一定优于白开水。

蛋 白 质

1　营养功能

蛋白质被视为生命的载体，是增长肌肉和减脂的关键营养素，它有影响肌肉生长、免疫力、造血等多种生理功能，它能促使肌肉的发达，力量的增长，保证体内各类分泌物的平衡，提高免疫能力，作为能量释放。

蛋白质是宝宝代谢反应不可缺少的酶、神经递质、基因、血液成分、免疫力抗体，同时也是能量来源。蛋白质是结合氨基酸形成的物质，由22种基本氨基酸组成，不同种类的蛋白质由不同种类、不同数量的氨基酸组成，其中有8种氨基酸是宝宝成长过程中所必需的氨基酸。

据营养专家研究，婴幼儿阶段最容易缺乏热量，热量主要是由蛋白质、碳水化合物及脂肪代谢后提供。如果摄入量少会引起热量供应不足，短期内表现为体重不增或增长缓慢，长期则营养不良。而蛋白质主要由动物性食物或奶类提供。新生儿出生后母乳不足而多选用人工喂养，以米粉冲成米糊或用麦乳精、甜炼乳喂养等，父母却忽视了这些食物中缺乏蛋白质，长久以往，会给宝宝健康带来隐患。

不同时期的宝宝对于蛋白质的需求也不相同。一般情况下，宝宝时期的蛋白质来源主要是母乳和奶粉，每100毫升的母乳中约含有1克的蛋白质。多数宝宝奶粉中含有较多的蛋白质，大约是母乳的2倍。以下是不同时期的宝宝对于蛋白质的需求量：

1 足月的新生宝宝

这个时期的宝宝对于蛋白质的摄入有一个这样的标准：根据宝宝的体重，平均每天每千克体重大约需要2克蛋白质，如果按体重3千克来计算，每天给新生宝宝喂630毫升的母乳或者450毫升的宝宝配方奶粉，就能满足宝宝对蛋白质的需求了。

但是对于早产儿来说，所需要的蛋白质会比正常出生的宝宝要更多一些，通常每千克体重需要3～4克的蛋白质。当宝宝长到与足月宝宝一样大时（2.5千克以上），对蛋白质的需求就和一般足月新生儿一样了。

2 婴儿期的宝宝

这个时期的宝宝所摄入的大多数蛋白质用于生长发育。一般来说，宝宝生下来的第一年，生长速度是最快的，所以对蛋白质的需求要比一生中的其他时间要多，大概是成人的3倍。这个阶段蛋白质的获得途径主要是母乳或配方奶。营养专家建议：1岁以下的宝宝吃700～800毫升母乳或配方奶就基本可以获得足够的蛋白质了。

3 1～3岁的宝宝

这个时期的宝宝每日所需的蛋白质供给量为35～40克。对于家长来说，由于宝宝的成长，基本上已经可以食用多种食物，所以，父母可以通过日常饮食中的肉、蛋、鱼、豆类及各种谷物类来给宝宝提供足够的蛋白质。例如，每天450毫升左右的乳制品+鱼肉类约100克+豆制品类80克左右+蔬菜水果类各80克左右+米饭类100克左右。

以下是新生宝宝的每日饮食建议：

项目	奶类（毫升）	水果	蔬菜	五谷	肉类
1个月	630～840				
2个月	720～1080				
3个月	720～1080				
4个月	900～1050				
5个月	900～1050	果汁 1～2匙	蔬菜汤1～2匙	米糊1/4碗	
6个月	900～1050	果汁 1～2匙	蔬菜汤1～2匙	米糊1/4碗	

（续表）

项目	奶类（毫升）	水果	蔬菜	五谷	肉类
7个月	840～960	果汁或果泥1～2匙	蔬菜汤或蔬菜泥1～2匙	稀饭、面条或是米线1/4碗	鱼肉或瘦肉1/2匙；鱼松或肉松1/2匙
8个月	840～960	果汁或果泥1～2匙	蔬菜汤或蔬菜泥1～2匙	吐司面包1/2片或者馒头1/8个	蛋黄泥1/4个；豆腐1/2匙
9个月	840～960	果汁或果泥1～2匙	蔬菜汤或蔬菜泥1～2匙	米糊或麦糊1/2碗	豆浆1/4杯
10个月	630～720	果汁或果泥2～3匙	剁碎蔬菜2～3匙	稀饭、面条或米线1碗	鱼肉或瘦肉1匙；鱼松或肉松1匙
11个月	630～720	果汁或果泥2～3匙	剁碎蔬菜2～3匙	吐司面包2片馒头1/2个	全蛋1/3个；豆腐3匙
12个月	630～720	果汁或果泥2～3匙	剁碎蔬菜2～3匙	米糊或麦糊2碗；干饭1/2碗	豆浆1/2杯
1～2岁	480	水果半碗	剁碎蔬菜1/4～1/2碗	稀饭、面条或米线1碗；干饭1碗；吐司面包4片；馒头1个	鱼肉或瘦肉11/2匙；鱼松或肉松11/2匙；全蛋1/2个；豆腐4匙；豆浆3/4杯

　　蛋白质确实很重要，我们的肌肉、骨骼、脑、神经、毛发、指甲、血液、激素以及五脏六腑的组织几乎都是蛋白质构成的。如果把生命比做一艘大船，那么蛋白质就是建造船的材料，生命的小舟要起航，蛋白质无论如何不能少。

2　主要食物来源

　　动物蛋白质如肉、鱼、蛋等。
　　植物蛋白质主要是豆制品。

3 宝宝缺乏症状

生长发育缓慢，智力发育缓慢，大脑变得迟钝。

活动减少，精神不佳，抵抗力下降，易患传染性疾病。

食欲不振，出现偏食、厌食、贫血。

伤口不易愈合，身体水肿。

4 辅食调养

黄鱼肉蛋饼

原料:

黄鱼肉泥100克，牛奶50克，鸡蛋1个，洋葱末、精盐、淀粉各适量。

制作方法:

① 黄鱼肉泥、牛奶、鸡蛋、淀粉、洋葱末、精盐全部放入盆中搅拌成有黏性的鱼馅。

② 锅烧至温热时，放入少量油，把鱼馅制成小圆饼入锅煎至两面熟透即可。

营养功能:

此饼蛋白质相当丰富，可以促进宝宝身体组织的生长，还能保证体内各内分泌物的平衡，提高免疫能力。

制作、添加一点通:

适用于11个月以上宝宝。黄鱼肉也可与豆腐同食，豆腐中蛋氨酸含量较少，而黄鱼体内氨基酸的含量非常丰富。豆腐含钙较多，黄鱼中含维生素D，两者同食，可促进人体对钙的吸收。

清蒸鱼丸

原料：

新鲜鱼肉100克，新鲜鸡蛋1个，香菇两个（干、鲜均可），胡萝卜1/8根（25克左右），干淀粉1大勺（30克左右），海味汤适量，料酒适量，盐少许。

制作方法：

① 香菇35℃左右的温水泡1小时左右，淘洗干净泥沙，再除去菌柄，切成碎末（新鲜香菇直接洗干净除去菌柄即可）。

② 胡萝卜洗净，剖开去掉硬芯，切小丁，煮熟后压成胡萝卜泥。

③ 鸡蛋打到碗里，去掉蛋黄，只留下蛋清备用。

④ 鲜鱼洗干净，去皮，去骨刺，研成泥，加入料酒、盐、蛋清，用手抓匀，再加入干淀粉，搅拌均匀，用手搓成黄豆大小的丸子，放到蒸锅里，用中火蒸20分钟左右。

⑤ 丸子入海味汤，加入香菇末和胡萝卜泥煮开，把用水调好的淀粉倒入汤里勾芡，然后把汤汁浇在蒸熟的丸子上即可。

制作、添加一点通：

适用于9个月以上的宝宝。

相关链接：

淡水鱼的种类很多，光是常吃的就有鲤鱼、草鱼、鲫鱼、桂鱼、鲇鱼等品种。这些鱼都具有肉质细嫩、味道鲜美、营养丰富的特点。除了为宝宝提供优质蛋白质，还含有丰富的不饱和脂肪酸、维生素A、维生素B_2、维生素B_{12}、叶酸、维生素D和钙、磷、钾、铁、碘、硒等营养物质，具有补中益气、养肝补血等食疗功效。

 # 碳水化合物

1 营养功能

　　碳水化合物是人体生理活动最直接的热量来源，是三大营养素中唯一既能有氧氧化和无氧氧化的能量物质，也就是说碳水化合物在有氧运动和无氧运动中是唯一可能直接供能的物质。碳水化合物分解释放的能量可以维持一切生理活动，如心跳、呼吸、神经的兴奋、大脑的活动等。宝宝发育与活动都必须得到碳水化合物的支持。

　　食物中的碳水化合物大多是淀粉，食用后在体内分解成葡萄糖后，才能迅速被氧化，进而供给机体能量。每克葡萄糖在体内经氧化成水和二氧化碳后可释放16.7千焦（4千卡）的热量。碳水化合物除了供给热量之外，还是人体内一些重要物质的组成成分，并参与机体的许多生理活动。它与脂类形成脂糖，构成细胞膜和神经组织的结构成分。无碳糖又参与人类遗传物质的生成等。

　　总之，碳水化合物能促进宝宝生长发育，如果供应不足会出现低血糖，容易发生昏迷、休克，严重者甚至死亡。碳水化合物的缺乏还会增加蛋白质的消耗而导致

蛋白质营养素的不良利用。但是饮食中碳水化合物的摄取量过量而又会影响蛋白质的摄取，而使宝宝的体重猛增，肌肉松弛无力，常表现为虚胖无力，抵抗力下降，从而易患各类疾病。

　　正常情况下，一日三餐中摄取的碳水化合物，包括单糖和双糖，已能满足宝宝生长发育的需要，基本不需要额外补充。但是，现代的饮食环境使得许多宝宝都有额外碳水化合物的摄入。那么，该如何控制这个额外摄入度呢？

　　以下是宝宝不同时期，对于碳水化合物的不同需求量，据此可以合理地控制宝宝对于碳水化合物的摄入量：

1 小于4～6个月

　　4～6个月以内的宝宝只能代谢乳糖、蔗糖等简单碳水化合物，所以只喂母乳或配方奶粉就可以了，不必再添加碳水化合物。

2 半岁以上

　　半岁以上的宝宝才开始分泌淀粉酶，

初步具备消化多糖淀粉的能力，此时可以添加过渡食品，但仍应少让宝宝吃成品食物，如果要吃市售过渡食品，应尽量选择低糖或无糖食品。

③　1～3岁

1～3岁的宝宝，每天摄入的甜食也是碳水化合物的主要来源，因此摄入是在10克左右为最佳，不要超过20克。像糖果、甜点、冰淇淋、甜饮料等高糖食品，可以用作对儿童口味的调剂偶尔食用，但不宜天天吃。

④　3～5岁

随着体重和年龄的增长，食糖可以略有增加，但每日不要超过30克。

此外，更具体的摄取量可以和体重相比。限制食糖就是限制热量，但热卡必须满足生长的活动的需要，平均日需要量为：新生儿120卡/千克（体重）；宝宝80～100卡/千克；学龄儿童55～65卡/千克；成人30～40卡/千克。更简单的方法是1岁时为1 000卡/日，以后每岁加100卡（每卡热量=4.2焦）。

2　主要食物来源

碳水化合物含量丰富的食品有很多：全谷类、五谷根茎类、豆类、红糖，白糖，粉条、黑木耳、海带、土豆、红薯等。

3　宝宝缺乏症状

全身无力，面色苍白、出汗较多、软弱无力、哭吵要吃奶等。

体温下降，生长发育迟缓，体重减轻。

偶见便秘症状。

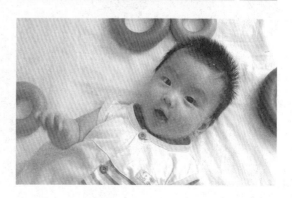

4 辅食调养

红薯蛋黄粥

原料:

红薯1/6块（30克左右），新鲜鸡蛋1个，米粉3勺（30克左右），温开水200毫升。

制作方法:

① 红薯洗干净，去皮，煮烂，并捣成泥状。

② 鸡蛋洗干净，煮熟，取出蛋黄，捣成蛋黄泥。

③ 米粉用温开水调成糊状，倒入锅内，加入红薯泥，用小火煮5分钟，边煮边搅拌。

④ 蛋黄调匀即可。

制作、添加一点通:

适用于8个月以上的宝宝。

相关链接:

红薯含有丰富的碳水化合物、膳食纤维、胡萝卜素、维生素A、B族维生素、维生素C、维生素E以及钾、铁、铜、硒、钙等营养素，营养价值很高，不足之处是缺少蛋白质和脂肪。可以和其他食物搭配吃，比如和牛奶进行搭配，既能补足营养，又有利于进食，还可以增加甜味。

五彩饭

原料:

大米50克,猪瘦肉15克,香菇3朵(干、鲜均可),胡萝卜1/3根(60克左右),卷心菜叶2片,高汤适量,植物油10毫升,盐少许。

制作方法:

① 大米淘洗干净,用冷水泡1小时左右。

② 香菇用温水泡软,去掉菌柄,洗干净后切成小丁备用(如果是鲜香菇的话不用泡,只洗干净切丁就可以了)。将猪瘦肉洗干净,切成小丁,用盐腌2~3分钟。

③ 胡萝卜洗干净,去掉硬芯,切成小丁备用;将卷心菜叶洗干净切成末备用。

④ 锅烧热,加入植物油,待油八成热时放入香菇翻炒几下,再依次放入猪肉、胡萝卜、卷心菜翻炒。

⑤ 菜快熟时,把泡好的米放入锅里翻炒几下,把所有的材料一起放到电饭锅里,加入高汤,一起煮熟即可。

制作、添加一点通:

适用于11个月以上的宝宝。

相关链接:

妈妈们应该注意,对于宝宝甚至是胖宝宝来说,碳水化合物食物不是不可以吃,而是要合理从各类食物中摄取,以助大脑发育,增强智力,稍补充一些小甜点以增加糖分还是不错的,只是要注意不要过量,幼儿每天一至两次点心时间即可。

红薯泥

原料:

新鲜红薯1/4个(50克左右),清水适量。

制作方法:

① 红薯洗净,去皮,切成小块,放到锅里煮或蒸15分钟左右。

② 或将蒸好的红薯用小勺捣成泥。

③ 晾会儿,就可喂给宝宝。

制作、添加一点通:

适用于5个月以上的宝宝。

乌冬面糊

原料:

乌冬面10克,水1/2杯(150毫升左右),蔬菜泥适量。

制作方法:

① 乌冬面倒入开水里煮熟,捞起备用。

② 将乌冬面和水一起倒入一个干净的小锅里捣烂,煮开。

③ 放入少量蔬菜泥,搅拌均匀即可。

制作、添加一点通:

适用于4个月以上的宝宝。在为6个月以内的宝宝制作面糊、烂面条时,一定要煮透,因为这时候宝宝的咀嚼及吞咽能力还没有发育完全,煮得不透容易使宝宝咽不下去,卡在喉咙里。

 苹果香蕉米糊

原料:

婴儿米粉4勺,苹果1/8个,香蕉1/6根,婴儿配方奶粉(4个月以上)2小勺,白开水适量。

制作方法:

① 苹果洗干净,去皮、核,切成小块备用;香蕉剥皮,用小勺挖成小块备用。

② 苹果和香蕉一起放到榨汁机或食物绞碎机里,加上60毫升白开水,打成细泥。

③ 将果泥装到一个干净的小碗里,加入准备好的米粉和奶粉搅拌均匀即可。

制作、添加一点通:

适用于4个月以上的宝宝。

脂 肪

 营养功能

脂肪是机体重要的营养成分，它是提供机体热量的最主要来源，但是仍然有许多家长盲目地认为多吃脂肪会使宝宝得肥胖症，长大了还容易得心脑血管疾病，因此就不给宝宝吃含脂肪的食物。这样下去会发现，宝宝的体质不但越来越差，而且还出现多种维生素缺乏症。以致导致了宝宝出现种种病况。

脂肪是热量的一种重要来源，每克脂肪所含的热量65.1千焦（9千卡），占一般人饮食结构的30%左右。有人认为脂肪不是好东西，事实上，脂肪能储存热量，提高热量，是生产激素的原料，参与机体组织的构建，保证重要器官和组织，在人体生长发育中占据极其重要的位置。

脂肪的主要成分是脂肪酸，脂肪酸有40余种，分为饱和脂肪酸和不饱和脂肪酸。饱和脂肪酸可以在人体内合成，大多数不饱和脂肪酸就必须通过食物来摄取。不饱和脂肪酸能促进宝宝正常发育，维持血液、动脉和神经健康的作用。但需要提醒的是，不饱和脂肪酸摄入过多对宝宝身体健康也是不利的。营养学家建议，脂肪

提供的热量应占总热量的25%~30%，而宝宝所必需的不饱和脂肪酸，应占总热量的3%。

在人类热衷于减肥的今天，许多人对脂肪有一种偏见，认为脂肪是一种有害的物质。其实，宝宝的生长发育离不开脂肪，尤其是宝宝脑的发育、神经组织的发育更离不开脂肪。脂类中的糖脂、磷脂以及必需脂肪酸都是儿童的生长发育所必需的。父母不能忽视脂肪的问题，每日给宝宝适宜的肉类、植物油，宝宝生长发育所需的脂肪就足够了。

缺乏脂肪，将不利于宝宝的健康成长。

❶ 导致热量供给不足

脂肪所含的热量高，是等量碳水化合物或蛋白质产热值的2倍。如果饮食中脂肪入不敷出，人体将动用建造组织器官、促进生长发育的蛋白质供给热量。这样不但产热效率低，对儿童来说，还会影响生长发育。若仅从碳水化合物中获取热量，则必须增加食量。这样既加重了胃肠道的负

担，减少了其他营养素的获得，宝宝又会因为大量摄入碳水化合物食物而容易患龋病。

2 影响脑发育

脂肪中的不饱和脂肪酸与磷脂是构成大脑及其他神经组织的重要原料，与儿童的智力发育关系密切。若宝宝饮食中不饱和脂肪酸长期缺乏，对神经系统的正常发育和智力发展将造成不可弥补的损失。家长都希望自己的宝宝聪明，但从不沾脂肪的宝宝是难以聪慧的。

3 影响性发育

脂肪是一些激素的前体物质，可促进儿童正常的性发育。不少宝宝，尤其是女孩，因为怕发胖，很少吃甚至不吃脂肪多的食物，更不沾肥肉，这是不利健康的。因为女孩摄入脂肪过少，性成熟将会延迟。

4 影响组织保护作用

幼儿各组织器官娇嫩，发育尚未完善，更需脂肪庇护。例如，眼球四周的脂肪组织起着减少眼球与眼眶摩擦的作用；脏器的脂肪层可缓冲外界的撞击而减少伤害；而皮下脂肪更是全身的屏障。体脂不足的幼儿抗击打能力低，机体各器官受伤害的机会大大增加。

由此可见，脂肪是儿童生长发育不可缺少的营养素。家长应适量、适时地为宝宝补充。

2 主要食物来源

脂肪从哪里来？该如何补充？这些问题是父母们最关心的话题。下面就来看看，为宝宝补充脂肪应从哪些方面入手。

首先，要了解脂肪的来源。一般来源于动物脂肪和植物脂肪，也就是说，脂肪可以从植物和动物中提取，在选择营养价值高的脂肪时，应从以下几方面考虑：

❶ 脂溶性维生素的含量。动物脂肪（荤油）中维生素A、维生素D、维生素E、维生素K的含量相对较高。

❷ 不饱和脂肪酸的含量。一般来说，植物脂肪（素油）中不饱和脂肪酸的含量较高。

❸ 消化率。植物脂肪含人体必需的脂肪酸较多，容易消化吸收。

❹ 储存性。植物脂肪中多含不饱和脂肪酸，所以耐储存。

由以上分析我们可以看出，植物脂肪的营养价值比动物脂肪相对较高。在常用植物脂肪中，花生油、麻油、豆油、玉米油、葵花子油都有丰富的人体必需脂肪酸，对于处在生长发育中的幼儿来说，应为脂肪的主要摄取对象。但动物脂肪中脂溶性维生素含量比植物脂肪高，所以也要适当吃些动物脂肪，以补充维生素的摄入。这也是为什么要提倡均衡饮食的原因之一。

除此之外，父母平时多给宝宝吃一些核桃仁、鱼、虾、动物内脏等，多食用一些豆油、菜油、花生油、香油等植物油以及少许羊油、牛油等动物油。

3　宝宝缺乏症状

出现湿疹等皮肤病。

严重的会导致发育迟滞。

4　辅食调养

幼儿的食物，只要荤素搭配、不偏食，脂肪的供给就不会过多，也不会过少。食物中的动、植物油类，可以提供充足的脂肪，体内的蛋白质和糖也可以转化为脂肪。

核桃仁粥

原料：

核桃仁10克，粳米或糯米30克，清水适量。

制作方法：

❶ 粳米或糯米淘净放入锅内，加水后小火煮至半熟。

❷ 核桃仁炒熟后压成粉状，拣去皮后放入粥里，煮至黏稠即可食用。

营养功能：

核桃仁富含丰富的蛋白质、脂肪、钙、磷、锌等微量元素以及多不饱和脂肪酸，对宝宝的大脑发育极为有益。

制作、添加一点通：

核桃含油脂较多，一次不要给宝宝吃得太多，以免损伤宝宝的脾胃功能。

肉末青菜

原料：

新鲜猪肉末100克（肥、瘦各50克），新鲜油菜叶50克，料酒少许，盐少许，植物油3克。

制作方法：

① 肉末放到锅里，加少量水煮软。

② 油菜叶放到开水锅里焯一下，捞出来沥干水，切成碎末。

③ 锅内加入植物油，待油八成热时倒入肉末，加入料酒和盐，煸炒几下。

④ 菜末和肉末一起翻炒，至菠菜熟软即可。

制作、添加一点通：

适用于7个月以上的宝宝。

相关链接：

生猪肉一旦沾上了脏东西，很难用清水冲洗干净。如果先用温淘米水洗两遍，再用清水冲洗，就容易清理干净。用一团和好的面粉在肉上来回滚动，也能很快将脏东西黏走。

猪肉豆腐羹

原料：

新鲜猪肉末100克（肥、瘦各50克），嫩豆腐1/3块（50克左右），高汤50毫升，植物油5毫升，水淀粉适量，清水适量，盐少许。

制作方法：

① 肉末加少许盐腌制5～10分钟。

② 锅内加入植物油，下入肉末炒熟。

③ 豆腐放到开水锅里焯一下，捞出来沥干水，切成碎末。

④ 将豆腐、肉末、水淀粉、高汤及盐放到一个小碗里搅拌成泥。放锅里蒸30～40分钟，搅拌均匀即可食用。

营养功能：

核桃仁富含丰富的蛋白质、脂肪、钙、磷、锌等微量元素以及多不饱和脂肪酸，对宝宝的大脑发育极为有益。

制作、添加一点通：

适用于7个月以上的宝宝。

维生素

随着人们生活水平的提高，食物种类也越来越丰富，营养价值也越来越高。可专家表示，在物质富裕的现在，仍需要警惕宝宝营养的隐性饥饿！全国抽样调查结果表明：我国儿童膳食中热量供给已基本达到标准，但蛋白质供给量偏低，优质蛋白质比例少，钙、锌、维生素A等微量营养素供给不足。专家将膳食中人体需要的维生素和矿物质缺乏称为"隐性饥饿"。

维生素是一种微量的营养素，虽然含量很少，作用却非常巨大，是呵护宝宝成长的"营养天使"。

维生素就其性质而言，可为分两大类：脂溶性维生素与水溶性维生素。

维生素A、维生素D、维生素E、维生素K均属于脂溶性维生素。

这些维生素和油脂结合在一起，能发挥很好的功效，但也因为它可以溶于油脂中，一旦摄取过量，并不能排出体外，而有可能造成维生素过多，对身体造成负担。

B族维生素、维生素C属于水溶性维生素。

水溶性维生素正好相反，它溶于水，即使摄取过多，也会随着尿液排出体外，所以，最好每天都摄取足够的水溶性维生素。

维生素对宝宝的发育成长有着不可忽视的作用。天然食物中含量丰富的维生素是宝宝最健康的体力活力来源。所以，成长发育中的宝宝更应该多多摄取这类维生素，帮助宝宝健康成长。

维生素A

1 营养功能

在所有维生素中，对于宝宝的眼睛视力发育有很大帮助的就要属有"美丽眼睛守护神"之称的维生素A了。

此外，宝宝牙齿、骨骼、头发的生长，也需要维生素A的大力帮忙；而细胞的正常运作，维生素A更是功不可没。

维生素A是一种脂溶性维生素，可以储藏在宝宝的体内，主要储藏在肝脏中，少量储藏在脂肪组织中。维生素A可以促进宝宝正常的生长发育，维持眼睛在黑暗情况下的视力，还能维持上皮组织的健康，增强对传染病的抵抗力。

2 主要食物来源

动物性食品，如肝、奶油、全脂乳酪、蛋黄等；
植物性食品，如深绿色有叶蔬菜、黄色蔬菜、黄色水果等。

3 宝宝缺乏症状

皮肤干涩、粗糙、浑身起小疙瘩；
头发稀疏、干枯、缺乏光泽；
指甲变脆，形状改变；
眼睛干涩，易患影响视力的眼部疾病。
食欲下降，疲倦，腹泻，生长迟缓等。
维生素A缺乏者一般免疫功能较差，易
患感冒等呼吸道疾病。

4 辅食调养

 鸡肝糊

原料:

鸡肝15克,鸡架汤15毫升,酱油、白糖各少许。

制作方法:

① 鸡肝放入水中煮,除去血后再换水煮10分钟,取出剥去鸡肝外皮,将肝放入碗内研碎。

② 鸡架汤放入锅内,加入研碎的鸡肝,煮成糊状,加入少许酱油和白糖,搅匀即成。

制作、添加一点通:

适用于5个月以上宝宝。此糊不仅能促进大脑健康地正常发育,还可防治贫血和维生素A缺乏症。

相关链接:

各种动物肝脏中最好的就是鸡肝。因为鸡肝质地细腻,味道比别的肝类鲜美,容易让宝宝接受,也比较容易消化。猪肝比较硬,即使捣碎了也会有颗粒,吃起来口感不太好,也容易出现积食,一般不作为给宝宝添加肝脏类食物的首选。鱼肝、狗肝含有毒素,不能给宝宝吃。

 清甜南瓜粥

原料:

南瓜1小块(30克左右),大米50克,清水适量。

制作方法:

① 大米淘洗干净,放在干粉机里打碎。

② 南瓜捣成蓉;与大米一起加适量的水煮成稀粥。边煮边搅拌即可。

制作、添加一点通:

适用于5个月以上宝宝。不能天天吃,否则宝宝可能会因为胡萝卜素摄入过量而变成"黄皮"宝宝。

相关链接:

如何挑选好南瓜?瓜梗新鲜、坚硬,连着瓜身;瓜体圆弧饱满,瓜皮比较硬,覆盖着一层果粉,没有破损,没有蜂蜇、虫咬、摔伤的痕迹。挑选的时候可以用指甲掐一下外皮,如果留不下指印,就是已经成熟了的南瓜,品质会比较好。

蔬果酸奶糊

原料:

番茄1/8个,香蕉1/4个,酸奶一大匙。

制作方法:

① 番茄用水氽烫,然后去皮去子,捣碎并过滤,取汁;将香蕉去皮后捣碎。

② 烫过的番茄与香蕉和在一起,拌匀。

③ 将酸奶倒在捣碎的番茄和香蕉上搅匀,即可。

制作、添加一点通:

适用于8个月以上宝宝。所选蔬果都要洗净。便秘的宝宝适宜早晨空腹吃香蕉,可起到较好的治疗作用。

相关链接:

番茄性凉,具有滑肠作用,得急性肠炎、菌痢的宝宝最好不吃或少吃,以免加重腹泻症状。

大枣泥

原料:

大枣100克,白糖20克,清水适量。

制作方法:

① 大枣洗净,放入锅内,加入清水煮15~20分钟,至烂熟。

② 去枣皮、核,煮烂,加入白糖,调匀即可喂食。

制作、添加一点通:

适用于5个月以上宝宝。龋病疼痛、下腹胀满、大便秘结的宝宝不宜食用大枣。

相关链接:

大枣维生素C的含量丰富,是葡萄、苹果等水果的70~80倍。此外,还含有丰富的维生素A、B族维生素、生物类黄酮(维生素P)等多种人体必需的维生素和18种氨基酸,钙和铁的含量也很高,还含有脂肪、碳水化合物、有机酸、磷、镁等营养素,营养价值很高,具有"百果之王"的美称。

维生素C

1 营养功能

维生素C能促进铁质的吸收，活化细胞与细胞间的联系。除此之外，它另一项特别的功能就是能促进人体骨胶原的合成，胶原质是人体牙齿、骨骼、组织细胞等的组成部分，而维生素C在协助骨胶原的生成上占有重要的功能。

维生素C是一种强抗氧化剂，能有效对抗人体的自由基，防止脑和脊髓被自由基破坏，同时能帮助预防血脂肪变酸败，从而防止动脉血管硬化及管状动脉等疾病发生，维生素C在胶原质的形成上也扮演着极其重要的角色，若胶原质不足，细胞组织就容易被病毒或细菌侵袭，人体较容易患癌症，维生素C能对抗致癌物作用。维生素C还能帮助铁、钙及叶酸吸收，提高免疫力。

2 主要食物来源

水果有猕猴桃、枣类、草莓、柚、橙、柠檬、柑橘类、草莓、柿子、山楂、荔枝、芒果、菠萝、苹果、葡萄等。

蔬菜有圆白菜、大白菜、菠菜、土豆、甜椒、荠菜、苤蓝、雪里蕻、苋菜、青蒜花、椰菜、番茄、菠菜、绿叶蔬菜等。

温馨提示

维生素C是一种水溶性维生素，性质极不稳定，很易氧化而被破坏。所以蔬菜、水果以新鲜者为好。烹制中应注意：蔬菜应先洗后切，切碎后应立即下锅，并且最好现洗、现做、现吃；烹调宜采用急火快炒的方法，这样可减少维生素C的损失。维生素C在酸性环境中较稳定。如能和酸性食物同吃，或炒菜时放些醋，可提高其利用率。

当人体摄入过多的水溶性维生素时，可通过尿液等将之排出体外，通常不会引起不良反应。但是，盲目地大量给孩子服用维生素制剂，也会给孩子健康带来损害。如大量服用维生素C可引起腹泻及泌尿等结石等。

3 宝宝缺乏症状

口腔与牙龈容易出血，牙龈红肿，牙齿松动。

皮肤触觉过敏，有触痛，容易受伤、擦伤，易流鼻血。

体重减轻，食欲下降，消化不良。

容易贫血，对传染病的抵抗力降低，经常感冒。

4 辅食调养

维生素C广泛存在于新鲜水果和蔬菜中，在高温加工中可被破坏，所以在给宝宝吃蔬菜、水果补充维生素C时，宜洗净即食，不宜高温加热。

卷心菜汁

原料：

嫩卷心菜叶1片（50克左右），清水适量。

制作方法：

1 卷心菜洗干净，放到水中浸泡半小时，然后切成极细的丝。

2 锅内装大半锅水，烧开，将卷心菜放进去烫一下，捞出来沥干水。

3 锅内新加水，烧开，将切好的卷心菜丝放到水中煮1分钟左右。

4 捞出菜丝，将菜汁晾凉，倒入瓶中，就可以给宝宝喝了。

制作、添加一点通：

适用于2个月以上的宝宝。制作前卷心菜一定要充分清洗浸泡，以清除残留在菜叶上的农药和虫卵。可以先将卷心菜切开，放在清水里浸泡1~2小时，再用清水冲洗；也可以在淘米水中浸泡10分钟左右，再用清水冲洗。

相关链接：

卷心菜性平、味甘，归脾、胃经，具有很好的补益作用，比较适合由于内热较盛而睡眠不佳、爱口渴、咽喉肿痛的宝宝，还能帮助宝宝增强免疫力，对免疫力比较差、爱生病的宝宝来说也比较合适。

卷心菜番茄汤

原料:

卷心菜心1个（50克左右），新鲜番茄半个（50克左右），清水适量，盐少许。

制作方法:

① 卷心菜洗干净，放到水中浸泡半小时。

② 锅内装大半锅水，烧开，将卷心菜放进去烫一下，捞出来沥干水；将番茄洗干净，用开水烫一下。

③ 卷心菜心切成极细的丝，将番茄切成小块备用。

④ 锅内加水，烧开，先后放入番茄、卷心菜，用大火煮5分钟左右，加入盐调味即可。

制作、添加一点通:

适用于6个月以上宝宝。卷心菜有一种特别的味道，有的宝宝不喜欢。可以先用开水烫过再进行下一步的制作，以免影响口味。烫卷心菜的时间不要太长，否则会使卷心菜里的维生素C遭到流失。

相关链接:

卷心菜不宜与黄瓜同食。因为黄瓜含有维生素C分解酶，可以使卷心菜中所含的维生素C遭到破坏，降低卷心菜的营养价值。

B族维生素

1　营养功能

B族维生素包括维生素B$_1$、维生素B$_2$、维生素B$_3$（烟酸）、维生素B$_5$（泛酸）、维生素B₆、维生素B₁₁（叶酸）、维生素B₁₂（钴胺素）等，这些B族维生素是促进机体代谢和将碳水化合物、脂肪、蛋白质等转化成热能时不可缺少的物质，对增强宝宝脑神经细胞功能、帮助脑内蛋白质代谢，增强宝宝的记忆力有重要作用。

B族维生素对人体的神经功能占有重要的功能，而其中对幼儿最特别的是维生素B₂。维生素B₂被称为是"成长的维生素"，身体内如果维生素B₂不足，可能造成幼儿成长发育受挫，而导致发育不良。

2 主要食物来源

维生素B₁：小麦胚芽、猪腿肉、大豆、花生、里脊肉、黑米、鸡肝等。

维生素B₂：牛肝、鸡肝、香菇、小麦胚芽、鸡蛋、干酪等。

烟酸、维生素B₆、叶酸：肝、肉类、牛奶、酵母、鱼、豆类、蛋黄、坚果类、菠菜、干酪等。

3 宝宝缺乏症状

维生素B₁缺乏：平衡感较差，身体反应较慢，眼手不协调；容易疲劳，食欲不振；有时会腹痛及便秘。

维生素B₂缺乏：嘴角破裂且疼痛，舌头发红疼痛；缺乏活力，神情呆滞，爱昏睡，易水肿，排尿困难；易患消化道疾病。

叶酸缺乏：营养不良，头发变灰，脸色苍白，身体无力、贫血；舌头疼痛、发炎，出现消化道障碍，如胃肠不适，神经

炎、腹泻等问题。

温馨提示

维生素B₁是一种水溶性维生素，极易破坏。淘米和洗菜时，不宜在温水中浸泡太久；菜汤要保留食用，煮菜、煮粥、煮豆时不宜加碱；煮饭时不要丢弃米汤。

4 辅食调养

花生粥

原料:

花生5~8个（或炒好的花生米10粒），大米50克，盐少许，清水适量。

制作方法:

① 花生淘洗干净，先用冷水浸泡2小时。

② 炒熟，剥去皮，用擀面杖碾成碎末。用炒好的花生米做的话可以直接碾成末。

③ 锅内加入适量的水，加入大米煮成稠粥。

④ 加入花生末，用小火煮10分钟左右，边煮边搅拌，加入少量的盐调味即可。

制作、添加一点通:

适用于7个月以上宝宝。给宝宝做花生类辅食的时候要注意拣干净花生皮，防止宝宝吞咽不下去被噎到。

相关链接:

花生有很强的滋补功效，对脾胃失调、营养不良的宝宝来说是一种很好的补益食物。但是，花生也是一种很容易致敏的食物。所以，6个月以内的宝宝最好不要吃花生及含有花生成分的食物。过敏性体质的宝宝，最好等到1周岁后再吃花生。如果家族中有对花生过敏的亲人，则要等到3岁以后，才能给宝宝吃花生。

豆浆玉米浓汤

原料:

新鲜玉米50克，生豆浆50克，米粉2匙，清水适量。

制作方法:

① 将玉米洗干净，放到榨汁机里打成汁。

② 用纱布过滤去渣。

③ 玉米汁和豆浆放到锅里，加上水一起煮。

④ 放入米粉，边煮边搅拌，煮沸即可。

制作、添加一点通:

适用于5个月以上宝宝。制作时一定要选择新鲜玉米，发霉的玉米会产生可以致癌的黄曲霉素，对宝宝的身体有危害。

相关链接:

玉米的吃法很多：可以给宝宝煮玉米水，可以用玉米粉给宝宝煮玉米糊糊，还可以把玉米煮熟了，直接让宝宝啃玉米棒子。4个月内的宝宝体内的淀粉酶很少，胃肠功能也比较弱，还不能消化玉米糊糊、玉米片粥、鲜玉米粒等玉米类食物，只能给宝宝喝玉米水。4个月以后可以少量地给宝宝吃一点玉米粉，但是一定要多煮一会儿，并要和大米、小米等其他食物掺在一起吃，以避免宝宝消化不良。

栗子粥

原料:

鲜板栗3个，大米50克，盐少许，清水适量。

制作方法:

① 将大米淘洗干净，用冷水泡2小时左右。

② 剥去鲜板栗外皮和内皮，切成极细的碎丁。

③ 锅内放水将栗子煮熟，加入大米，煮至米熟。

④ 调味，使粥有淡淡的咸味，即可。

制作、添加一点通:

适用于7个月以上宝宝。给栗子去皮时，可以先用刀将生栗子切成两瓣，去掉外壳后放到一个干净的盆里，加上开水浸泡一会儿，再用筷子搅拌几下，就可以轻松地把皮去掉了。但是要注意：浸泡的时间不要太长，以免营养丢失。

相关链接:

如何挑选好栗子？一看，即看栗子的外壳颜色。外壳颜色鲜红，带一点褐、紫、赭，富有光泽的栗子品质比较好；外壳变色、没有光泽或有黑斑的栗子是已经受热变质或被虫蛀过的栗子，品质比较差，最好别买。二捏，即捏果粒。如果感到颗粒坚实，则质量比较好；如果有空壳，说明果实已经干瘪或酥软，质量不好。三摇，即取一颗栗子放在手里摇或抓一把栗子放在台子上抖，听一听有没有果肉和果壳撞击的声音。如果有，说明果肉已经干硬，很可能是隔年的陈栗子，最好不要购买。四尝，即尝果肉的味道和口感。好的板栗果仁淡黄、肉质细腻、结实、水分少、糯质足、香甜味浓，这样的栗子可以放心购买；坚硬无味、口感差的栗子质量不好，不要购买。

维生素D

1　营养功能

维生素D是帮助钙、磷被人体吸收及利用的重要物质。因此对幼儿骨骼的成长特别重要。

维生素D是宝宝生长发育的必需维生素。它具有帮助钙、磷吸收的功能，其前体在体内合成，而且是类似于激素的维生素，它先聚集在肝脏，然后转移到肾脏，在此过程中慢慢被活化，转变为维生素D，帮助小肠吸收从食物中获取钙、磷，并将血液中的钙、磷运到骨骼中，并沉积在骨骼中。人体组织中的胆固醇经日光中紫外线的直接照射后，可以转变为维生素D。

2　主要食物来源

动物肝如牛肝、猪肝、鸡肝、小鱼干等；鱼类如鳕鱼、沙丁鱼、鲑鱼、鲔鱼等；奶制品如牛奶、奶油等；蛋黄；等等。

3　宝宝缺乏症状

缺乏维生素D会导致小儿佝偻病的发生，其体征按月龄和活动情况而不同，6个月龄内的宝宝会出现乒乓头，5～6个月龄的宝宝可出现肋骨外翻、肋骨串珠、鸡胸、漏斗胸等，1岁左右的宝宝学走路时，会出现"O"形腿、"X"形腿等体征。

4　辅食调理

蛋黄粥

原料：

新鲜鸡蛋1个，大米50克，清水适量。

制作方法：

① 将大米淘洗干净，加上适量的水浸泡1～2小时。

② 将鸡蛋洗干净，放入加了冷水的锅里煮熟，取出剥掉鸡蛋壳，取出蛋清，只留下蛋黄。

③ 将大米连水倒入锅里，用微火煮40～50分钟。

④ 蛋黄研碎后加入锅里，再煮10分钟左右即可。

制作、添加一点通：

适用于5个月以上宝宝。煮鸡蛋时要凉水下锅，这样不易煮坏；煮好后立刻用凉水浸泡，这样容易剥去蛋壳。

相关链接：

煮鸡蛋的时候不能加糖，否则会生成一种叫糖基赖氨酸的物质，破坏了鸡蛋中的氨基酸。

鳕鱼粥

原料：

大米100克，鳕鱼肉30克，盐少许，清水适量。

制作方法：

① 将大米淘洗干净，用冷水泡2小时左右。

② 将鳕鱼肉洗净切成碎末备用。

③ 锅内加水，将大米下进去，用小火煮20分钟左右。

④ 将鳕鱼放进粥里和大米一起煮30分钟，到汤稠米烂鱼熟时熄火，加入盐调味即可。

制作、添加一点通：

适用于8个月以上宝宝。制作时一定要挑干净鱼刺。不要和含鞣酸比较多的水果，如柿子、葡萄、海鲜、石榴、山楂、青果等同吃。

相关链接：

鳕鱼是海洋深水鱼。鳕鱼肉最大的特点就是肉质厚实，刺少，并且味道鲜美。鳕鱼肉里含有丰富的蛋白质、钙、镁、钾、磷、钠、硒、烟酸、胡萝卜素和维生素A、维生素D、维生素E等营养元素，而且搭配比例接近人体每日所需要量的最佳比例，被人们称为"餐桌上的营养师"。

鲑鱼蒸蛋

原料:

鲑鱼肉15克, 新鲜鸡蛋1个, 白开水适量, 盐少许。

制作方法:

❶ 肉洗净, 去皮, 放到锅里蒸熟, 挑干净鱼刺, 用小勺捣成鱼肉泥。

❷ 鸡蛋洗干净, 打到碗里, 用筷子搅散。

❸ 鱼肉泥加到蛋液里, 加入少量的开水和盐, 搅成比较稠的糊。

❹ 将此蒸熟即可。

制作、添加一点通:

适用于11个月以上宝宝。鲑鱼肉的维生素E含量不高, 和富含维生素E的绿叶蔬菜一起吃, 可以提高鲑鱼的营养价值。

相关链接

鲑鱼是三文鱼（大马哈鱼）、鳟鱼和鲑鱼三大类的统称。鲑鱼肉含有丰富的优质蛋白质及ω-3脂肪酸, 脂肪含量却比较低。其中ω-3脂肪酸是宝宝的大脑细胞、视网膜和神经系统必不可少的物质, 对宝宝的大脑和视觉发育有很好的促进作用。

维生素E

1 营养功能

维生素E是一种具有抗氧化功能的维生素, 它能促进蛋白质的更新合成, 调节血小板的黏附力和聚集作用, 对宝宝来说, 维生素E对维持机体的免疫功能、预防疾病起着重要的作用。

2 主要食物来源

维生素E主要存在于各种油料种子及植物油（麦胚油、棉籽油、玉米油、芝麻油）中，某些谷类、坚果和绿叶蔬菜中也含一定量的维生素E。

3 宝宝缺乏症状

皮肤粗糙干燥、缺少光泽，容易脱屑，生长发育迟缓等。

4 辅食调养

鸡蛋燕麦粥

原料：

燕麦30克，大米50克，新鲜鸡蛋1个，新鲜绿叶蔬菜20克左右，香油5~10滴，清水适量，盐少许。

制作方法：

❶ 把燕麦泡上一个晚上，再放到榨汁机里打成糊；将大米淘洗干净，先用冷水泡2个小时左右。

❷ 蔬菜洗干净，放入开水锅中余烫一下，捞出来沥干水，切成碎末备用。

❸ 鸡蛋洗干净，打到碗里，用筷子搅散。

❹ 锅内加水，水沸后加入泡好的大米和燕麦，用小火煮至黏稠，边煮边搅拌。

❺ 将上放入剁好的蔬菜末中，煮至熟软；将蛋液缓缓地倒入粥里，再一边搅拌，一边用小火煮沸。加入盐，淋上香油，搅拌均匀即可。

制作、添加一点通：

适用于9个月以上宝宝。燕麦里所含的纤维素具有刺激肠胃蠕动、促进排便的作用，便秘的宝宝可以适当地吃一些，能缓解便秘症状。

相关链接：

燕麦是谷物中最好的全价营养食品。它的蛋白质和脂肪（主要是不饱和脂肪酸）含量在谷物中均居首位，碳水化合物的含量比较低。其中具有增智与健骨功能的赖氨酸含量是大米和小麦面的2倍以上，具有预防贫血作用的色氨酸的含量也高于大米和面粉。此外，燕麦还含有丰富的维生素B_2、维生素E和磷、铁、钙等矿物质。

肉末茄子

原料：

圆茄子1/3个（50克左右），猪瘦肉50克，水淀粉适量，盐少许，料酒少许，香油3~5滴。

制作方法：

① 瘦肉洗净，剁成肉末，加上盐、料酒、水淀粉拌匀，腌20分钟。

② 锅中加少量的水将茄子煮软。

③ 茄子在离蒂2/3的地方横切一刀，取切下来的1/3。

④ 去茄子皮，把切口部分朝上放到碗里，放上腌好的肉末，放到蒸锅里蒸20分钟左右。

⑤ 蒸烂后取出来，淋上香油，搅拌均匀即可。

制作、添加一点通：

适用于7个月以上宝宝。茄子的皮上有一层脂质，对茄子具有保护作用，如果不是马上吃就不要清洗，以免这层脂质遭到破坏，加快茄子的变质速度。

相关链接：

茄子切开后如果长时间在水中浸泡，会使茄子里的营养物质溶解在水中，白白地流失掉，所以，茄子要在下锅之前切，避免浸泡，切开后要尽快烹调。

玲珑馒头

原料：

面粉适量，发酵粉少许，牛奶一大匙。

制作方法：

① 发酵粉、牛奶和在一起揉匀，放入冰箱15分钟后取出。

② 面团切成3份，揉成小馒头。

③ 头放入上汽的笼屉蒸15分钟。

营养功能:

小麦含有丰富的维生素E，还含有钙、磷、铁及帮助消化的淀粉酶、麦芽糖酶等。

制作、添加一点通:

适用于12个月以上宝宝。牛奶不宜与巧克力同食。牛奶含有丰富的钙和蛋白质，巧克力中含有草酸，若两者同食，钙会与草酸结合成一种不溶于水的草酸钙，不但无法吸收，还会影响生长发育。

 # 银耳鸽蛋糊 ●●●●●●●●●●●●●●●●●●●●●●●●●●

原料:

银耳(干)150克，鸽蛋300克，核桃25克，荸荠粉100克，白砂糖25克。

制作方法:

① 水发银耳去蒂，洗净，摘成朵，入碗中，加清水150克，上笼蒸透，取出。

② 核桃仁入温水中泡片刻，撕去皮，洗净。

③ 荸荠粉入碗，用冷水调匀浆，鸽蛋磕碗中，入温水锅中煮成溏心蛋，捞起。

④ 锅上火，加清水适量，倒入银耳，倒入荸荠浆，核桃仁，加白糖，用手勺搅动。

⑤ 待其烧沸呈糊状时，倒入鸽蛋，起锅盛入大汤碗即可。

制作、添加一点通:

适用于5个月以上的宝宝。泡发银耳比较简单。先把银耳放入凉水中浸泡三四小时，然后摘净根部的杂质，用清水洗几次，烹制前水泡发，把银耳根朝上放，使水完全浸泡银耳，这样静置大约半小时即可。

相关链接:

选购银耳时，如果根部变黑，外观呈黑色，有异味，说明银耳已变质不能食用；市售的银耳颜色特别白的多用硫磺熏蒸过，有损人体健康，不要购买，应买其色淡黄而无刺激性气味的银耳。此外，银耳汤过夜后其营养成分减少，并产生有害成分亚硝酸盐，故不宜食用。

维生素K

1　营养功能

维生素K又叫凝血维生素，能控制血液凝集，是凝血酶原、转变加速因子、抗血友病因子和凝血因子等4种凝血蛋白在肝内合成必不可少的物质。人体不能制造维生素K，只有靠食物中天然产物或肠道菌群合成。婴幼儿时期的宝宝每天需要10～20微克的维生素K。

2　主要食物来源

多存在于鱼、鱼子、肝、蛋黄、奶油、黄油、干酪、肉类、奶、水果、坚果、蔬菜及谷物等食物中。

3　宝宝缺乏症状

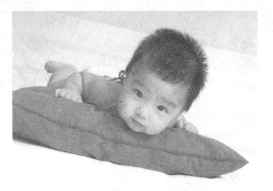

身上容易因轻微的碰撞而发生瘀血。

严重缺乏时，口腔、鼻腔、尿道等处的黏膜部位发生无故出血。

更严重时，出现内脏及脑部出血。

4 辅食调养

 ## 鸡肉南瓜泥 ●●●●●●●●●●●●●●●●●●●

原料：

南瓜1小块（50克左右），鸡胸肉50克，盐少许，清水适量。

制作方法：

① 鸡胸肉洗干净，剁成碎末，放到锅里蒸熟。

② 南瓜洗净，切成碎末备用。

③ 锅内加水，把南瓜末下进去煮软，加入鸡肉末、盐，煮5分钟左右，搅拌均匀即可。

制作、添加一点通：

适用于6个月以上宝宝。南瓜本身含有比较多的水分，在烹调的时候注意不要放太多水。

相关链接：

南瓜内含有丰富的果胶，能吸附和消除体内的细菌毒素和其他有害物质，对因为感染了细菌和病毒而出现腹泻的宝宝很有好处。另外，南瓜里的一些成分还可以促进胆汁分泌，加快胃肠蠕动，对消化不良的宝宝也有很大的帮助。南瓜里所含的甘露醇有通便的作用，是便秘宝宝的理想食物。但是南瓜性温，又容易阻滞气机，胃热、容易腹胀的宝宝最好少吃。

鸡肉粥 ●●●●●●●●●●●●●●●●●●●

原料：

鸡胸肉30克，大米50克，嫩油菜叶20克，植物油10毫升，清水适量，料酒、盐各少许。

制作方法：

① 将大米淘洗干净，先用冷水泡2小时左右。

② 将鸡胸肉洗干净，用刀剁成极细的蓉，或用料理机绞成肉泥，加入料酒、盐腌15分钟

左右；油菜叶洗干净，切成碎末备用。

③ 锅内加适量清水，将大米放进去煮成稀粥。

④ 另起锅加入植物油，待油八成热时，下入腌好的鸡肉末炒散。

⑤ 将鸡肉末和油菜一起加到粥里，再用小火煮10分钟左右，边煮边搅拌。待粥变稠、油菜熟软时熄火，凉凉即可。

制作、添加一点通：

适用于8个月以上的宝宝。

鸡肉蔬菜汤

原料：

鸡胸肉20克，土豆30克，番茄50克，清水、高汤适量，水淀粉、盐各少许。

制作方法：

① 将鸡肉洗干净，放到开水锅里氽烫一下，用绞肉机绞碎（或用刀剁成极细的蓉）。

② 将番茄洗干净，用开水烫一下，去掉皮、子，切成小块备用；土豆洗干净，切成1厘米见方的丁。

③ 锅内加入高汤，先用大火烧开，加入鸡肉末、土豆、番茄。加入适量清水，用大火烧沸，再用小火煮至肉熟菜软。

④ 加盐调味，再用水淀粉勾一层薄薄的芡即可。

制作、添加一点通：

适用于11个月以上的宝宝。

相关链接：

鸡肉肉质细嫩，味道鲜美，并且含有丰富的蛋白质、磷脂和维生素A、维生素B_6、维生素B_{12}、维生素D、维生素K、磷、铁、铜、锌等营养物质，具有温中、益气、补虚、活血、健脾胃、强筋骨的功效。

钙

在人体内，含有多种矿物质，其中钙是含量最多的一种。钙为骨骼中的重要成分。但是目前成人的膳食中缺钙是很普遍的现象，幼儿正在生长发育阶段，对钙的需要量比成人多。母乳中的钙含量虽低，但钙、磷比例适当，吸收率高；牛乳中的钙含量虽然比母乳高，但因磷含量高，影响钙的吸收。钙的吸收有赖于维生素D的作用，缺乏维生素D时钙的吸收减少。

人体中含量最高的无机盐应该是钙。钙是构成骨骼和牙齿的主要成分，人体中99％的钙集中在牙齿和骨骼。缺钙会影响牙齿和骨骼的正常发育和造成佝偻病；钙摄入不足或吸收不良，还会降低骨密度，

导致骨质疏松。宝宝如果缺钙，牙齿生长发育会延迟，有些小儿2岁多还不长牙齿，骨骼也会变软，严重的形成软骨症、O形腿或X形腿。此外，在神经传导、肌肉运动、血液凝固和新陈代谢等方面都需要钙质的参与。宝宝正处于骨骼和牙齿生长发育的重要时期，对钙的需要量比成人多。因此，就要及时而适当地给宝宝补充钙质。

宝宝需要的钙相对比成人要多，缺钙是我国儿童营养中长期未得到妥善解决的问题。给宝宝补充钙主要是通过食物，选择含钙多的食物来喂养宝宝是科学育儿的重要内容。

1 营养功能

宝宝的骨骼与牙齿发育必须依赖钙的帮助。但是，钙也必须配合镁、磷、维生素A、维生素C、维生素D和维生素E，才能发挥正常的功能。钙除了能帮助建造骨骼及牙齿外，还对身体每个细胞的正常功能扮演着极重要的角色，比如，钙能帮助肌肉收缩、血液凝集并维护细胞膜以及帮助宝宝维持心脏和肌肉之间的正常功能，调节心跳节律，降低毛细血管的通透性，防止渗出，控制炎症，维持酸碱平衡等。一般6个月内的宝宝每天需要300毫克钙；7～12个月的宝宝每天需要400～600毫克钙。

钙的需要量主要是测定骨骼对钙的需要而决定的。由于在骨骼中的钙不是恒定的，它

是不断地由食物中的钙输送到血液，再从血液输送到骨骼，骨骼中的钙也不断从骨骼中输出，再经过肾脏由尿中排出体外。从婴幼儿到青少年、一直到成人，钙在骨骼中输入比输出多，因此形成骨骼生长。成人则输入输出平衡，而中老年人骨骼中输出比输入多，所以骨密度降低，容易导致骨质疏松症。要测定钙代谢是否正常，主要应该观察钙的外平衡以及骨密度。

那么，宝宝每天需要多少钙呢？

0～6个月：300毫克/日

6～12个月：400毫克/日

1～3岁：600毫克/日

4～10岁：800毫克/日

11～18岁：1000毫克/日

由于宝宝正处于生长发育时期，宝宝需要的钙相对比成人要多，仅仅靠食物中摄取的钙远远满足不了身体的需要，缺钙是我国儿童营养中长期未得到妥善解决的问题。给宝宝补充钙主要是通过食物，选择含钙多的食物来喂养宝宝是科学育儿的重要内容。

2　主要食物来源

1~3周岁的宝宝，乳牙逐渐萌出，至2岁半出齐，一般的食物均能摄入，但奶及奶制品（酸奶、奶油、酸奶酪）仍是钙的唯一可靠来源，应保证每天喝牛奶至少250毫升。

另外，多晒太阳，日光紫外线照射充分，可使皮肤中的7-脱氢胆固醇生成维生素 D_3，维生素D对钙、磷的吸收有着积极的促进作用，所以应多摄入含有维生素D的食物（如肝类、牛奶、奶油、鱼子、蛋黄等）。

以下是日常生活中含钙量较高的食物，可供家长参考：

1　蛋　类

蛋类的钙含量次于动物骨头，但是蛋黄中的钙含量最高。可以适当补充。

2　海带和虾皮

海带和虾皮是高钙海产品，每天吃上25克，就可以补钙300毫克。并且它们还能降低血脂，预防动脉硬化。

海带与肉类同煮或是煮熟后凉拌，都是不错的美食。虾皮中含钙量更高，25克虾皮就含有500毫克的钙，所以，用虾皮做汤或做馅都是日常补钙的不错选择。

容易对海产品过敏的宝宝要小心食用。

③ 动物骨头

动物骨骼如猪骨、鸡骨等钙含量很高，有80%以上都是钙，但难溶解于水，难以吸收。而民间通常用骨头汤来喂宝宝，其实这样做并不能得到多少钙质。但如果在熬骨头汤时事先敲碎骨头，加醋后用小火慢煮，就可使骨头中的钙有少量溶解到骨头汤里，才有些补钙的作用。吃时去掉浮油，放些青菜即可做成一道美味鲜汤。

鱼骨也能补钙，但要注意选择合适的做法。干炸鱼、焖酥鱼都能使鱼骨酥软，

④ 蔬菜

更方便钙质吸收，而且可以直接食用。

蔬菜中也有许多高钙的品种。雪里蕻100克含钙230毫克；小白菜、油菜、茴香、芫荽、芹菜等每100克钙含量也在150毫克左右。

这些绿叶蔬菜每天吃上250克就可补钙400毫克。

⑤ 豆制品

大豆是高蛋白质食物，含钙量也很高。500克豆浆含钙120毫克，150克豆腐含钙高达500毫克，其他豆制品也是补钙的良品。

豆浆需要反复煮沸7次，才能食用。而豆腐则不可与某些蔬菜同吃，比如菠菜。菠菜中含有草酸，它可以和钙相结合生成草酸钙结合物，从而妨碍人体对钙的吸收，所以豆腐以及其他豆制品均不宜与菠菜一起烹制。但，豆制品若与肉类同烹，则会味道可口，营养丰富。

近期，美国、日本等国科学家发出告诫：婴幼儿不宜喝豆奶。所以，家长应酌情为宝宝提供。

⑥ 牛奶

含钙量高、吸收性也好的食物首推乳类，如牛乳每100毫升含120毫克钙，每天能吃250毫升牛乳就能获得300毫克钙，相当于婴儿每日需要量的一半，吸收率也很高。

此外，牛奶中还含有多种氨基酸、乳酸、矿物质及维生素，促进钙的消化和吸收。而且牛奶中的钙质人体更易吸取，因此，牛奶应该作为日常补钙的主要食品。其他奶类制品如酸奶、干酪、奶片，都是良好的钙来源。

温馨提示

要注意蔬菜与主食搭配可以避免钙的流失。一般的粮食如米、面、玉米中钙含量都较少，有些食物如植物性食物、谷类食物中含有过多的植酸和草酸，会使食物中的钙发生沉淀而减少钙的吸收。例如，菠菜中草酸过高，把菠菜煮豆腐，反而会使豆腐中的钙不易吸收。由此看来，按我国的饮食习惯以米面、肉类、蔬菜为主要食品的地区，缺钙将是一个主要的问题，解决的办法是改变饮食习惯，较大幅度地增加乳类、豆类的摄入，才能使食物中的钙量满足身体的需要。对孩子来说，更应该每天补充足够的钙，其中每天补充牛奶与鸡蛋，这样孩子既获得了较多的优质蛋白质，同时钙摄入也能基本得到满足。

3　宝宝缺乏症状

多汗（与温度无关），尤其是入睡后头部出汗，使宝宝头颅不断摩擦枕头，久之颅后可见枕秃圈；精神烦躁，对周围环境不感兴趣；夜间常突然惊醒，啼哭不止；出牙晚，前囟门闭合延迟；前额高突，形成方颅；常有串珠肋，即肋软骨增生，各个肋骨的软骨增生连起似串珠样，常压迫肺脏，使宝宝通气不畅，容易患气管炎、肺炎；缺钙严重时，肌肉、肌腱均松弛，表现为腹部膨大、驼背，1岁以内的宝宝站立时有"X"形腿、"O"形腿现象。

是否缺钙的判断方法：

一个人是否缺钙，有科学的判断标准，成年人每克头发中含有900~3 200微克的钙都属于正常范围，低于900微克为缺钙；儿童每克头发中正常的含钙量应为500~2 000微克，含量低于250微克为严重缺钙，含量在350微克左右为中度缺钙，450微克的为一般性缺钙。

给孩子补钙时的注意事项：

有些父母虽注重给婴儿补钙，甚至一天给小儿3~4克钙，但孩子仍有缺钙的表现。其主要原因，有些因素影响了钙的吸收。为做到正确地给孩子补钙，父母须注意以下几点：

1 钙剂不与植物性食物同吃。有些植物性食物，如谷类，尤其是全麦片、全麦、麸皮等，因含植酸高，影响钙的吸收；又如菠菜、芫荽、苋菜等多种蔬菜，都含草酸盐、碳酸盐、磷酸盐等，会和钙相结合而妨碍钙的吸收。

2 钙剂不与油脂类食物同食。由于油脂分解后生成的脂肪酸与钙结合后不容易被吸收。

3 钙剂不与过多的肉、蛋同食。因为各种肉类、蛋类中含磷酸盐较多，与钙结合后，会影响钙的吸收。

4 补钙的时间。由于奶中的脂肪酸会影响钙质的吸收，因此，补钙最好安排在两次喂奶之间。有些食物虽营养较丰富，如豆浆等，但含钙量较低，精米、白面含钙量也较低，在给小儿吃这些食物的同时，都要注意另外补充钙。

5 补钙的剂量。一般2岁以下的小儿每天需要400~600毫克，3~12岁每天800~1000毫克。按照正常的饮食，儿童每天从食物中摄取的钙质只有需要量的2/3，所以每天必须额外补钙，以填补欠缺的钙。如果孩子体内缺乏维生素D，肠道吸收钙的能力就会减小。维生素D的预防剂量为每天400国际单位，不可过量，否则会引起中毒。

6 注意钙磷比例。磷是人体必需的无机盐，但磷摄入过多，会与钙形成磷酸钙。研究表明，食物中的钙磷之比为2：1，牛奶中的钙磷之比为1.2：1时，最有利于钙的吸收，母乳中钙磷之比近于2：1。所以用牛奶喂养的婴儿，应增加含钙高而含磷少的食物，如绿叶蔬菜汤或菜泥、苹果泥、蛋类等，以矫正钙磷之比。

4　辅食调养

什锦豆腐

原料:

豆腐50克,瘦猪肉30克,黑木耳（干）3朵,植物油适量,海味汤适量,白糖、盐各少许。

制作方法:

① 黑木耳用冷水泡发,洗干净,剁成碎末。

② 将黑木耳洗净,放入开水锅中煮1分钟左右,捞出来沥干水分,压成泥。

③ 将瘦猪肉洗净,剁成碎末,加少量盐腌制5～10分钟。

④ 锅内加入植物油,烧热,下入肉末炒熟。

⑤ 锅内加入海味汤,下入准备好的肉末和木耳末,用中火煮10分钟。

⑥ 加入豆腐和盐,再煮3分钟,边煮边搅拌,加入白糖调味即可。

制作、添加一点通:

适用于8个月以上宝宝。

牛奶香蕉粥

原料:

牛奶一大勺（50毫升左右）,新鲜香蕉半根。

制作方法:

① 香蕉剥去皮,切成小块,用小勺研成细泥。

② 锅内倒入牛奶,把研好的

香蕉泥倒进去一起煮,边煮边搅拌。

③ 熄火后,晾凉,即可喂给宝宝。

制作、添加一点通:

适用于4个月以上宝宝。煮牛奶的时候不要加糖。牛奶与糖同煮会使牛奶中的氨基酸和糖起反应,生成一种不易消化的果糖氨基酸,降低牛奶的营养价值。

水果拌豆腐

原料：

嫩豆腐20克，新鲜草莓1个，橘子3瓣，白砂糖、盐各少许。

制作方法：

① 将草莓洗净，切成碎末备用；将橘子剥去皮，除去橘络和子，用小勺研碎。

② 豆腐放入开水锅中焯2～3分钟，捞出来沥干水，剁成碎末备用。

③ 鲜草莓末、橘子泥加到豆腐里，加入白砂糖和盐，搅拌均匀即可。

制作、添加一点通：

适用于10个月以上宝宝。

相关链接：

由于豆腐里含有丰富的钙，并能增加血液中铁的含量，对因为缺钙而患佝偻病、发育迟缓和患缺铁性贫血的宝宝来说也是非常好的补益食物。但是豆腐性凉，脾胃虚寒、容易腹泻的宝宝最好少吃，以免引起或加重腹痛、腹泻的症状。

铁

1 营养功能

铁是人体红细胞中血红蛋白的组织成分，是造血的原料。它的主要功能是结合蛋白质和铜来制造血红蛋白，它与氧结合，并将氧运输到身体的每一个部分，供人体呼吸氧化，提供热量，消化食物，获取营养；铁能增强人体的免疫系统，增强

宝宝的免疫力，使宝宝健康成长。宝宝出生后体内储存由母体获得的铁，可供3～4个月之需。4个月后要及时添加含铁丰富的食品，以免宝宝发生缺铁性贫血。婴幼儿时期每天铁的供给量为10～12毫克。

有很多宝宝都被列入了"体弱儿"，

就是因为他们身体里缺铁。缺铁使与杀菌有关的含铁酶活性下降，人体的免疫功能会受到影响。贫血导致体弱，体弱多病又会加重贫血，形成恶性循环。

宝宝在生长发育的过程中摄入铁的量不够也是小儿患缺铁性贫血最常见的原因，这又可分为多种情况：

婴儿期喂养不当。对婴儿来说，母乳以及牛奶的含铁量都很少，如果单纯吃奶或奶加米羹而没有在3～4个月开始加果汁、蛋黄、碎菜；5～6个月开始吃稀饭、面条；9～10个月加肉末、猪肝酱等，就很容易缺铁。一般宝宝越胖就越容易缺铁。

幼儿偏食或食物配搭不当。对于这个阶段的宝宝来说，牛奶和鸡蛋的含铁量或吸收量不能够满足他们生长发育和需求，如果宝宝单吃牛奶和鸡蛋，而不兼吃猪肝、蔬菜、瘦肉等，也会引起缺铁。还有在饮食方面如果宝宝很少吃肉或偏爱吃肥肉，喜欢吃零食而不太喜欢吃正餐的宝

宝，也容易造成缺铁性贫血。

经常大量喝可乐、吃巧克力的宝宝会妨碍铁在胃肠道的吸收，也容易因为缺铁而引起贫血。

还有一种原因就是宝宝经常腹泻或患有其他胃肠道疾病，必然会影响铁的摄入，也可能出现缺铁性贫血。

最后一种原因是宝宝经常出现流鼻血、痔疮出血或有溃疡病、肠息肉、钩虫病等容易引起隐性失血的疾病，都易引起铁流失过多而产生贫血。

2　主要食物来源

动物的肝、心、肾，蛋黄，瘦肉，黑鲤鱼，虾，海带，紫菜，黑木耳，南瓜子，芝麻，黄豆，绿叶蔬菜等都含有丰富的铁。

温馨提示

钙和铁会彼此影响吸收，如果刚刚进食了富含铁质的食物，则不应搭配饮用牛奶；而富含维生素C的食品，如新鲜水果或现榨果汁，则可帮助铁质吸收。

3 宝宝缺乏症状

疲乏无力，面色苍白，皮肤干燥、角化，毛发无光泽、易折、易脱；

指甲条纹隆起，严重者指甲扁平，甚至呈"反甲"；

易患口角炎、舌炎、舌乳头萎缩；

还可出现神经精神症状，易怒、易动、兴奋、烦躁，甚至出现智力障碍。

4 辅食调养

 肉糜蒸蛋 ●●●●●●●●●●●●●●●●●●

原料：

新鲜鸡蛋1个，猪瘦肉50克，香油5～8滴，植物油5～10克，盐少许。

制作方法：

① 将猪肉洗干净，剁成极细的蓉，放到锅里蒸熟。

② 将鸡蛋洗干净，打入碗中，用筷子搅散，加入肉泥和盐，调匀。

③ 锅中加水，先用大火将水烧开，再用小火蒸15分钟，淋上香油即可。

制作、添加一点通：

适用于8个月以上宝宝。

相关链接：

猪肉含有大量促进铁吸收的半胱氨酸，对帮助宝宝预防和改善缺铁性贫血起着很重要的作用。

鱼泥豆腐羹

原料:

鲜鱼1条，豆腐1块，淀粉、香油、葱花、姜、盐各适量。

制作方法:

① 将鱼洗净，加少许盐、姜，上蒸锅蒸熟后去骨刺，捣成鱼泥。

② 在锅中加水，再加少许盐，放入切成小块的嫩豆腐，煮沸后加入鱼泥。

③ 加入少量淀粉、香油、葱花，勾芡成糊状即可。

制作、添加一点通:

适用于7个月以上的宝宝。

相关链接:

鱼肉与豆制品含铁丰富，有助于增强宝宝的抵抗力，促进生长发育，是为宝宝补铁的好选择。

猪肝蛋黄粥

原料:

猪肝30克，新鲜鸡蛋1个，大米50克，料酒、盐各少许，清水适量。

制作方法:

① 将大米淘洗干净，先用冷水泡2小时左右。

② 将猪肝洗净，去掉筋、膜，用刀或边缘锋利的汤勺刮成细蓉，放入碗里，加入料酒、盐腌10分钟。

③ 将鸡蛋洗净，煮熟，取出蛋黄，压成泥备用。

④ 锅内加适量清水，将大米放进去煮成稀粥。

⑤ 准备好的肝泥、蛋黄泥加入粥中搅拌均匀，再煮10分钟左右，熄火放凉即可。

制作、添加一点通:

适用于8个月以上宝宝。

相关链接:

动物肝脏大都具有很好的补血功效，对出生6个月以上、因为体内铁质缺乏而出现缺铁性贫血的宝宝来说是非常理想的补血食物。

芝麻粥

原料:

黑芝麻30克，大米50克，白砂糖少许，清水适量。

制作方法:

① 将大米淘洗干净，先用冷水泡2小时左右。

② 黑芝麻放到锅里炒熟，研成碎末。

③ 将大米连水倒入锅里，煮至汤稠米烂，加入研碎的黑芝麻粉，再煮5分钟左右。加入白砂糖，搅拌均匀即可。

制作、添加一点通:

适用于5个月以上宝宝。芝麻仁外面有一层比较硬的膜，不容易消化，只有把它碾碎才能使宝宝吸收到更多的营养。所以，不要给宝宝吃整粒的芝麻，应该打成碎末再吃。

相关链接:

芝麻主要有黑芝麻、白芝麻两种，都含有丰富的蛋白质、脂肪（不饱和脂肪酸）、碳水化合物、膳食纤维及维生素，只是黑芝麻的膳食纤维及矿物质（特别是钙、铁）的含量比白芝麻稍微高一些，养生的效果也比白芝麻要强。如果是家常吃，可以选白芝麻；如果是补益食疗，还是选黑芝麻更好一些。

锌

1 营养功能

锌是婴幼儿生长发育必需元素，也是脑中含量最多的微量元素，是维持脑的正常功能所必需的。人类的精神活动受各种递质的调节，许多递质与锌有关；体内的谷氨酸脱氢酶、谷氨酸脱羧酶等120多种酶均含锌，这些酶参与蛋白质和脱氧核糖核酸（DNA）、核糖核酸（RNA）聚合酶的合成与代谢，对体内许多生物化学功能起重要作用，并促进脑细胞发育完善，是宝宝智力发育所必需的。

锌的主要作用体现在以下几个方面

促进骨骼细胞分裂生长。缺锌会影响等其他微量元素的吸收，细胞的分裂和增长受阻，生长激素的合成与分泌减少，最终导致生长发育缓慢。统计显示，缺锌的宝宝比同龄相同条件的宝宝，身高平均低

3～6厘米，体重平均低2～3千克。有人给一些不长个子的宝宝检查，发现这些宝宝的血液里和头发里都缺锌。给他们补充适量的锌后，他们的身高都有不同程度的增高。所以宝宝个子矮的话，在排除其他原因后，可以带宝宝去医院做检查，看是否是缺锌造成的。

促进大脑细胞分裂生长。 大脑中锌含量最丰富，约占脑重的0.8%，主要分布在大脑皮层质等与记忆力、智力、反应力密切相关的部位。缺锌可使脑内谷氨酸减少，而γ-氨基丁酸增加，从而导致儿童脑功能异常、生长发育减慢、智能发育落后。

促进免疫器官的生长。 锌能促进肝、脾、淋巴等免疫器官的生长，提高巨噬细胞的能力，从根本上增强儿童的免疫力。锌是人体构成多种蛋白质所必需的，所以可以促进伤口和溃疡愈合，减少儿童腹泻和肺炎的发生，对感染性疾病具有预防和辅助治疗作用。缺锌对肠道、皮肤、呼吸道黏膜等的上皮细胞会有损害，使人体对外界的抵抗力明显下降。

锌在宝宝各个阶段的所发挥的作用：

1 在胎儿的发育阶段，如果妈妈体内缺锌，会使体内酶的催化作用下降，胎儿的大脑发育受阻，神经递质功能不完善，信息传递受阻，导致胎儿先天智力障碍及发育不良。

2 婴儿出生后，小脑和海马回处于快速发育时期。此时如果缺锌，小脑和海马回就会发育减缓，神经递质传导功能减退，儿童的思维能力、想象能力、记忆能力普遍降低，这个时候，如果不及时摄入足量的锌，时机一旦错过，为时晚矣。

3 儿童和青少年期，如果脑内锌含量充足，可增加脑细胞体积，增强记忆功能。科学证明，智商高的宝宝体内锌含量明显比智商低的宝宝高。

2 主要食物来源

锌元素主要存在于海产品、动物内脏中，其他食物中含锌很少。水、主食类食物以及宝宝们爱吃的蛋类里几乎都没有锌，而且含锌的蔬菜和水果也不是很多。

动物性食品含锌量普遍较高，每100克动物性食品中含锌3～5毫克，并且动物性蛋白质分解后所产生的氨基酸还能促进锌的吸收，其中含锌量以牡蛎最高。植物性食品中含锌量较少，每100克植物性食品中含锌1毫克左右。其中以豆类、花生、萝卜、小米、大白菜等含量较高。

牡蛎、蛏子、扇贝、海螺、动物肝、禽肉、瘦肉、蛋黄及蘑菇、豆类、小麦芽、海带、坚果等锌的含量较高。一般来说，动物性食物含锌量比植物性食物更多。

3　宝宝缺乏症状

缺锌会导致宝宝味觉变差、厌食，智力减退，生长发育迟缓等，有的还有异食癖、皮肤色素沉着、发生皮炎等现象。此外，锌缺乏还会使宝宝免疫力降低，增加腹泻、肺炎等疾病的感染率。患有佝偻病和贫血的宝宝多有缺锌现象。

温馨提示 ●●●●●●

预防缺锌主要从以下几个方面出发：

❶坚持平衡膳食。母乳尤其是初乳中含锌丰富，故婴儿期母乳喂养对预防缺锌具有重要意义；动物性食物不仅含锌丰富，而且利用率高，坚果类含锌也较高，植物性食物中含锌低且利用率低，所以食物中应保证动物性食物如瘦肉、肝脏、鱼类等的供给。

❷美国科学院提出锌的标准量。每日摄取量为：乳儿3～5毫克，1～10岁10毫克，11～51岁以上为15毫克，孕妇20毫克，哺乳期为25毫克。

❸患有慢性腹泻等疾病会影响锌的吸收，而患有肾脏疾病等会使锌排泄过多，生长发育高峰期及疾病恢复期应补给每日供给量的锌，并积极治疗。

❹要避免长期挑食、偏食及吃零食、甜食等不良饮食习惯。

6～12个月处于断奶期的婴儿最容易缺锌。一般认为在婴儿出生后的最初几个月，因母乳富含锌且生物利用率高，加上婴儿体内的部分储存，4个月以下婴儿大致能维持锌的代谢平衡。但4～6个月后，母乳中的锌逐渐降低，难以满足婴儿对锌的需求，必须通过对婴儿辅助食品来补充锌元素。此外，低出生体重婴儿、早产儿，因出生时体内的锌储备不足以及要追赶生长，可能在婴儿早期就存在锌缺乏。短时期或轻度缺锌不会造成明显的神经元微结构的改变，应注意观察，及时发现，早期治疗，以避免缺锌对宝宝智能的影响。

4 辅食调养

 核桃仁鸡汤糊

原料:

核桃仁20克,鸡汤、鲜牛奶各适量,面粉30克,嫩菠菜叶20克,新鲜鸡蛋1个,植物油10毫升,奶油15克,盐少许。

制作方法:

① 桃仁剥去外皮,放到料理机中打成粉。

② 牛奶倒到一个干净的容器里,加入核桃粉,静置20分钟。

③ 菠菜叶放到开水锅里焯2~3分钟,捞出来沥干水,切成碎末备用。鸡蛋洗干净,打到碗里,加入奶油,用筷子搅匀。

④ 锅内倒入植物油,待烧到八成热时加入面粉炒2分钟。

⑤ 加入鸡汤、调好的核桃牛奶,用小火煮10分钟,加入打好的鸡蛋和菠菜末,用小火煮2~3分钟,加入盐调味即可。

制作、添加一点通:

适用于11个月以上宝宝。不要直接给宝宝吃核桃仁,要打成粉或磨成浆,也可以做成核桃泥喂宝宝。

相关链接:

1岁以内的宝宝新陈代谢旺盛,再加上活泼好动,经常会出好多汗。大量出汗会使宝宝体内的锌丢失过多,造成缺锌,缺锌降低宝宝的机体免疫力。核桃内含的锌比较多,比较适合一些出汗多的宝宝,可以帮助宝宝预防由于缺锌而导致的免疫力低下、食欲不振、地图舌等病症。

苹果水 ●●●●●●●●●●●●●●●●●●●●●

原料:

新鲜苹果1个, 冰糖少许, 水适量。

制作方法:

1. 将苹果洗净, 去掉核, 切成小块。
2. 锅内加入适量的水和冰糖, 煮开, 再把切好的苹果块放入开水中煮5分钟, 熄火。
3. 将锅内的水盛出来, 即可喂食。

制作、添加一点通:

适用于4个月以上宝宝。苹果有增强抵抗力的作用, 所以经常吃苹果的宝宝比不吃或少吃苹果的宝宝得感冒的概率要低得多。

相关链接:

苹果中的锌对宝宝的记忆有益, 能增强宝宝的记忆力。

碘

 1 **营养功能**

碘是人体必需的营养素, 它参与甲状腺素的合成, 甲状腺可刺激细胞中的氧化过程, 对身体代谢产生影响, 宝宝的智力、说话能力、头发、指甲、皮肤和牙齿等情况的好坏都与甲状腺的健康与否有关。碘还有调节体内热量产生的功能, 可促进宝宝的生长和发育、刺激代谢速率, 并协助人体消耗多余的脂肪。

碘是人体甲状腺素的重要组成成分, 因此, 它对于人体生理功能的调节有着不可忽视的重要作用。尤其是对于新生宝宝来说, 至关重要, 这是因为甲状腺素能促进幼小动物的生长发育, 缺碘可以引起侏儒症; 除此之外, 碘还能促进神经系统的发育, 当碘严重不足时婴幼儿会出现身体发育迟缓或智力低下等症状。

碘是人体所需的多种微量元素中所不可或缺的元素，人体各个时期都离不开它。一个人一生中所需要的碘加在一起，也不过1汤匙左右，但这些碘必须在每个人成长过程中不断地适量地注入体内。碘尤其对婴幼儿的生长发育影响很大，幼儿期缺碘会影响生长发育，专家建议1~3岁幼儿碘的推荐摄入量为每日50微克，6岁以下的幼儿应达到70微克。

随着胎儿的生长发育，各系统的发育对甲状腺激素的需要量逐渐增加，相对来说孕妇对碘的需要量比一般人要高。母亲妊娠期缺碘，就会造成胎儿甲状腺激素缺乏，胎儿的中枢神经系统，尤其会严重损伤大脑的发育，引起呆小症，出生后的症状表现为：四肢短小，鼻梁扁平，口唇肥厚，面容呆滞，肌张力低下，皮肤干燥，畏寒，食欲低下，反应迟钝，鸭行步，以及有程度不同的听力和语言障碍，身材矮小，性器官发育不全等。可见，缺碘会对胎儿身体及智能的发育产生重要的影响。

成人碘的日推荐量为150微克，1岁以内的宝宝50微克，孕妇、乳母175~200微克。因此，为了防止碘的缺乏，孕妇和新生宝宝应多食用富含碘的食物。例如，海参、海蟹、海带、海蜇、海虾、带鱼等，这些食物中都含有丰富的碘。虽然这些食物中都含有丰富的碘，但是，不吃碘盐仍不行。因为通过其他方式补碘都不能保证补碘的剂量是否安全有效。现在我国已广泛采取了食盐加碘的措施，以保证碘的基本摄入量。

2　主要食物来源

海产品，如海带、紫菜、鱼肝、海参、海蜇、蛏子、虾等含碘丰富。

黄豆、红豆、绿豆、大枣、甜薯、山药、大白菜、菠菜、花生米、鸡蛋等也含有碘。

温馨提示

为了保证食物中碘因存放及加工不当的丢失，在食物的储存及加工过程中有以下几个方面的提示：

1. 碘遇热容易升华，因而加碘食盐应放在密闭容器中保存，且温度不宜过高；

2. 海带要注意先洗后切，以减少碘及其他营养成分的流失；

3. 无论是您吃还是给宝宝做饭，菜熟后再加盐，以减少碘遇热升华后损失。

3 宝宝缺乏症状

出现甲状腺肿肿大和甲状腺功能减退。

头发干燥，肥胖，代谢迟缓。

出现身体和心智的发育障碍。

4 辅食调养

虾仁鸡蛋挂面

原料：

挂面50克，新鲜鸡蛋1个，虾仁20克，鸡肝10克，嫩菠菜叶10克，香油5～10滴，高汤适量，盐少许。

制作方法：

① 将虾仁洗干净，煮熟，剁成碎末，加入盐腌15分钟左右。菠菜叶洗干净，放入开水锅中焯2～3分钟，捞出来沥干水，切成碎末备用。

② 将鸡肝洗干净，去掉筋、膜，用刀剁成极细的碎末，或用边缘锋利的勺子顺着一个方向刮出细泥，上锅蒸熟。

③ 将鸡蛋洗干净，打到碗里，用筷子搅散。

④ 锅中加入鸡汤、鸡肝泥、虾仁和碎菠菜，煮沸。将挂面剪成短短的小段，下入锅里，煮至汤稠面软。

⑤ 将打散的鸡蛋甩入锅里，搅出蛋花，滴上几滴香油调味，即可出锅。

制作、添加一点通：

适用于9个月以上的宝宝。过敏性体质的宝宝在吃虾的时候要小心谨慎。另外，上火和患皮肤病的宝宝不要吃虾，以免加重病情。

海带鸭血汤

原料:

水发海带50克, 鸭血500毫升, 原汁鸡汤1 000毫升。

制作方法:

① 水发海带洗净, 切成2厘米的长条, 再切成菱形片, 放入碗中以备用。

② 鸭血加精盐少许, 调匀后放入碗中, 隔水蒸熟, 用刀划成1.5厘米见方的鸭血块, 待用。

③ 锅置火上, 倒入鸡汤, 大火煮开, 再倒入海带片及鸭血, 烹入料酒, 改用小火煮10分钟, 加葱花、姜末、精盐, 煮沸时调入青蒜碎末, 拌和均匀。停火, 淋入麻油即成。

制作、添加一点通:

6个月以上的宝宝。

相关链接:

　　鸭血中含有丰富的蛋白质及多种人体不能合成的氨基酸, 还含有铁等矿物质和多种维生素, 这些都是宝宝造血过程中不可缺少的物质。海带营养也十分丰富, 含有对造血组织功能有促进作用的碘、锌、铜等活性成分。

卵磷脂

1　营养功能

　　磷是人体中含量比较多的元素之一, 仅次于钙排列为第6位。磷约占人的体重的1%, 成人体内含有600～900克的磷, 体内磷的85.7%集中于骨和牙, 其余散在分布于全身各组织和体液中。磷不但构成人体成分, 而且参与了生命活动中非常重要的代谢过程, 是机体很重要的一种常量元素。

　　卵磷脂存在于每个细胞之中, 更多的是集中在脑及神经系统、血液循环系统、免疫系统以及肝、心、肾等重要器官。它被誉为与蛋白质、维生素并列的"第三营养素", 是生命的基础物质, 可促进宝宝的大脑发育, 增强宝宝的记忆力。

磷的主要生理功能：

1 磷是骨骼和牙齿的重要组成部分，是促成骨骼和牙齿钙化不可缺少的营养素。缺磷会引起骨骼、牙齿发育不正常，产生软骨病、骨质疏松、食欲不振等症状。

2 磷在体内参与代谢的过程，协助脂肪和淀粉的代谢，供给热量与活力，在调节能量代谢的过程中发挥着重要的作用。

3 磷酸组成生命的重要物质，促进成长和体内各组织器官的修复。

4 磷参与体内的酸碱平衡的调节，参与体内脂肪的代谢。

2 主要食物来源

磷广泛存在于动植物体中，在它们的细胞中都含有丰富的磷，包括动物的乳汁中也含有磷。磷是与蛋白质并存的，当膳食中热量与蛋白质供给充足时不会引起磷的缺乏。紫菜、海带、坚果、油料种子、豆类等中也含有非常多的磷；禽、鱼、蛋、奶、瘦肉、动物内脏中也都含有很高量的磷，但谷类食物中的磷主要以植酸磷的形式存在，如果不经过加工处理，不容易被人体吸收。

3 宝宝缺乏症状

脑神经细胞膜受损；
脑神经细胞代谢缓慢；
免疫力及再生能力降低。

温馨提示

❶ 岁以下的宝宝只要能按正常的要求喂养，就能满足钙的需求，也不会出现磷不足或磷过量。1岁以上的宝宝，食用的食物种类比较广泛，所以不必担心磷摄入不足，因此没有磷的规定用量。一般说来，如果膳食中含有充分的钙和蛋白质，也能充分地满足磷的需要。

❷ 注意钙与磷的比例。当牛奶中钙与磷之比为1.2：1时，最有利于钙的吸收，母乳中钙与磷的比例将近于2：1。所以应用牛奶喂养的婴儿，同时应增加含钙高而含磷少的食物，比如蛋类、绿叶蔬菜汤或苹果泥等。

❸ 注意磷的摄入量。因为中国人的食物中含有丰富的磷，磷的摄入很可能会大大超标，如果体内的磷含量过高的话通常是钙低所致，可以带宝宝多晒晒太阳，适当地补充钙，以调节体内磷的含量。

4 辅食调养

鱼菜米糊

原料：
米粉15克，三文鱼肉25克，青菜适量。

制作方法：

❶ 米粉加清水，浸软后搅为糊状，再将米糊入锅，用大火烧开大约8分钟；

❷ 鱼肉和蔬菜洗净剁泥，一同放入锅里，继续煮至鱼肉熟透，稍稍加一点盐即成。

制作、添加一点通：
适用于8个月以上宝宝。

相关链接：
三文鱼富含不饱和脂肪酸、二十二碳六烯酸（DHA）、优质蛋白质等营养素，加上米粉和蔬菜分别富含碳水化合物和维生素，既可满足宝宝大脑对多种营养素的需求，又可为大脑补充能量。

黑芝麻糊

原料:

黑芝麻500克,糯米500克,白糖少许。

制作方法:

将黑芝麻、糯米研成粉末;将粉末炒熟并搅拌匀;加上适量白糖即可。

制作、添加一点通:

适用于7个月以上的宝宝。

相关链接:

黑芝麻含植物油、卵磷脂、维生素、蛋白质、叶酸、芝麻素、芝麻酚、糖类及较多的钙,这些物质对脑细胞的生长组成和代谢非常重要。可填脑髓、润五脏、补肝肾、益精血。不过,黑芝麻属温热食物,煮粥时要少而稀,以防宝宝食入过量,造成积食。

 水果麦片粥

原料:

速溶麦片二大勺(60克左右),牛奶或配方奶60毫升,香蕉1/4根(20克左右),清水适量。

制作方法:

① 香蕉剥去皮,切成碎末备用。

② 麦片放到锅里,加入牛奶(或配方奶)和适量的清水,用小火煮5分钟左右。

③ 加入香蕉末,再煮1~2分钟,边煮边搅拌,熄火即可。

制作、添加一点通:

适用于9个月以上宝宝。香蕉可以补充燕麦所缺少的维生素C,实现营养互补。

牛奶粥

原料:

大米50克,牛奶半杯,水一大杯。

制作方法:

① 大米淘洗干净,用水泡1~2个小时。

② 锅内加水烧开,下入大米用小火煮30分钟,煮成糊状,加入牛奶再煮片刻即可。

制作、添加一点通:

适用于5个月以上的宝宝。加牛奶后,煮的时间不要太长。

相关链接:

牛奶中所含的卵磷脂,对促进宝宝的大脑发育有着重要的作用。

牛磺酸和DHA

1　营养功能

牛磺酸是一种含硫的氨基酸,在体内以游离状态存在,不参与体内蛋白质的生物合成。它能促进胆汁的合成与分泌,对受损的肝细胞有促进恢复的作用,并可改善宝宝的肝功能;可促进宝宝的大脑发育,增强宝宝的视力;还能帮助钾、钠、钙、铁和锌在细胞内外转运,可以促进宝宝对这些营养素的吸收。

二十二碳六烯酸(DHA)不但是脑神经传导细胞中的主要成分,也是促进大脑细胞发育的重要角色,而且有助于视觉发展。因为人体自身无法生成DHA,所以需要从饮食中额外补充,才能确保大脑获得足够营养素,以帮助大脑细胞发育。

2　主要食物来源

母乳是牛磺酸的主要来源,尤其是初乳中含量更高。鱼类如青花鱼、沙丁鱼、墨鱼,以及牡蛎、海螺、蛤蜊、牛肉等食物中含量较多。

深海鱼类、鲑鱼、鲔鱼、秋刀鱼以及旗鱼,都含有丰富的DHA。尤其是在鱼类眼窝附近含量最丰富。

3 宝宝缺乏症状

缺乏牛磺酸会造成视网膜功能紊乱,生长与智力发育迟缓。

缺乏DHA会使宝宝生长发育迟缓,皮肤异常,失明,智力障碍。

温馨提示

研究表明:早产儿脑中的牛磺酸含量明显低于足月儿,这是因为早产儿体内酶尚未发育成熟,合成牛磺酸不足以满足机体的需要,需由母乳补充。如果补充不足,将会使宝宝生长发育缓慢、智力发育迟缓。

4 辅食调养

鲑鱼粥

原料:

大米50克,鲑鱼肉20克,清水适量,盐少许。

制作方法:

① 将大米淘洗干净,用冷水泡2小时左右。

② 将鲑鱼肉洗干净,去皮,放到锅里蒸熟,挑出鱼刺,用小勺捣成鱼肉泥。

③ 大米连水加入锅中,先用大火烧开,再用小火煮成稀粥。

④ 加入鱼肉泥,再煮1～2分钟,边煮边搅拌,加入少量盐调味即可。

制作、添加一点通:

适用于8个月以上的宝宝。鲑鱼与谷类食物一起吃,可以提高鲑鱼的营养价值。

相关链接:

鲑鱼具有增强脑功能、促进宝宝的大脑、视网膜及神经系统发育的功效,是6个月以上宝宝的理想营养食物,对消化不良的宝宝也有很好的食疗功效。

⑤ 巧做辅食
应对宝宝常见不适

　　宝宝抵抗力较弱，天气的变化就有可能使娇嫩的宝宝生病，发生咳嗽、感冒、便秘、腹泻等病症。虽然这些都算不上大病，但是宝宝也免不了需要打针、吃药、输液，看着因为疾病日渐消瘦的宝宝，年轻的爸爸妈妈是看在眼里，疼在心里。

　　宝宝生病的时候，一方面应遵医嘱治疗，另一方面，应配合家庭护理，巧做辅食是其中非常重要的一个内容。这一部分我们就教一教如何巧做辅食让宝宝更健康，让年轻的爸爸妈妈可以轻轻松松地呵护宝宝。

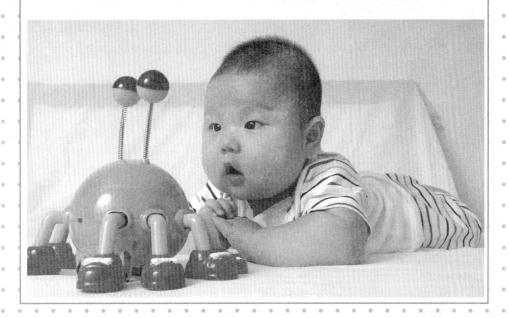

鹅口疮

鹅口疮就是小儿口炎，是一种宝宝很容易得的口腔疾病。得了这种病，宝宝的口腔黏膜、舌黏膜上会出现淡黄色或灰白色，和豆子差不多大小的溃疡，形状如"鹅口"，因此叫"鹅口疮"。这主要是由于感染了白念珠菌引起的。营养不良、腹泻、长期使用广谱抗生素或激素的宝宝都比较容易受到感染而发病。当宝宝出现鹅口疮的症状时，在遵从医嘱，积极治疗的同时，更应做好饮食调节和家庭护理工作。试试下面的食疗方法：

 ## 冰糖银耳羹 ●●●●●●●●●●●●●●●●●●●●●●

制作方法：

将银耳洗净后放在碗内加水泡发，拣干净杂质，再加上适量冷开水及冰糖，放到锅内蒸熟即可。

制作、添加一点通：

适用于4个月以上的宝宝，喝汤吃银耳。

相关链接：

银耳滋阴，冰糖降火，两者相加，正好可以缓解由于虚火上炎引起的鹅口疮。此类鹅口疮的主要表现是：口腔、舌面上的白苔比较稀少，溃烂处周围颜色淡红，宝宝面色发白，嘴唇、颧部发红，神情疲乏，经常口干。

原料：

银耳10~12克，冰糖2~3块。

苦瓜汁

原料：

新鲜苦瓜1只，冰糖适量。

制作方法：

① 将苦瓜去皮去子后，放入榨汁机里榨汁。

② 滤汁加进沙锅内煮沸，加入适量的冰糖搅拌至溶化即可。

制作、添加一点通：

随时服用。一天60毫升。适用于心脾积热型的宝宝。

相关链接：

苦瓜性寒，归心、肝、脾、肺经，有清热解毒、凉血清心的功效，可缓解由心脾积热引起的鹅口疮。此类鹅口疮的主要表现是：口腔、舌面布满白苔，脸颊、嘴唇赤红，烦躁爱哭，大便干，舌质红，脉滑。

感　冒

感冒是宝宝很易得的一种疾病，这主要和宝宝的免疫系统发育不完全有关。另外，宝宝的鼻腔狭窄、鼻黏膜柔嫩，对外界环境的适应能力比较差，一旦受了凉或遇到什么特殊情况，就很容易感染上病毒，引起感冒。宝宝得感冒时，鼻塞、流鼻涕等上呼吸道症状通常不太明显，反而经常出现食欲不振、呕吐、腹泻等消化道症状，也很容易发高热。严重的话还能引起支气管炎、肺炎、心肌炎、肾炎等并发症，甚至危及生命。如果宝宝只是咳嗽、呕吐、腹泻，发热不超过39.5℃，呼吸没有明显加快，并且宝宝的精神还算好的话，可以通过饮食或按摩来帮助宝宝减轻症状；如果宝宝发热超过了39.5℃，精神差、嗜睡、呼吸明显加快，平静的时候可以听到喉咙里有喘鸣声，并且不能喝水的话，就要立刻送医院，因为这时候可能已经出现了其他并发症。

胡萝卜甘蔗水 ●●●●●●●●●●●●●●●●●●●●●

原料:

胡萝卜、荸荠、甘蔗各100克。

制作方法:

❶ 将胡萝卜、荸荠、甘蔗分别去皮、去蒂,洗净后切成小段。

❷ 放入烧开的水中,待水再开时,改用中火煲一个半小时。

制作、添加一点通:

外皮发红、肉质发黄,味道变酸或有霉味、酒味的甘蔗不能食用,很容易中毒;荸荠性寒,吃得过量容易产生腹胀,不要给宝宝吃得太多。本品适用于2个月以上的宝宝。

相关链接:

胡萝卜有清热解毒的作用,荸荠、甘蔗有清热生津的功效。这三者合用,对清除宝宝体内的热气,预防感冒有很好的作用。

牛蒡子粥 ●●●●●●●●●●●●●●●●●●●

原料:

牛蒡子10克,粳米1把。

制作方法:

❶ 将牛蒡子放到砂锅里加水煎15分钟后过滤。

❷ 另置一锅,加入粳米、适量清水煮粥。

❸ 米熟时加入牛蒡子汁,再煮5分钟即可。

制作、添加一点通:

直接喂给宝宝,适用于5个月以上的宝宝。

相关链接:

牛蒡子性寒,有疏散风热、宣肺、解毒的作用;对风热感冒引起的咳嗽、痰多、咽喉肿痛等症状有很好的缓解作用。

紫苏粥

原料:

紫苏叶6克,粳米粥50~100克,红糖少许。

制作方法:

① 将紫苏叶放到沙锅里加水煮沸。

② 沸腾1分钟后过滤取汁。

③ 将滤汁加到煮熟的粳米粥里,加上少量红糖调匀即可。

制作、添加一点通:

直接喂给宝宝。适用于4个月以上的宝宝。但有温病及气弱表虚的宝宝忌食。

相关链接:

紫苏叶性温,有散寒解表、行气宽中的功效。和粳米同煮,有和胃散寒作用,对体弱、偶感风寒而患感冒的宝宝特别有效。

发 热

一般来说,宝宝的正常体温会比成年人高一点,这是由于吃奶、哭闹等生理活动使肌肉产生更多热量导致的。只要宝宝的腋窝温度不超过38.0℃,体温升高的时候宝宝的全身状况良好,又没有其他的异常表现,就不需要担心。因为这属于正常的体温波动,过一会儿就会自动恢复正常。但是,如果在体温升高的同时,宝宝出现面色苍白、呼吸加速、情绪不稳定、恶心、呕吐、腹泻、出皮疹等现象,就可能是在发热。需要赶紧送医院治疗。

蔗浆粥

原料：

鲜甘蔗汁100毫升，粳米100克。

制作方法：

将鲜甘蔗汁加上适量清水和粳米，先用大火烧沸，再用小火煮成比较稀的粥即可。

制作、添加一点通：

每天1剂，分2～3次吃完。适用于5个月以上的宝宝。

相关链接：

青甘蔗味甘性凉，归肺、胃二经，具有清热、下气、生津、润燥的作用，对热病伤津引起的心烦有很好的疗效。

咳 嗽

宝宝肌肤娇嫩，脏腑柔弱，对外界变化的抵抗力差，又不会调节寒暖，特别容易被外界的致病因素侵犯。当外界的风、寒、热等外邪侵入体内的时候，就会出现咳嗽症状。对宝宝来说，五脏六腑受到侵犯都可能引发咳嗽。甚至有的宝宝积食了也会咳嗽。不妨试试下面的食疗方法。

鲜藕雪梨汁

原料:

鲜藕1/3节,雪梨1个。

制作方法:

鲜藕、雪梨分别榨汁,按1:1的比例调匀。或将削皮挖心后切碎的雪梨和等量的鲜藕混合,用干净的纱布绞汁。

制作、添加一点通:

直接喂服,可以加1倍的温开水稀释,每天2～3次,每次100～150毫升(稀释后)。必须是生榨的汁,不要煮成莲藕雪梨水。适用于2个月以上的宝宝由风热引起的咳嗽。

相关链接:

莲藕有清热凉血、生津止渴的功效,捣汁后清热解毒效力增强,还有镇惊安神的效果。雪梨有润肺消痰、清热生津的功效,适用于热病伤津后引起的热咳或燥咳。两者合用,对肺热咳嗽有很好的疗效。

萝卜水

原料:

新鲜萝卜1根。

制作方法:

❶ 将萝卜洗净,剖开,从切口处切四五片薄萝卜片,放到小锅里,加大半碗水。

❷ 先用大火烧沸,再用小火煮5分钟。等水不烫了,就可以给宝宝喝了。

制作、添加一点通:

一次喝完,一天2～3次。如果宝宝不喜欢喝,可以加两片梨,可以清肺止咳。适用于1个月以上宝宝由风热引起的咳嗽。

相关链接:

白萝卜有顺气、化痰、止咳、消食、清热、生津的作用,对因患风热咳嗽而鼻干咽燥、干咳少痰的宝宝来说,效果是不错的。所谓的风热咳嗽的表现是舌苔发黄或发红,咳出的痰颜色发黄、稠、不容易咳出。这时需要吃一些清肺、化痰止咳的食物。

便 秘

一般来说，2个月以内的宝宝每天的大便次数是3~4次，2个月以后就变成了1~2次。如果发现宝宝在排便的时候表情痛苦，排出来的粪便很硬，或是好几天都不大便，同时食欲又不如以前的时候，妈妈就要注意：宝宝很可能在受着便秘的折磨。这时，妈妈就应当注意调整宝宝的饮食，适当喂食含有纤维素的食物，如土豆、红薯、海带、空心菜等；易泻性食物，如豆腐、芹菜、菠萝、香蕉等。如果宝宝体质较弱，还可以适当食用杂粮、大枣、山药等滋补性食物进行调理。但应注意的是，尽量少喂食鸡蛋、牛奶或者热性较重的食物，以免症状加重。

 ## 香蕉泥

原料：
香蕉肉70克，白砂糖10克，柠檬汁5克。

制作方法：
❶ 将香蕉肉除去白丝，切成小块，放入搅拌机中。

❷ 加入白砂糖和柠檬汁，搅成均匀的果泥即可。

制作、添加一点通：
适用于4个月以上的宝宝。在两次喂奶之间服用。分成2~3次吃完。

相关链接：
香蕉含有丰富的纤维素和果胶，能够促进肠胃蠕动，所以具有润肠、通便的作用。但生香蕉中含有大量鞣酸，不仅不能帮助通便，还会加重宝宝的便秘程度，因此制作时一定要选熟透了的香蕉。

加糖的果汁和果水 ●●●●●●●●●●●●●●●●●●●●●●

原料:

新鲜水果如苹果、橘子、番茄、西瓜、桃、大枣等若干。

制作方法:

将新鲜水果洗净,切碎,放到榨汁机里榨出果汁或放到锅里煮出果水,加入适量白糖即可。

制作、添加一点通:

适用于母乳喂养的宝宝。在两次喂奶之间服用。每天2～3次,每次50～100毫升。

相关链接:

水果中含有膳食纤维、维生素及各种矿物质,可以促进肠胃蠕动,帮助宝宝排便。妈妈应注意以下几点:

❶ 按时添加辅食,添加粗纤维食物,第7个月后除了添加果汁、米、面糊或稀粥、鸡蛋、嫩豆腐,可加食鱼、肉末、碎菜及饼干、面包片等。

❷ 要让孩子养成良好的生活习惯,可逐渐训练定时大便,8～9个月时可开始训练坐便盆大便。

❸ 每个月可以给孩子用一次清理肠道的药物。

必要时就诊医院,在医生指导下服用些调整肠道功能的药或中药调整,切勿滥用泻药或导泻。

腹　泻

一般来说,宝宝的腹泻可分为感染性和非感染性两种。感染性腹泻主要是由于宝宝的肠道感染了病毒(以轮状病毒为最多)、细菌、真菌、寄生虫等引起的。非感染性腹泻主要是由于喂养不当,如进食过多、过少、过热、过凉,突然改变食物品种等因素导致的消化不良引起的。感染病毒的宝宝,大便次数每天多达十几次,大便中大都有很多水分。消化不良引起的腹泻,轻的大便次数增多\变稀,偶尔伴有呕吐、食欲不振等症状;重的大便次数增加到一天十余次甚至几十次,大便呈水样、糊状、黏液状、脓血便等形态,同时还伴有高热、烦躁、精神萎靡等现象。腹泻通常会使宝宝脱水,严重的话还会引起休克。经常性的腹泻会使宝宝出现营养失调,延缓宝宝的生长和发育。

预防宝宝腹泻最好的办法是进行母乳喂养。不能做到母乳喂养的宝宝，可以先通过调节饮食来改善状况，尽量做到少吃药。

焦米汤

原料：
粳米30克，水适量。

制作方法：
将粳米炒焦（炒成黄色），加上600～800毫升水，煮成米汤。

制作、添加一点通：
代替一次喂奶。每天2～3次，每次100～150毫升。适用于3个月以上宝宝因消化不良引起的腹泻。

相关链接：
粳米富含碳水化合物，炒焦后变得容易消化，并且不含乳糖，最适合因为腹泻使体内乳糖酶降低的宝宝。炒焦的部分能吸附肠黏膜上的有害物质，是宝宝腹泻时的首选食品。

栗子糊

原料：
板栗7～10枚。

制作方法：
❶ 将板栗的外皮、内皮剥掉，并拣干净碎渣。

❷ 将栗子肉放到榨汁机里打成碎末（也可以自己捣烂）。

❸ 将栗子末放到锅里加适量的水煮成比较稀的糊即可。

制作、添加一点通：
宝宝如果不喜欢这个味道，可以加点白糖调味。每次30克左右，一天2～3次。适用于5个月以上的宝宝由病毒感染引起的腹泻。

相关链接：
板栗里面含有丰富的淀粉，能够吸附宝宝肠道内的病毒、细菌和其他毒素，减轻宝宝的腹泻症状。此外，板栗还具有补脾健胃的作用，有利于宝宝肠胃功能的恢复，缩短病程。

胡萝卜汤

原料：
新鲜胡萝卜500克。

制作方法：
① 将胡萝卜洗净，切开，去掉里面的硬心。

② 切成小块，加水煮烂，捣成泥。

③ 用干净纱布过滤去渣后，加水（每500克胡萝卜汁加1 000毫升水），煮成汤。

制作、添加一点通：
代替一次喂奶。每天2～3次，每次100～150毫升。适用于2个月以上的宝宝由细菌感染引起的腹泻。

相关链接：
胡萝卜是碱性食物，其中所含的果胶能使大便成形，吸收肠道致病细菌和毒素，是很好的抑菌止泻食物。但因为胡萝卜汤所含的热量较低，腹泻好转后要及时停用，以免使宝宝营养不良。腹泻症状减轻时，可以改喂冲淡的脱脂奶、米汤、酸奶等食物，使宝宝有一个恢复肠道功能的过程。

焦麦粉糊

原料：
小麦粉250克。

制作方法：
将小麦粉在一个干净的锅里用小火炒到焦黄色。喝的时候用开水调成比较稠的面糊即可。

制作、添加一点通：
每次30克左右，一天2～3次。宝宝如果不喜欢这个味，可以加点白糖调味。适用于4个月以上宝宝由病毒感染引起的腹泻。

相关链接：
炒焦的面粉能够吸附宝宝肠道内的病毒、细菌和其他毒素，减轻宝宝的腹泻症状。

支气管炎

小儿支气管炎多见于1岁以下的宝宝，尤以6个月以下的宝宝，春冬季节是该病的高发期。小儿支气管炎发病初期，宝宝会出现咳嗽、打喷嚏等感冒症状；1～2天后咳嗽加重，出现呼吸困难、憋气、面色苍白、夜间张口呼吸，肺部有哮鸣音等症状；严重时伴有充血性心力衰竭、呼吸衰竭、缺氧性脑病以及水和电解质紊乱。一般体温不超过38.5℃，持续1～2周。

小儿急性支气管炎是病毒、肺炎支原体或细菌感染造成的。以流感、腺病毒占多数，肺炎支原体也很常见。另外，营养不良、佝偻病、变态反应、慢性鼻炎、咽炎等也可诱发该病。小儿支气管炎在婴幼儿时期发病较多、较重，常并发或继发上下呼吸道感染、麻疹、百日咳、伤寒及其他急性传染病。

芥菜粥

原料：
芥菜头一个，粳米50克。

制作方法：
芥菜头切碎，加粳米一起煮粥，熟后待温度合适给宝宝喝。此粥可温化痰饮。

制作、添加一点通：
可以吃辅食的宝宝，一天两次，一周为宜。

相关链接：
芥菜有很好的宣肺豁痰，温中利气的功效，经常食用能有效预防小儿支气管炎。

山药汤

原料:

山药泥200克,粟米250克(炒熟研粉),杏仁500克(去皮尖、炒熟研粉)。

制作方法:

每天早上用开水冲泡粟米杏仁粉10克,兑入山药泥适量,放入适量麻油,待温度适合后给宝宝饮用。此汤可益气补虚,温中润肺。

制作、添加一点通:

可以吃辅食的宝宝。主要用于宝宝久咳不愈或反复发作。

相关链接:

注意杏仁有小毒,不宜过量食用。

 # 梨粥

原料:

鸭梨1个(约100克),粳米50克。

制作方法:

鸭梨去核切片取汁。粳米熬粥,将熟时兑入梨汁,待温度适合后给宝宝喝。此粥可清心润肺,止咳除烦。

制作、添加一点通:

可以吃辅食的宝宝。连续喝3~5天的时间。

相关链接:

梨,初秋时节蛮适合吃。滋阴润肺,缓解秋燥。正常体质的直接吃,脾胃寒凉的要煮熟了吃。而且梨皮最好别去,梨皮也是一种很有用的中药材。清心润肺,降火生津。

百合粥 ●●●●●●●●●●●●●●●●●●●●●●

原料：

鲜百合20克，糯米50克，冰糖适量。

制作方法：

百合、糯米一起煮粥，煮熟后加冰糖。待温度适合后给宝宝喝。此粥可健脾补肺，止咳定喘。

制作、添加一点通：

本品为寒润之品，风寒咳嗽，脾虚便溏者不宜选用。

相关链接：

中医认为百合具有润肺止咳、清心安神的作用，尤其是鲜百合更甘甜味美。百合特别适合养肺、养胃的人食用，比如慢性咳嗽、肺结核、口舌生疮、口干、口臭的患者，一些心悸患者也可以适量食用。

 # 水 痘

水痘是婴幼儿时期常见的一种皮肤问题，小儿感染上水痘病毒后，要经过2~3周的潜伏期才出现症状。病发初期，部分患儿会出现发热，同时伴有头痛、厌食、哭闹、烦躁不安、咳嗽等症，起病后数小时或1~2天内，即出现皮疹，皮疹大都散布于头面部、躯干及腋下，呈向心性分布。

水痘初起时，皮肤出现米粒至豆子大小的鲜红色斑疹或斑丘疹，24小时内形成圆形或椭圆形水疱，周围有红晕，水疱极易破裂而溃烂。3~5天后，水疱渐渐干燥，先由中央萎缩，然后结痂，再经2~3周脱落，一般不留瘢痕。

绿豆薏苡仁海带汤 ●●●●●●●●●●●●●●●●●●

原料:

绿豆100克,海带50克,薏苡仁30克,冰糖10克

制作方法:

❶ 将绿豆浸泡1天后,用手心轻轻揉搓去皮;海带洗净后切成丝;薏苡仁洗净备用。

❷ 将去皮的绿豆放入高压锅中,加入适量清水(约绿豆沙的2倍),煮约20分钟,使其成为豆沙。

❸ 锅置火上,放入煮好的绿豆沙、海带丝、薏苡仁和适量清水,先用大火烧沸,再改用小火煮至烂熟,放入冰糖即可食用。

制作、添加一点通:

清热解毒、消暑利水。

相关链接:

做好孩子的卫生清洁工作,是防治水痘的关键。

❶ 室内经常开窗通风,保持环境整洁,空气流通;

❷ 给予营养丰富且易消化的流质或半流质饮食,如绿豆汤、小麦汤、粥、面等;宜多饮开水及饮料,忌食油腻、辛辣食品;

❸ 水痘患儿的被褥、衣物要勤洗、勤晒,避免盖过厚的被子或穿过紧的衣服,以免因过热引起疹子发痒;

❹ 孩子应养成勤剪指甲,勤洗澡的好习惯,保持皮肤清洁,防止继发细菌感染;

❺ 不要让患儿用手抓破痘疹,以免痘疹抓破后化脓感染,若病变损伤较深,有可能留下瘢痕;

湿 疹

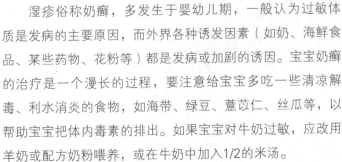

湿疹俗称奶癣,多发生于婴幼儿期,一般认为过敏体质是发病的主要原因,而外界各种诱发因素(如奶、海鲜食品、某些药物、花粉等)都是发病或加剧的诱因。宝宝奶癣的治疗是一个漫长的过程,要注意给宝宝多吃一些清凉解毒、利水消炎的食物,如海带、绿豆、薏苡仁、丝瓜等,以帮助宝宝把体内毒素的排出。如果宝宝对牛奶过敏,应改用羊奶或配方奶粉喂养,或在牛奶中加入1/2的米汤。

绿豆粥

原料：

绿豆30克，粳米10～15克，冰糖2～3块。

制作方法：

将绿豆、粳米分别淘洗干净，一同下锅加上水煮至绿豆软烂，加上冰糖调匀即可。

制作、用法一点通：

适用于5个月以上的宝宝。在一天内吃完。

相关链接：

绿豆味甘性凉，具有清热凉血、利湿去毒的食疗功效，对疹红水多、大便干结、舌红、舌苔黄并伴有发热、大便干的宝宝最为适用。也可单独用绿豆煎水服，以绿豆煮烂为度。

 银花茶

原料：

金银花5钱，白糖适量。

制作方法：

将金银花煎水后加适量白糖搅匀，即可饮用。

制作、添加一点通：

适用于2个月以上宝宝。茶一定要淡。如果觉得自己不能把握适当的浓度，也可以到药店买点金银花露，兑上白开水稀释后给宝宝喝。一天不要超过150毫升。

相关链接：

金银花可清热解毒、消肿痛、除疮毒，有助于宝宝康复。

百日咳

百日咳是急性呼吸道传染病，主要表现是咳嗽。由于病程长达2～3个月以上，所以称为百日咳。百日咳通过飞沫传染，主要在春季发病，6个月以内的宝宝特别容易受感染而发病。宝宝感染了百日咳杆菌后，一般7～10天内出现流泪、流涕、咳嗽和低热等症状，1～2个星期后咳嗽逐渐加重，这时候就进入了症状最严重的痉咳期。在这个时候，3个月以内的宝宝通常表现为阵发性的屏气、青紫、窒息，3个月以上的宝宝通常会被咳得面红耳赤、舌向外伸，并由于用力吸气出现像鸡鸣一样的声音，同时流出大量鼻涕和眼泪，最后咳出大量黏液。一天能发作几次甚至三四十次，尤其以晚上更加严重。痉咳期持续2～3个月，此后宝宝的症状会逐渐减轻。经过3周左右的恢复，咳嗽才会慢慢地停止。

宝宝不幸染上百日咳后，妈妈们一定要积极治疗，精心护理。这样咳嗽的时间会大大缩短。否则，不仅宝宝受到更多的痛苦，还会引起宝宝的营养不良、免疫力降低，并发脑炎、肺炎等更危险的疾病。

饴糖萝卜汁

原料：
白萝卜汁30毫升，饴糖20毫升。

制作方法：
将白萝卜汁、饴糖与适量开水搅匀即可。

制作、添加一点通：
一次喝完，一天3次。适用于1个月以上宝宝百日咳初期。

相关链接：
白萝卜性凉，归肺、胃经，具有清热生津、凉血止血、下气宽中、顺气化痰的功效；饴糖性微温，归脾、胃、肺经，具有缓中、补虚、生津、润燥的功效。

秋梨白藕汁 ●●●●●●●●●●●●●●●●●●●●●●

原料:

秋梨1个,白藕1节（150克左右）。

制作方法:

① 将秋梨去皮、核,洗净切碎;白藕洗净,切碎。

② 将处理好的秋梨和白藕和在一起,用干净的纱布绞汁。

制作、添加一点通:

当成果汁喂给宝宝。适用于2个月以上的宝宝百日咳初期。

相关链接:

秋梨、白藕性寒味甘,有润肺止咳、滋阴清热的功效。

 胡萝卜大枣水 ●●●●●●●●●●●●●●●●●●●●●●

原料:

新鲜胡萝卜200克,大枣10颗。

制作方法:

将胡萝卜、大枣加上三大杯水（约2升）一起熬,熬到汤汁只剩1/3时即可。

制作、添加一点通:

只喝汤,分2~3次服,一天内喝完。适用于2个月以上的宝宝百日咳痉咳期。

相关链接:

胡萝卜能下气止咳、清热解毒;大枣能补益气血、健脾胃、增强机体的免疫力。两者合用,对久咳不愈的宝宝有很好的食疗功效。

川贝蒸鸡蛋

原料:

新鲜鸡蛋1枚,川贝粉6克。

制作方法:

将鸡蛋洗干净,在一头敲出花生米大小的孔,装入川贝粉,轻轻晃几下,使川贝粉和蛋液充分混合,用消过毒的湿纸密封住,放到锅里蒸熟即可。

制作、添加一点通:

可以直接吃,也可拌到粥里给宝宝吃。每天1枚,分2～3次吃完。适用于7个月以上宝宝百日咳痉咳期。

相关链接:

川贝性微寒,归心、肺二经,有润肺化痰、清热散结的功效。鸡蛋味甘性平,具有清热解毒、滋阴润燥的功效。两者结合,对百日咳痉咳期的宝宝有很好的治疗作用。

 # 过敏性紫癜

过敏性紫癜是人体对某种病菌或者物质发生的过敏反应(变态反应),以学龄前期的儿童最为常见。过敏性紫癜一般1～2周就可痊愈,如果病情严重4～8周也可痊愈。宝宝发病后,皮肤表面出现面积大小不等的紫红色斑丘疹,分布在四周和臀部,按压不会褪色,同时伴有腹部阵发性剧痛和腹泻、便血等症状发生。

过敏性紫癜可能是由于某种致敏原引起的变态反应所致,但直接致敏原尚不明确。宝

宝起病前常有由溶血性链球菌引起的上呼吸道感染，一般经1~3周潜伏期后发病。此外，如麻疹、流行性腮腺炎等病毒感染，蛔虫、钩虫等寄生虫病，鸡蛋、鱼、虾等食物过敏，如氯霉素、水杨酸盐等药物过敏，虫咬、花粉等外界因素引起的过敏均可能成为致敏原，使宝宝体内发生自身免疫反应，毛细血管发生炎性改变，从而出现过敏性紫癜。

绿豆红枣汤

原料：

绿豆、红枣各50克，红糖适量。

制作方法：

将绿豆、红枣洗干净后加水适量，煮至绿豆开花、红枣涨圆时，加红糖即成。待温度合适后给宝宝饮用。

制作、添加一点通：

可以吃辅食的宝宝。一般连喝5~8的时间。

相关链接：

红枣为补养佳品，食疗药膳中常加入红枣补养身体，滋润气血。

赤芍生地银花饮

原料：

生地黄25克，金银花30克，赤芍10克，蜂蜜适量。

制作方法：

将上3味加水煎取汁，加蜂蜜调味，分2~3次饮用。可以清热解毒，凉血消斑，适用于过敏性紫癜。

制作、添加一点通：

可以吃辅食的宝宝。赤芍散瘀效果很好，适宜过敏性紫癜患者使用。

相关链接：

本品功能与丹皮相近，故常与丹皮相须为用。但丹皮清热凉血的作用较佳，既能清血分实热，又能治阴虚发热；而赤芍只能用于血分实热，以活血散瘀见长。

藕节炖枣

原料:

鲜藕节250克，大枣500克。

制作方法:

将藕节洗净，切碎；大枣洗净，与藕节同放锅内加水烧开，改用文火煮至汁水将尽，待温度合适后给宝宝吃藕即可。

制作、添加一点通:

可以吃辅食的宝宝。藕节不仅能散瘀血，还具有止血不留瘀之特点。

相关链接:

藕节根据炮制方法的不同分为藕节、藕节炭，炮制后贮干燥容器内，密闭，置通风干燥处，防潮，防蛀。

消化不良

宝宝由于消化系统功能不完善，常会出现消化不良等症状，如果宝宝有口臭、精神委靡、食欲明显缺乏、舌苔白厚、呼气有酸腐味、恶心呕吐、腹胀腹痛等症状，就说明宝宝有可能消化不良。此时应该配合医嘱给宝宝吃些能够帮助消化的食物，如山楂、苹果、番茄、白菜、大麦、酸奶等含有消化酶、乳酸、纤维等成分的食物，让宝宝不再因为消化不良而拒绝进食。

山楂糊

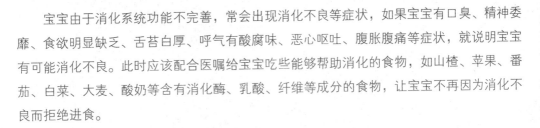

原料:

新鲜山楂50克，白糖适量。

制作方法:

❶ 将山楂清洗干净，去核，放到加了清水的小锅里煮成糊状。

❷ 用筷子挑出山楂皮，用小勺把果肉研成泥，加入白糖拌匀即可。

制作、添加一点通:

适用于5个月以上的宝宝。因为山楂含有果酸，遇到铁后会使铁溶解，产生一种低铁化合物，使人中毒。所以煮山楂时最好用陶瓷、玻璃或是不锈钢等耐腐蚀的器皿，不能用铁锅煮。

相关链接:

山楂有健胃、消食、活血、化瘀、收敛、止痢的功效。对由于对脂肪消化不良而引起的积食和痢疾、腹泻、腹胀具有很好的治疗作用，是著名的健胃消食食品。

猕猴桃酸奶糊

原料:

猕猴桃1/4个，酸奶30毫升。

制作方法:

① 将猕猴桃皮剥净，果肉捣碎并滤掉种子。

② 将过滤的猕猴桃果肉和酸奶混在一起搅匀即可。

制作、添加一点通:

猕猴桃不宜与黄瓜、动物肝脏同食，因猕猴桃富含维生素C，黄瓜中的维生素C分解酶有破坏猕猴桃中维生素C的作用，动物肝脏可使猕猴桃中的维生素C氧化。

相关链接:

猕猴桃含有蛋白水解酶，可帮助食物（尤其是肉类食物）消化，防止蛋白质凝固；其所含的纤维素和果酸，可起到促进肠道蠕动，帮助排便的作用。酸奶对患消化不良、腹泻、痢疾的宝宝来说也是一种很好的食疗食品。

营养不良

营养不良是由于热量或蛋白质不足而致的慢性营养缺乏症，通常发生在婴幼儿期，多与喂养不当、肠胃吸收差有关，因此应当重视宝宝的饮食，根据营养不良的程度进行调理。普通营养不良宝宝每天宜食用半脱脂牛奶、豆浆、配方奶、藕粉、米汤等，好转后可适当增加固体食物，并提高宝宝对蛋白质的摄取，此后可一直喂食相同的食物，但需加量，直至宝宝恢复正常。

 鱼肉蛋粥 ●●●●●●●●●●●●●●●●●●●●●

原料：
鱼肉10克，蛋黄半个，白米饭半碗，水1杯。

制作方法：
❶ 将白米饭与水放入小锅煮至烂。
❷ 取新鲜的鱼肉放入锅中，小煮一下，将蛋黄打散淋在粥上，搅拌至煮熟即可。

制作、添加一点通：
适用于8个月以上宝宝。

相关链接：
鱼肉含有优质的蛋白质，还含有丰富的不饱和脂肪酸、维生素A、维生素B_2、维生素B_{12}、叶酸、维生素D和钙、磷、钾、铁、碘、硒等营养物质，有很好的滋补功效。另外，鸡蛋黄含有维生素D，可促进钙的吸收。

蔬果虾蓉饭

原料:

番茄1个，香菇3个，胡萝卜1个，西芹少许，大虾50克。

制作方法:

① 把番茄加入开水中烫一下，然后去皮，再切成小块；香菇洗净，去蒂切成小碎块。

② 胡萝卜切粒；西芹切成末；大虾煮熟后去皮，取虾仁剁成蓉。

③ 把所有菜果放入锅内，加少量水煮熟，最后再加入虾蓉，一起煮熟，把此汤料淋在饭上拌匀即可。

制作、添加一点通:

适用于11个月宝宝。此品不仅营养丰富，还是大部分宝宝的最爱。

相关链接:

香菇是我国食用历史悠久的优良食用菌，因为味道鲜美，营养丰富，被称为"菇中之王"。香菇具有高蛋白质、低脂肪、多糖、多氨基酸和多维生素的营养特点。每100克可以食用的干香菇含有54克碳水化合物，13克蛋白质，1.8克脂肪，18.9毫克烟酸，1.13毫克维生素B_2，415毫克磷，124毫克钙，25.3毫克铁等营养物质。香菇还含有可以转化成维生素D的麦角固醇，是一般的蔬菜所没有的。

香菇肉末面

原料:

龙须面（挂面也可以）1小把，猪瘦肉30克，香菇（干、鲜均可）2朵，嫩卷心菜叶1片（30克左右），植物油10毫升，高汤适量，盐少许。

制作方法:

① 将香菇用温水泡发，洗干净泥沙，切成小丁备用（鲜香菇只要洗净切丁就可以了）。

② 将猪瘦肉洗净，切成肉末备用；将卷心菜叶洗净，切成菜末备用。

③ 锅内加入高汤，煮开，下入面条煮软。

④ 在煮面的时候，另起锅加入植物油，下入肉末、香菇、卷心菜末炒香，加入炒好的肉菜末，再煮2～3分钟，加入盐调味即可。

制作、添加一点通：

适用于11个月以上的宝宝。

肥 胖

宝宝的体重超过平均值20% 以上，就算肥胖了。在临床上可分为单纯性肥胖和症状性肥胖。单纯性肥胖是由于饮食过量造成的，过多的热量转化为脂肪蓄积于体内必然导致肥胖。症状性肥胖是由于下丘脑、脑垂体、肾上腺皮质、性腺等病变引起的内分泌功能紊乱所致。对于肥胖宝宝的饮食，在保证足够的蛋白质、维生素和无机盐的前提下，适当增加富含纤维素的食品，适当控制高热量的食品，尽量做到少吃甜食及油脂食品，晚餐少吃。

 ## 冬瓜粥

原料：

新鲜冬瓜100克，粳米100克。

制作方法：

① 冬瓜用刀去皮后，洗净切成小块，粳米淘洗干净。

② 将冬瓜片与粳米一起置于砂锅内，一并煮成粥即可。

制作、添加一点通:

适用于7个月以上的宝宝。冬瓜性凉,一定要煮熟了再给宝宝吃。

相关链接:

冬瓜不含脂肪,是低热量食品,其含有的葫芦巴碱能促进人体新陈代谢,丙醇二酸能有效地阻止机体中的二氧化碳转化为脂肪,且能把多余的脂肪消耗掉,长期食用可使体重减轻。

积 食

宝宝患了积食往往会有几种表现:宝宝在睡眠中身子不停翻动,有时还会咬咬牙。所谓食不好,睡不安;宝宝大开的胃口突然缩小了,食欲明显不振;宝宝常说自己肚子胀,肚子疼;积食会引起恶心、呕吐、食欲不振、厌食、腹胀、腹痛、口臭、手足发热、皮色发黄、精神萎靡等症状。

山药米粥

原料:

山药片100克,大米或小黄米(粟米)100克,白糖适量。

制作方法:

❶ 将大米淘洗干净,与山药片一起碾碎,入锅。

❷ 加水适量,熬成粥。

相关链接:

山药的最大特点是含有大量的黏蛋白。黏蛋白是一种多糖蛋白质的混合物,对人体具有特殊的保健作用。

白萝卜粥

原料:

白萝卜1个,大米50克,糖适量。

制作方法:

① 把白萝卜、大米分别洗净。

② 萝卜切片,先煮30分钟,再加米同煮(不吃萝卜者可捞出萝卜后再加米)。

③ 煮至米烂汤稠,加红糖适量,煮沸即可。

制作、添加一点通:

白萝卜消食,顺气,下火。

相关链接:

白萝卜是一种常见的蔬菜,生食熟食均可,其味略带辛辣味。现代研究认为,白萝卜含芥子油、淀粉酶和粗纤维,具有促进消化,增强食欲,加快胃肠蠕动和止咳化痰的作用。中医理论也认为该品味辛、甘,性凉,归肺胃经,为食疗佳品,可以治疗或辅助治疗多种疾病,本草纲目称之为"蔬中最有利者"。

① 消化方面:食积腹胀,消化不良,胃纳欠佳,可以生捣汁饮用;恶心呕吐,泛吐酸水,慢性痢疾,均可切碎蜜煎细细嚼咽;便秘,可以煮食;口腔溃疡,可以捣汁漱口。

② 呼吸方面咳嗽咳痰,最好切碎蜜煎细细嚼咽;咽喉炎、扁桃体炎、声音嘶哑、失音,可以捣汁与姜汁同服;鼻出血,可以生捣汁和酒少许热服,也可以捣汁滴鼻;咯血,与羊肉、鲫鱼同煮熟食;预防感冒,可煮食。

③ 泌尿系统方面各种泌尿系结石,排尿不畅,可用之切片蜜炙口服;各种水肿,可用萝卜与浮小麦煎汤服用。

④ 其他方面美容,可煮食;脚气病,煎汤外洗;解毒,解酒或煤气中毒,可用之,或叶煎汤饮汁;通利关节,可煮用。

⑤ 白萝卜生吃可促进消化,除有助消化外,还有很强的消炎作用,而其辛辣的成分可促胃液分泌,调整胃肠功能。另外,白萝卜汁还有止咳作用。在玻璃瓶中倒入半杯糖水,再将切丝的白萝卜满满地置于瓶中,放一个晚上就可以制成白萝卜汁。

失 眠

宝宝失眠往往是因先天不足，后天失调，或疾病所致，而用药物治疗失眠，往往对宝宝的肝肾功能有影响，且对宝宝的心理健康不利。这里向大家推荐一个简单易行的食疗方：

 酸枣茶

原料：
酸枣仁30克，鸡蛋一个，花生10颗，大枣6个。

制作方法：

① 把30克酸枣仁用纱布包好。

② 将水烧开，打荷包蛋，放入红糖，依次放入花生、大枣。然后将包好的酸枣仁放入锅内共同煨煮30分钟。

制作、添加一点通：
在睡前给孩子服下。

相关链接：
因为酸枣仁具有催眠、安神的效果，而鸡蛋清火，大枣、花生补血，这些食物综合在一起可以有效帮助孩子入眠，一般1周后就可见效。

扁桃体炎

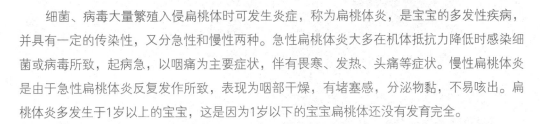

　　细菌、病毒大量繁殖入侵扁桃体时可发生炎症，称为扁桃体炎，是宝宝的多发性疾病，并具有一定的传染性，又分急性和慢性两种。急性扁桃体炎大多在机体抵抗力降低时感染细菌或病毒所致，起病急，以咽痛为主要症状，伴有畏寒、发热、头痛等症状。慢性扁桃体炎是由于急性扁桃体炎反复发作所致，表现为咽部干燥，有堵塞感，分泌物黏，不易咳出。扁桃体炎多发生于1岁以上的宝宝，这是因为1岁以下的宝宝扁桃体还没有发育完全。

荷叶莲子粥

原料：

鲜荷叶一大张、鲜莲藕一小节、大米50克，白糖适量

制作方法：

❶ 荷叶洗净，切成小片；莲藕洗净，切成小粒；大米洗净。

❷ 用荷叶煎汤500毫升左右。

❸ 将切好的莲藕与大米一起加入荷叶汁中煮成稀粥，加白糖调味后即可。

制作、添加一点通：

　　适用于1岁以上的宝宝。莲藕能促进胃肠蠕动，从而达到健脾养胃、消胀顺气的作用；荷叶含有莲碱、原荷叶碱等元素，有解毒作用，适用于发热、舌红、面赤、口渴、小儿热毒，还能消暑化湿。

相关链接：

　　饮食宜清淡，多吃水分多又易吸收的食物，如米汤、果汁等。慢性期宜多食蔬菜、水果、豆类及滋润的食品。忌吃香燥、煎炸等刺激性食物。

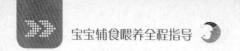

附录 人工喂养宝宝辅食添加表

月龄	新增辅食	制作、添加要点
2~3个月	菜水（菜汁）	煮成菜水或榨出菜汁用温开水稀释后给宝宝喝。补充维生素
	果水（果汁）	煮成果水或榨出果汁用温开水稀释后给宝宝喝。补充维生素
4个月	米粉（糊）	用温开水冲成稀糊给宝宝吃。锻炼宝宝的咀嚼和吞咽能力，促进消化酶的分泌
	蛋黄泥	煮好的蛋黄1/4个用牛奶或米汤调成糊状用小勺喂给宝宝。可补充铁，预防贫血
	菜泥	将蔬菜剁成泥后蒸熟或将蔬菜煮烂蒸熟挤压成泥后喂给宝宝
5个月	果泥	将水果用小匙刮成泥后喂给宝宝
	菜（肉）汤	用蔬菜（肉）煮成菜（肉）汤给宝宝喝。补充维生素和矿物质
	烂面条	煮时掰成小段，可加一些切碎的蔬菜、蛋黄等，煮得很烂时再给宝宝吃
6个月	鱼泥	鱼蒸熟或加水煮熟后，去净骨刺，将鱼肉挤压成泥，可以调到米糊里喂宝宝
	肉泥或肉糜	鲜瘦肉剁碎后蒸熟，可以加上蔬菜泥，拌在粥或米粉里喂宝宝
7个月	动物血	可以煮汤，也可以煮熟后捣成泥给宝宝吃。提供铁，预防贫血
	粥	用大米或小米熬成烂粥给宝宝吃，可在粥里加些菜泥
	鸡蛋	可以用全蛋蒸成鸡蛋羹给宝宝吃，但要从少量开始添加，并注意观察宝宝有没有过敏反应
	肝泥	做成肝泥，加到粥里给宝宝吃。可提供铁、蛋白质、脂肪、维生素等营养素
8个月	豆腐	蒸熟，捣成泥或直接喂给宝宝吃。可提供丰富的蛋白质
	稠粥	可用各种谷物熬成比较稠的粥，还可以在粥里加一些肉泥和切得比较烂的蔬菜
	鱼（肉）松	可加到粥、软饭里喂给宝宝
9~10个月	磨牙食品	正餐后少量地给宝宝吃一点，帮宝宝磨牙
	海鲜、水产品	做成泥或碎末，充分煮熟后再给宝宝吃。要注意宝宝是否有过敏反应
	小点心	白天的两餐之间，少量地给宝宝当零食吃
11个月	软饭、面条、面片	直接喂给宝宝。可锻炼宝宝的咀嚼能力
12个月	包子、饺子、馄饨等面食	直接喂给宝宝。可锻炼宝宝的咀嚼能力
	馒头	掰成小块，让宝宝用手拿着吃，可锻炼宝宝的咀嚼能力